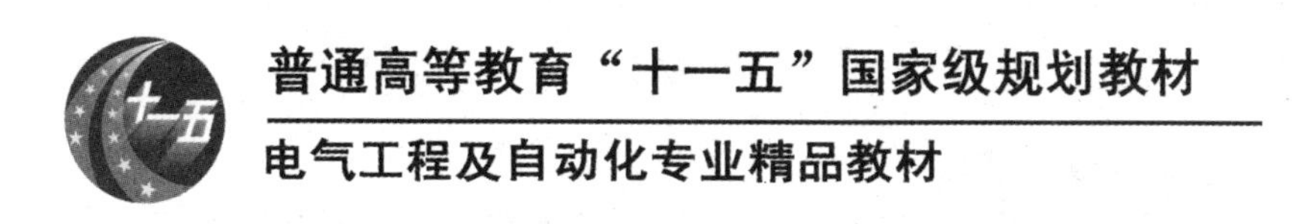

电气工程概论

（第2版）

李志民　主　编
白雪峰　副主编

電子工業出版社
Publishing House of Electronics Industry
北京 · BEIJING

内 容 简 介

本书为普通高等教育“十一五”国家级规划教材。

全书共分5章，旨在阐述电气工程学科的基本知识体系，主要内容包括电机与电器、电力电子与电力传动、电力系统及其自动化、高电压与绝缘技术等学科的基本知识和应用领域，注重对传统专业课程中的相关内容进行整合。可帮助相关专业学生和工程技术人员学习电气工程的基本知识，掌握电气工程主要技术领域的概貌、发展过程、现状和未来趋势。

本书可作为高等院校电气工程及其自动化、自动化，以及电子信息工程等专业开设相关课程的教材或教学参考书，也可作为高职高专和函授教育相关教材，同时可作为工程技术人员与广大读者了解电气工程学科专门知识的参考用书。

图书在版编目(CIP)数据

电气工程概论 / 李志民主编. —2版. —北京：电子工业出版社，2015.8
ISBN 978-7-121-25513-7

Ⅰ. ①电… Ⅱ. ①李… Ⅲ. ①电气工程－高等学校－教材 Ⅳ. ①TM

中国版本图书馆CIP数据核字(2015)第027647号

策划编辑：陈晓莉
责任编辑：陈晓莉
印　　刷：三河市双峰印刷装订有限公司
装　　订：三河市双峰印刷装订有限公司
出版发行：电子工业出版社
　　　　　北京市海淀区万寿路173信箱　邮编：100036
开　　本：787×1092　1/16　印张：10　字数：256千字
版　　次：2011年6月第1版
　　　　　2015年8月第2版
印　　次：2021年5月第8次印刷
定　　价：35.00元

凡所购买电子工业出版社图书有缺损问题，请向购买书店调换。若书店售缺，请与本社发行部联系。联系及邮购电话：(010)88254888。

质量投诉请发邮件至zlts@phei.com.cn，盗版侵权举报请发邮件至dbqq@phei.com.cn。

服务热线：(010)88258888。

第二版前言

目前我国高等学校的许多专业实行按大类招生、宽口径培养。其目的是充分利用学校的学科教学资源优势，打通相邻专业的基础课，扩大课程覆盖面，加强学生的综合素质，拓宽专业口径，提高人才培养质量。

为拓宽学生视野，使其在进入专业课学习之前，对电气工程学科有一个宏观认识和整体了解，一些院校开设了《电气工程概论》等课程。这是“电气工程及其自动化”宽口径专业必修的专业技术前导课程，具有非常重要的作用。有助于学生根据自身特点和社会需求，选择专业方向，学好后续的专业课程。

本书第一版于 2011 年 6 月出版，得到了读者的支持与肯定。为了更好地服务于读者，及时反映电气工程领域的技术进步和发展趋势，编者对本书进行了修订，出版第二版，并全面更新了电子教材，便于读者自学。本书保持了第一版的写作风格，教材内容覆盖电气工程主要研究领域，注重传统专业课中的相关内容的融合，追求内容的新颖性，在建立全面的知识体系基础上，尽量增加新技术推介，把握电气工程领域发展脉搏。

全书共分 5 章。第 1 章阐述电气工程学科的内涵和战略地位，介绍了电气工程及其自动化专业的特色、历史沿革、发展趋势及就业方向。第 2 章为电机与电器技术，介绍了变压器、发电机、电动机和各类高低压电器的基本原理及应用领域。第 3 章为电力系统自动化技术，概要介绍了如下内容：火电厂、水电厂、核电站生产过程，太阳能发电、风力发电及其他新能源发电原理；输、配电系统组成及运行；电力系统分析与控制、电力系统自动化与信息化、电力系统规划与可靠性、电力市场、智能电网。第 4 章为电力电子技术，阐述了电力电子器件的基本原理，介绍了主流的电力电子变换电路，论述了电力电子技术在电源领域、电力传动、电力系统中的应用。第 5 章为高电压与绝缘技术，概括论述了气体放电的物理过程、液体和固体介质的电气特性、高电压试验技术、电力系统过电压防护与绝缘配合及高电压新技术应用。

本书第 1 章至第 4 章由李志民编写，第 5 章由白雪峰编写，全书由李志民统稿。在编写过程中，哈尔滨工业大学电气工程系的许多同仁提出了改进意见，热心读者和兄弟院校同仁对本书第一版也提出了宝贵建议，在此，对所有帮助过我们的同志一并表示衷心的感谢。对责任编辑陈晓莉女士的热忱鼓励与耐心周到，编者亦深表谢忱。此外，在编写中曾引用若干参考文献及互联网上一些素材，编者在此谨向文献的作者与网络素材提供者致谢。

电气工程学科体系恢弘，知识面宽广。限于作者的能力水平，本书的结构体系和内容取舍不见得完全合理，同时，书中也难免有错漏之处，恳请读者批评指正。来信及索取电子教材请电邮至 lizhimin@hit. edu. cn。

编　者

2015 年 5 月

目　　录

第1章 电气工程的辉煌与未来

1.1 学科内涵与战略地位

我国高等教育的学科目录分为学科门类、一级学科（本科教育中称为“专业类”）和二级学科（本科专业目录中为“专业”）三个级别。学科门类和一级学科是国家进行学位授权审核与学科管理、学位授予单位开展学位授予与人才培养工作的基本依据，二级学科是学位授予单位实施人才培养的参考依据。学科门类、一级学科和二级学科的代码分别为2位、4位和6位阿拉伯数字。

学科门类是对具有一定关联学科的归类。其设置应符合学科发展和人才培养的需要，并兼顾教育统计分类的惯例。

目前高等教育的学科门类划分为13类：哲学（01）、经济学（02）、法学（03）、教育学（04）、文学（05）、历史学（06）、理学（07）、工学（08）、农学（09）、医学（10）、军事学（11）、管理学（12）、艺术学（13）。

一级学科是具有共同理论基础或研究领域相对一致的学科集合。具有确定的研究对象，形成了相对独立、自成体系的理论、知识基础和研究方法，已得到学术界的普遍认同。

工学（08）类下属的一级学科共有38个，电气工程（0808）属于其中之一，与之关系密切的一级学科主要有电子科学与技术（0809）、信息与通信工程（0810）、控制科学与工程（0811）、计算机科学与技术（0812）等。

二级学科是组成一级学科的基本单元。具有相对独立的专业知识体系，已形成若干明确的研究方向，与所属一级学科下的其他二级学科有相近的理论基础，或是所属一级学科研究对象的不同方面。

国务院学位委员会颁布的2008版《授予博士、硕士学位和培养研究生的学科、专业目录》中，电气工程（0808）一级学科下属的二级学科有5个：

电机与电器（080801）：主要研究方向为电机电器的理论分析、优化设计、建模仿真、研制开发、驱动控制、机电一体化、实验测试、故障诊断、可靠性分析等。

电力系统及其自动化（080802）：主要研究电能的生产、变换、输送、分配、控制、应用、管理、存储的理论和技术，研究方向包括：电力系统分析与仿真、电力系统运行与控制、电力系统规划与设计、电力系统可靠性、电力系统测量、电力系统继电保护、新型输配电技术、分布式发电技术、电力经济与电力市场、能量管理系统与配电网自动化、电力系统信息化与数字化、电能质量分析与监控、电力系统节能与储能、智能电网技术等。

高电压与绝缘技术（080803）：主要研究方向为放电与绝缘击穿、绝缘老化与诊断、工程电介质、电磁暂态特征分析、新型高压电气设备研制、高电压试验技术和试验设备开发、过电压与绝缘配合、高压电气设备在线监测与状态维修、雷电与防雷保护、电力系统电磁兼容、高电压技术在非电力系统中的应用等。

电力电子与电力传动（080804）：主要研究方向为新型电力电子元器件及功率集成电路、电力电子变流技术、电力电子控制技术、电力电子建模与仿真、现代电源技术、电能质量治理、电力电子系统集成、电力电子装备可靠性评估与故障诊断、电力传动及其自动化技术等。

电工理论与新技术(080805):新理论、新原理、新材料、新技术、新工艺在电气工程领域的应用,其特点是电气工程学科内各分支间以及电气工程学科与其他学科间的交叉与融合。主要研究方向:电磁场与电磁波理论及其新技术、电网络理论及应用、新型电能变换技术、放电等离子体技术、脉冲功率技术、超导电工技术、磁流体发电技术、生物电磁技术等。

电气工程学科的理论基础是物理学中的电学和磁学,电能是电气工程学科的研究对象。广义的电气工程包括研究电磁领域客观规律及其应用的科学技术的学科体系、电力生产和电气装备制造两大工业生产体系,以及培养相关专业人才的教育体系。

与电气工程关系密切的其他学科主要是电子信息科学和能源科学。电气工程研究的主要是电能,而信息科学则是研究如何利用电磁能量来处理信息,计算机、通信网和无线电等无不以电作为信息的载体。两者同根同源,学科基础都是电磁学。从应用领域看,电气工程又和能源科学密切相关。电能由一次能源转换而来,又可方便地转换为其他能量形式,是使用、输送和控制最为方便的终端能源。

100多年前,电能的发明利用,开创了人类文明的新纪元,引发了第二次产业革命,使人类进入了电气时代。创造了电力、电气装备、汽车、石油化工等一大批新兴产业,同时大幅提升了机械、冶金等产业的发展水平,工业文明成为世界发展的主流。电气化被美国工程院评为20世纪20项最伟大的工程技术成就之首。

电力工业是国民经济中重要的基础产业与支柱产业,是国民经济的先行官。在全球经济高速发展的今天,能源安全、能源与环境问题已上升到世界各国国家战略的高度,电气工程学科在保障国家能源安全、促进节能减排、推进可持续发展等战略层面必将继续发挥不可替代的重要作用。

随着工业化和信息化进程的推进和高新技术的不断应用,许多专业需要的电气知识越来越多,理工科院校几乎所有的非电类专业都开设电工学等课程,电气化、自动化、数字化、智能化的生产流程、工作模式及基础装备是各行各业必然的选择。

电气工程经过一个多世纪的持续高速发展,已成长壮大为重要的技术科学与工程领域,当代高新技术都与电能密切相关,从探索物质的粒子加速器到发射宇宙飞船和卫星,从研究微型电机、机器人到可作为未来能源技术的受控核聚变装置,都需要电气科学与技术的支撑。电气工程技术广泛用于国民经济、国防建设、科学实验、日常生活的方方面面,其水平已成为衡量一个国家现代化程度的重要标志。

近几十年来,电气学科与信息科学、生命科学、物理学、材料科学、化学、环境科学、军事科学等学科领域存在广泛的交叉,形成了诸多新的学科生长点。学科交叉和相互渗透是电气科学保持长期生命力的重要因素,例如,新型电磁材料的开发、电机的控制、电力系统的分析与控制、电力电子系统与装置、新能源的利用等几乎所有的电气新技术都势必涉及大量的电子技术、计算机及其网络通信技术、自动控制技术的一些相关知识。可以说,当今的电气工程是一个现代高科技综合应用的、多学科交叉的前沿学科专业,具有广阔的应用前景。

1.2 专业沿革与发展趋势

电气工程学科大约起始于19世纪中后期,经历了一个半世纪的发展,已壮大成为有众多分支学科的重要技术科学领域。19世纪上半叶,安培发现电流的磁效应、法拉第发现电磁感应定律。19世纪下半叶，麦克斯韦的电磁理论为电气工程奠定了理论基础。

电气工程是理工科院校历史最悠久的专业之一，1878年英国帝国理工学院率先设立了电气工程专业。19世纪末到20世纪初，西方国家的大学陆续设置了电气工程专业。最初的专业学习都是从研究电能的产生、传输和利用开始的，而电报作为通信的主要形式，在电气工程专业高等教育中也占有一席之地。

电气工程学科具有很强的学科交叉和派生能力，如今的通信工程专业、电子信息工程专业、自动化专业、计算机科学与技术专业乃至生物医学工程专业都是从电气工程专业派生或再派生而形成，这些专业统称为电子与信息类专业，而它们和电气工程专业一起又被统称为电类专业。

自20世纪中叶以来，欧美传统的以电力工程为主的电气工程专业已发生了很大的变化，电子技术和计算机技术等新兴技术逐渐占据了"电气工程"专业的核心地位，而传统的电力工程伴随电气时代的高速发展渐趋成熟，只是众多的研究方向之一。从近年来世界各地赴美留学生所青睐的热门专业来看，美国一些著名高校的电气工程系或电气及计算机工程系的主要专业方向是通信与网络、信号处理、电子与集成电路、计算机工程与科学、图像处理、系统控制、光学与光子学、电力技术、等离子体物理学、电磁学、微/纳米系统、固体材料与设备及生物医学工程等，其学科交叉和融合程度日益提高。

我国电气工程高等教育历经了百年风雨，生生不息。1908年，时任邮传部上海高等实业学堂（交通大学）唐文治校长，对系科设置进行了调整。先后增设了铁路专科、电机专科，学制三年，中国的电气工程高等教育由此发端。随着电力的发展和社会分工的需要，交通大学1913年将电机科改为电气机械科，1917年电气机械科开始设无线电门，1928年改为电机工程学院，1937年又改学院为系，分"电力门"和"电讯门"，即"强电"和"弱电"。1912年，同济医工学堂（同济大学）设立电机科；1920年，公立工业专门学校（浙江大学）设立电机科；1920年筹建的哈尔滨中俄工业学校（哈尔滨工业大学），当时设有电气机械工程和铁路建筑两个科，学生通过毕业答辩可授予电气工程师、机械工程师及交通工程师称号；1923年，中央大学（东南大学）设立电机工程系；1932年，清华大学设立电机工程系，是清华的学术重镇，校园流传"土木系太老、电机系难考"之说。现仍坚守历史荣耀，称为电机工程与应用电子技术系；1933年，北洋大学（天津大学）设立电机工程系。1952年，我国进行大规模的院系调整，出现了一大批以工科为主的多科性大学，也出现了一批机电类学院，这些院校基本上都有电机工程系或电力工程系。

在我国，电气工程专业最初几十年中以电力系统为背景，以强电专业为支柱，被称为电机工程专业，可见历史上电机曾在其中占有着中心地位。随着电气工程的发展，专业的范围逐渐拓宽，弱电技术在其中的作用越来越重要，电力电子技术、计算机技术、信息技术的迅速发展也使电气工程的面貌发生了很大的变化。1977年我国恢复高考制度后，大部分高校的"电机工程系"或"电力工程系"陆续改为"电气工程系"。

1978年以来，我国迈入了改革开放和现代化建设的新时期，经济社会快速发展，科技进步日新月异，高等教育实现了历史性跨越。社会环境和高等教育自身发生的巨大变化，对我国高等教育人才培养提出了更高的要求，改革本科专业设置势在必行。

我国在1984年、1993年和1998年先后3次对本科专业目录进行了重要调整，专业总数逐步减少，拓宽了专业口径和业务范围。

通过本科专业目录的调整，改变了过去过分强调"专业对口"的本科教育观念，确立了知识、能力、素质全面发展的人才观，对引导高等学校拓宽专业口径，增强适应性，加强专业建设和管理，加快与世界高等教育接轨，提高办学水平和人才培养质量，发挥了积极作用。

1993 年,在教育部颁布的本科专业目录中,工学(08)门类中与电有关的专业被分为两个分支:电工类(0806)下设电机电器及其控制、电力系统及其自动化、高电压与绝缘技术、工业自动化、电气技术等 5 个专业;电子信息类(0807)共有 14 个专业。

1998 年,专业目录调整时,把电工类(0806)和电子信息类(0807)合并为电气信息类(0806)。原来的 19 个专业合并为 7 个,其中原电工类的电机电器及其控制、电力系统及其自动化、高电压与绝缘技术、电气技术专业合并为目前的电气工程及其自动化(080601)专业。原电工类的工业自动化专业和电子信息类的自动控制等专业合并为自动化(080602)专业。合并后的其他 5 个专业是:电子信息工程(080603)、通信工程 (080604)、计算机科学与技术(080605)、电子科学与技术(080606)、生物医学工程(080607)。

在同时颁布的工科引导性专业目录中,又把电气工程及其自动化专业和自动化专业中的部分(主要是原工业自动化专业部分)合并为电气工程与自动化专业,大体相当原来电工类的 5 个专业的总和。

2012 年,我国完成改革开放以来的第 4 次本科专业目录修订。新专业目录仍然按照学科门类、专业类和专业三个层次进行划分,专业划分更加规范合理。此次专业目录建构坚持"以宽为主、宽窄并存"的原则,调整后的 12 个学科门类与研究生学科门类完全一致,专业类与研究生专业一级学科基本一致。专业目录结构进一步优化,首次区分基本专业和特设专业。所谓基本专业,是指学科基础比较成熟、社会需求相对稳定、布点数量相对较多、继承性较好的专业;而特设专业则是针对不同高校办学特色,或适应近年来人才培养特殊需求设置的专业。今后,专业目录将每 10 年修订一次,基本专业每 5 年调整一次,特设专业每年向社会公布,每年批准设置的新专业均列为特设专业。

在新颁布的本科专业目录中,工学(08)学科门类中,电气类(0806)的基本专业是:电气工程及其自动化(080601)。特设专业有 3 个:智能电网信息工程(080602T),光源与照明(080603T),电气工程与智能控制(080604T)。

专业名称的演变,反映了科技的进步和时代的变迁。电气工程及其自动化的研究对象是电能,而电信息的检测、处理、控制等技术在电能从产生到利用的各个环节中都起着越来越重要的作用。因此,有关电信息的研究也成了电气工程及其自动化专业的重要组成部分,专业名称中的“及其自动化”,就反映了这种变革。

目前,在我国的普通高等学校中,开设电气工程及其自动化的院校有 200 多所。

新中国成立后的 60 多年来,我国电力工业以持续年均 10%以上的速度发展,为世界电力发展史所罕见。

1949 年,我国发电装机容量仅为 185 万千瓦,年发电量约 43 亿千瓦时,当时已形成的电力系统是东北电网和京津唐电网。2011 年,我国年发电量跃居世界第一位。2013 年,我国发电装机容量首次超过美国跃居世界第一位,其中新能源发电呈现超高速增长。截至 2013 年底,我国发电装机容量 12.5 亿千瓦,年发电量 5.35 万亿千瓦时。大电网已覆盖广袤的国土,我国电力系统发展已实现高度自动化、信息化,并正向高度智能化、互动化方向迈进。

展望未来,我国电力工业和电工制造业将持续高速度发展,城乡电网改造、西电东送、南北互供和全国电网互联工程等向纵深发展,特高压输电、智能电网、高端装备制造、新能源、电动汽车等战略性新兴产业稳步推进,高等学校的电气工程教育和学科建设也将迎来跨越式发展的机遇。我国电气工程领域集聚了一大批最优秀的人才,我国必将成为世界电气工程高等教育、科学研究和技术开发的中心。

1.3　本科生培养目标与就业去向

21世纪高等教育的一个突出特征是从人的个性出发，充分调动人的创造力和潜能，才能适应知识经济时代对人才的要求。

为拓宽专业口径，增强人才的适应性，本科生是按一级学科电气工程招生的，在本科专业目录里称为电气工程及其自动化专业，通常可简称为电气工程专业。

电气工程专业主要特点是强电与弱电结合、电力技术与电子技术结合、元件与系统结合、计算机软件与硬件结合。

依照教育部电气工程及其自动化专业教学指导分委员会的建议，电气工程专业本科生的培养目标为：

本专业培养能够从事与电气工程有关的电气装备制造、系统运行、自动控制、电力电子技术、信息处理、试验分析、研制开发、经济管理，以及电子与计算机技术应用等领域工作的宽口径、复合型高级工程技术人才。

业务培养要求：本专业学生主要学习电工技术、电子技术、信息控制、计算机技术等方面较宽广的工程技术基础和一定的专业知识。

通过4年的学习，毕业生应获得以下几方面的知识和能力：

(1) 掌握较扎实的数学、物理、化学等自然科学的基础知识，具有较好的人文社会科学和管理科学基础和外语综合能力。

(2) 系统地掌握本专业领域所必需的较宽技术基础理论知识，主要包括电工理论、电子技术、信息处理、控制理论、计算机软硬件基本原理与应用等。

(3) 获得较好的工程实践训练，具有较熟练的计算机应用能力。

(4) 具有本专业领域内1～2个专业方向的专业知识与技能，了解本专业学科前沿的发展趋势。

(5) 具有较强的工作适应能力，具备一定的科学研究、科技开发和组织管理的实际工作能力。

电气工程专业具有鲜明的行业特色，立足于电力系统和电气装备制造，面向全社会，服务千家万户，培养德、智、体全面发展的高级专业人才。毕业生适应性强，就业面宽广。不但能够从事电力、电气设备制造行业内电气工程及其自动化领域相关的工程设计、生产制造、系统运行、系统分析、技术开发、教育科研、经济管理等方面工作，而且能够从事其他行业电气工程及其自动化领域相关工作。并且，作为一门宽口径的基础性专业，具有该专业背景的学生可以轻松向电子信息、自动控制等相关行业转行，职业发展空间广阔。就业范畴举例如下：

(1) 从事电力系统的设计、研发和运行管理等工作，这些单位主要有：国家电网、南方电网两大电网公司下属的各级电力公司和国家五大发电集团及中核集团、中广核集团等下属的各类发电厂；各级电力设计院、电力规划院；电力建设公司；各类电力技术专业公司；新能源发电企业；能源、航空、航天、冶金、有色、石化、船舶、电子、医药、机械、建筑等大中型企业的供电部门或自备电厂；

(2) 在电气设备制造企业、电力自动化设备公司、电力电子、通信等高新技术企业从事技术研发、管理和运营工作；

(3) 在科研院所和大专院校从事科研和教学工作。

第2章　电机与电器技术

2.1　电机学基础

2.1.1　概述

在人类使用能源的历史上，无论哪一种技术上的发明和应用，都不能与电的发明及应用相比拟。在电能所能达到的一切领域，都使得那里的技术发生根本性的变化。发电机产生的电能通过高压远距离输电送到它所需要的地方作为动力加以应用，改变了整个社会的能源动力的结构和生产、生活方式。

在电能的生产、传输、变换、分配和应用中，电机是主要的机电能量转换装置。广义的电机包括旋转电机、直线电机和静止电机。旋转电机和直线电机是根据电磁感应原理实现电能与机械能之间相互转换的一种能量转换装置。静止电机是根据电磁感应定律和磁势平衡原理实现电压变化与电能传递的一种电磁装置，也称为变压器。电机的一般分类如图2-1所示。

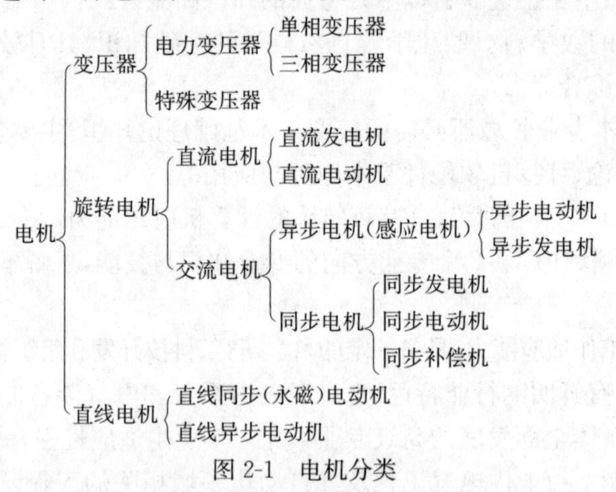

图2-1　电机分类

电机学主要研究电机的工作原理、主要结构、基础理论、设计制造、运行特性、控制策略及试验方法。以电路理论和电磁场理论为基础，结合电子技术、自动控制理论和计算机技术，应用现代分析和测试技术，研究电机设计、制造及其控制等方面出现的新的理论及实际问题。发展新的品种，研究各种电机新的控制方法，实现电机的机电一体化。电机中各种电、磁、力、热等方面的定律同时起作用，互相影响又互相制约，故分析时既有理论又有实际，且具有一定的复杂性和综合性。

电机中所用的材料主要有以下几种。

（1）导电材料：作为电机中的电路系统，常用紫铜或铝。

（2）导磁材料：为了在一定的励磁电流下产生较强的磁场，电机和变压器的磁路都采用导磁性能良好的铁磁材料制成，如硅钢片、钢板及铸钢。

（3）绝缘材料：作为带电体之间及带电体与铁心之间的电气隔离，常用聚酯漆、环氧树脂、玻璃丝带、电工纸、云母片等。

(4) 结构材料:使各部分构成整体、支撑和连接其他机械,常用铸铁、铸钢、钢板、铝合金及工程塑料。

2.1.2　电机学的基本电磁定律

电机及许多电器都是利用电磁现象及规律制造的,电能的传递与机电能量转换是利用电磁耦合作用来实现的。机电能量转换的媒介是磁场,在工程中,通常将磁场问题简化为磁路问题。大量的电机与电气设备都含有线圈和铁心。当绕在铁心上的线圈通电后,铁心就会被磁化而形成铁心磁路,磁路又会影响线圈的电路。因此,电机电器技术不仅有电路问题,同时也有磁路问题。

1. 电路基本定律

由电路理论我们知道,电路基本定律遵循:基尔霍夫第一定律 $\sum i=0$ 和基尔霍夫第二定律 $\sum e=\sum u$。

2. 磁路基本定律

磁路是由铁心与线圈构成的让磁通集中通过的闭合回路,如图 2-2 所示的磁路可看成均匀磁路,即材料相同截面相等的磁路。该磁路中各点的磁场强度 H 大小相等。由物理学可知,描述磁路及磁场的基本物理量有磁感应强度 B、磁场强度 H、磁通量 Φ 及磁导率 μ。下面简要回顾磁路的基本定律。

(1) 安培环路定律

在磁路中,沿任意闭合路径,磁场强度的线积分等于与该闭合路径交链的电流的代数和。即

$$\oint_l \boldsymbol{H} \cdot \mathrm{d}\boldsymbol{l} = H\oint_l \mathrm{d}l = \sum I = NI \tag{2-1}$$

式中,N 为线圈匝数。

计算电流代数和时,与绕行方向符合右手螺旋定则的电流取正号,反之取负号。

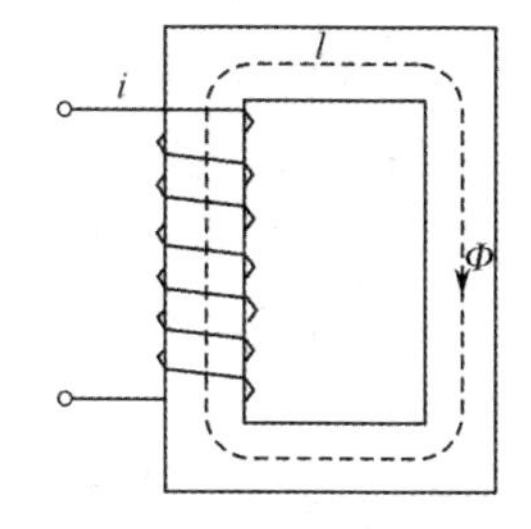

图 2-2　磁路

(2) 磁路的基尔霍夫第一定律

$$\sum \Phi = 0 \tag{2-2}$$

(3) 磁路欧姆定律

设均匀磁路长为 l,磁路面积为 S,则 B、H 与 μ 之间的关系为:$H=\frac{B}{\mu}$,$B=\frac{\Phi}{S}$。由安培环路定律,知 $H=\frac{NI}{l}$,而 $\Phi=BS=\mu HS=\mu S\frac{NI}{l}$,令 $R_m=\frac{l}{\mu S}$,则磁路欧姆定律为

$$\Phi=\frac{NI}{R_m}=\frac{F}{R_m} \tag{2-3}$$

式中,R_m 与 $\boldsymbol{\Phi}$ 成反比,反映对磁通的阻碍作用,称为磁阻。其与磁路的几何尺寸、磁介质的磁导率有关,单位:H^{-1}。$F=NI$ 是产生 $\boldsymbol{\Phi}$ 的原因,称为磁动势,单位:A。

式(2-3)与电路欧姆定律形式相似。但电路中的电阻是耗电能的,而磁阻 R_m 是不耗能的。铁磁材料的 R_m 不为常数,式(2-3)用来对磁路做定性的分析,一般不用来做定量分析。

3. 电磁感应定律

线圈磁链变化将在线圈中感应电动势,分两种情况:

(1) 磁场相对静止,线圈中磁通本身随时间交变引起的感应电动势称为变压器电动势,即

$$e=-\frac{\mathrm{d}\Psi}{\mathrm{d}t}=-N\frac{\mathrm{d}\Phi}{\mathrm{d}t} \tag{2-4}$$

规定电动势正方向与磁通正方向符合右手螺旋定则。

(2) 磁场大小恒定,导体以匀速运动切割磁力线而在导体产生切割电动势称为速率电动势,即

$$e=Blv \tag{2-5}$$

判断速率电动势方向遵循右手定则。

4. 电磁力定律

载流导体在磁场中受力为

$$f=Bil \tag{2-6}$$

受力方向由左手定则确定,在电机学中主要用于分析旋转电机的电磁转矩。

5. 能量守恒定理

电机、变压器在能量传递、转换过程中,应符合能量守恒定律:

$$\text{输入能量 } W_{\text{in}}=\text{磁场储能增量 } \Delta W_{\text{e}}+\text{输出能量 } W_{\text{out}}+\text{内部损耗 } W_{\text{loss}} \tag{2-7}$$

2.1.3 铁磁材料性质

铸钢、硅钢片、铁及其与钴镍的合金、铁氧体等铁磁物质是一类性能特异、用途广泛的材料,高导磁性、磁饱和性和磁滞性是铁磁性材料的三大主要性能。

铁磁材料具有高导磁性能,是因为其内部存在着强烈磁化过的自发磁化单元,称为磁畴。在正常情况下,磁畴是杂乱无章地排列着,因而对外不显示磁性。但在外磁场的作用下,磁畴沿着外磁场的方向做出有规则的排列,从而形成了一个附加磁场叠加在外磁场上。由于铁磁材料的每个磁畴原来都是强烈磁化了的,它们所产生的附加磁场的强度,要比非铁磁物质在同一外磁场作用下所产生的磁场强得多。非铁磁材料的导磁系数都接近于真空的导磁系数。而铁磁材料的导磁系数远远大于真空的导磁系数。因此,在同样的电流下,铁心线圈的磁通比空心线圈的磁通大得多。

在非铁磁材料中,磁感应强度 B 与磁场强度 H 成正比,它们之间呈线性关系。铁磁物质的磁化过程很复杂,一般都是通过测量磁化场的磁场强度 H 和磁感应强度 B 之间的关系来研究其磁化规律,用 $B=f(H)$ 描述的关系曲线称为磁化曲线。磁饱和性即磁性材料的磁化磁场 B 随着外磁场 H 的增强,但并非无限制增强,而是当全部磁畴的磁场方向都转向与外磁场一致时,它们所产生的附加磁场已接近最大值,此时即使 H 再增大,B 的增加也很有限。即铁磁性材料的磁化曲线是非线性的,如图 2-3 所示。

当磁化电流为交变电流使铁磁物质被反复磁化时,在电流变化一次时,磁感应强度 B 随磁场强度 H 而变化的关系如图 2-4 所示,是一条对称于原点的闭合曲线,称为磁滞回线,B_{m} 为饱和磁感应强度。由图可见,当 H 已减到零值时,B 并未回到零值,有剩磁 B_{r}。这种磁感应强度 B 滞后于磁场强度 H 变化的性质称为铁磁物质的磁滞性。为消除剩磁,必须加反向磁场 H_{c},称为矫顽磁力。

由于存在磁滞现象,铁磁材料的磁化过程是不可逆的。产生磁滞现象的原因是铁磁材料中磁分子在磁化过程中彼此具有摩擦力而互相牵制。由此引起的损耗称为磁滞损耗,它是导

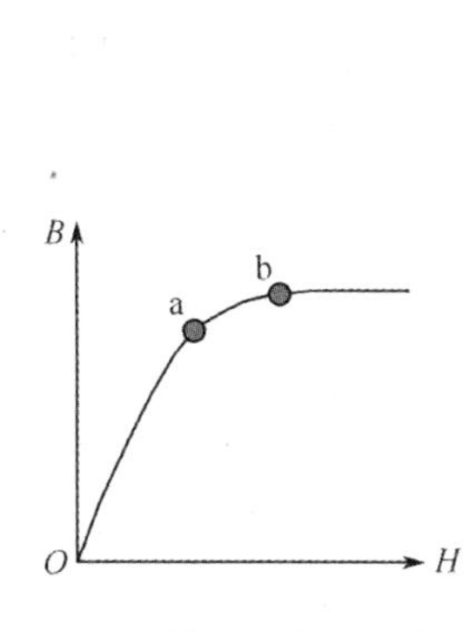

图 2-3　铁磁材料磁化曲线

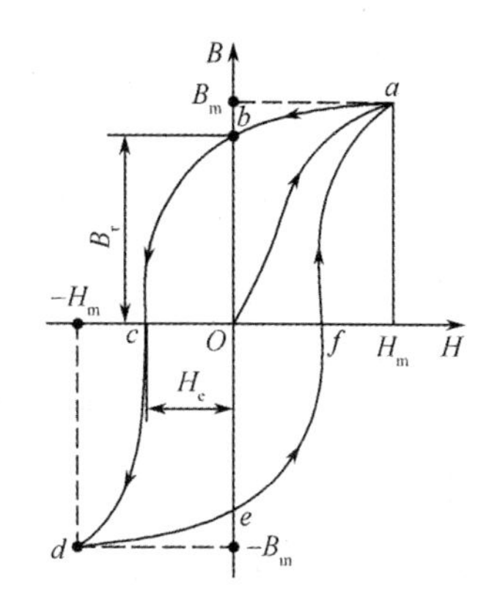

图 2-4　铁磁材料磁滞回线

致铁磁性材料发热的原因之一。铁心内部由于涡流在铁心电阻上产生的热能损耗称为涡流损耗。磁滞损耗、涡流损耗统称铁心损耗。

对同一铁磁材料，选择不同的 H_m 反复磁化，得到不同的磁滞回线。将各条回线的顶点连接起来，所得曲线称为基本磁化曲线。不同的铁磁材料，其磁化曲线和磁滞回线都不一样。

电机中常用的铁磁材料分为软磁材料和硬磁材料。软磁材料矫顽磁力较小，磁滞回线较窄。具有磁导率很高、易磁化、易去磁等显著特点，一般用来制造电机、电器及变压器等的铁心。常用的有铸铁、硅钢、坡莫合金及铁氧体等；硬磁材料也称永磁材料，具有较大的矫顽磁力，磁滞回线较宽。磁导率不太高、但一经磁化能保留很大剩磁且不易去磁，一般用来制造永久磁铁。常用的有碳钢、钴钢及铁镍铝钴合金等。此外，矩磁材料具有较小的矫顽磁力和较大的剩磁，磁滞回线接近矩形，稳定性良好。在计算机和控制系统中用作记忆元件、开关元件和逻辑元件。常用的有镁锰铁氧体等。

2.1.4　变压器

1. 变压器原理

变压器是一种静止的电气设备，它利用电磁感应原理，把一种电压等级的交流电能转换成频率相同的另一种电压等级的交流电能。变压器具有变换交变电压、变换交变电流、变换阻抗的作用。它对电能的远距离传输、灵活分配和经济安全使用具有重要的意义。同时，它在电气领域的测试、控制和特殊用电设备上也有广泛的应用。基本结构如图 2-5 所示，两个相互绝缘的绕组套在一个共同的铁心上，它们之间只有磁的耦合，没有电的联系。电源侧的线圈称为原边绕组或一次绕组，负载侧的线圈称为副边绕组或二次绕组。

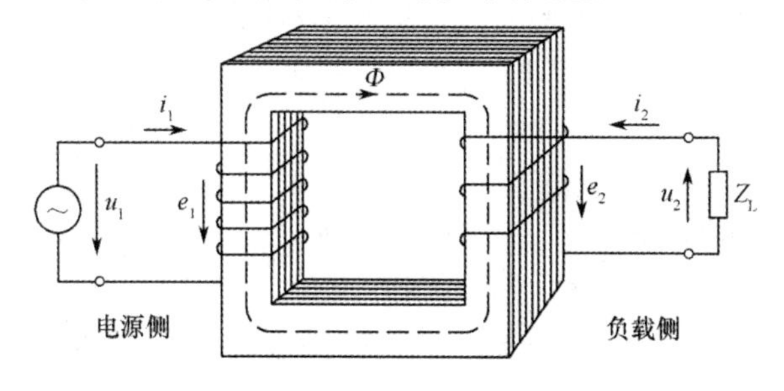

图 2-5　变压器基本工作原理

当原边绕组接到交流电源时,绕组中便有交流电流流过,并在铁心中产生与外加电压频率相同的磁通。这个交变磁通同时交链原边绕组和副边绕组。原、副绕组的感应电势分别为

$$u_1=-e_1=N_1\frac{\mathrm{d}\Phi}{\mathrm{d}t},\quad u_2=e_2=-N_2\frac{\mathrm{d}\Phi}{\mathrm{d}t} \tag{2-8}$$

假定变压器两边绕组的电压和电动势的瞬时值都按正弦规律变化,由(2-8)式可得一次、二次绕组中电压和电动势的有效值与匝数的关系为

$$\frac{U_1}{U_2}=\frac{E_1}{E_2}=\frac{N_1}{N_2}=k \tag{2-9}$$

式中,k 称为变压器的变比,它等于原、副绕组的匝数比,也称电压比。

如果忽略铁磁损耗,根据能量守恒原理,变压器的输入与输出电能相等,即 $U_1I_1=U_2I_2$,由此可得变压器一次、二次绕组中电压和电流有效值的关系为

$$\frac{U_1}{U_2}=\frac{I_2}{I_1} \tag{2-10}$$

亦即

$$\frac{I_1}{I_2}=\frac{1}{k} \tag{2-11}$$

由此可见,只要改变变压器的变比 k,就能改变副边电压或副边电流的大小。这就是变压器利用电磁感应原理,将一种电压等级的交流电源转换成同频率的另一种电压等级的交流电源的基本工作原理。

2. 变压器的额定参数和型号

(1) 额定电压 U_{1N} 和 U_{2N}:一次绕组的额定电压 U_{1N} 是根据变压器的绝缘强度和允许发热条件规定的一次绕组正常工作电压值。二次绕组的额定电压 U_{2N} 指一次绕组加上额定电压,分接开关位于额定分接头时,二次绕组的空载电压值。对三相变压器,额定电压指线电压。

(2) 额定电流 I_{1N} 和 I_{2N}:是根据允许发热条件而规定的绕组长期允许通过的最大电流值。对三相变压器,额定电流指的是线电流。

(3) 额定容量 S_N:指额定工作条件下变压器输出能力(视在功率)的保证值。三相变压器的额定容量是指三相容量之和。

此外,还有额定频率、额定效率、温升等额定值。

变压器型号表示一台变压器的结构、额定容量、电压等级、冷却方式等内容,型号的命名方法如图2-6所示。例如,SL—500/10 表示三相油浸自冷双线圈铝线,额定容量为 500kVA,高压侧额定电压为 10kV 级的电力变压器;OSFPSZ—250000/220 表示自耦三相强迫油循环风冷三绕组铜线有载调压,额定容量 250000kVA,高压侧额定电压为 220kV 的电力变压器。

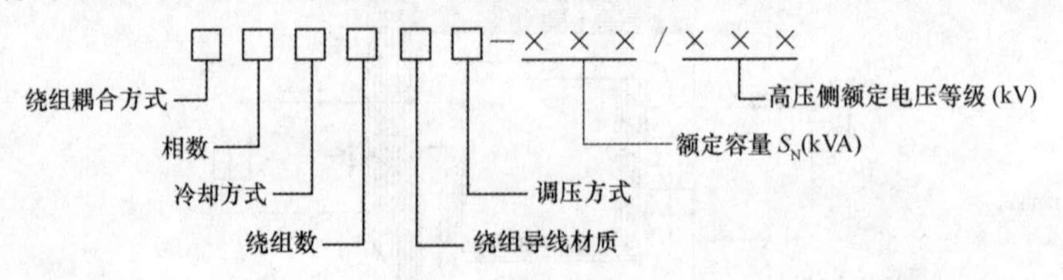

图2-6　变压器型号含义

变压器按用途可以分为电力变压器和特种变压器两大类。电力变压器主要用于电力系统。特种变压器根据不同系统和部门的要求,提供各种特殊电源和用途,如电炉变压器、整流

变压器、电焊变压器、牵引变压器、矿用变压器、仪用互感器、试验用高压变压器和调压变压器等，以及用于电子信息产业的变压器等。

3. 电力变压器

电力变压器是电力系统中的重要电气设备，数量众多，变压器有单相变压器和三相变压器，按其用途和安装地点可分为升压变压器、降压变压器、联络变压器、厂用变压器和配电变压器。常见的有双线圈变压器，也有少量的三线圈变压器和自耦变压器。有的变压器有自动调整分接头装置，称为有载调压变压器。变压器的冷却方式可分为：干式自然冷却或风冷；油浸自然冷却；油浸风冷，带有吹风装置；油浸强迫油循环冷却，即用油泵强迫油循环，把油抽出送到冷却器冷却后送回油箱。中小型电力变压器大都采用油浸自然冷却式，变压器油是从石油中提炼出来的绝缘油，既是绝缘介质，又是散热媒介，通过油的对流作用把线圈及铁心上的热量带到油箱表面，散发到空气中。图2-7是几种电力变压器的实物图。

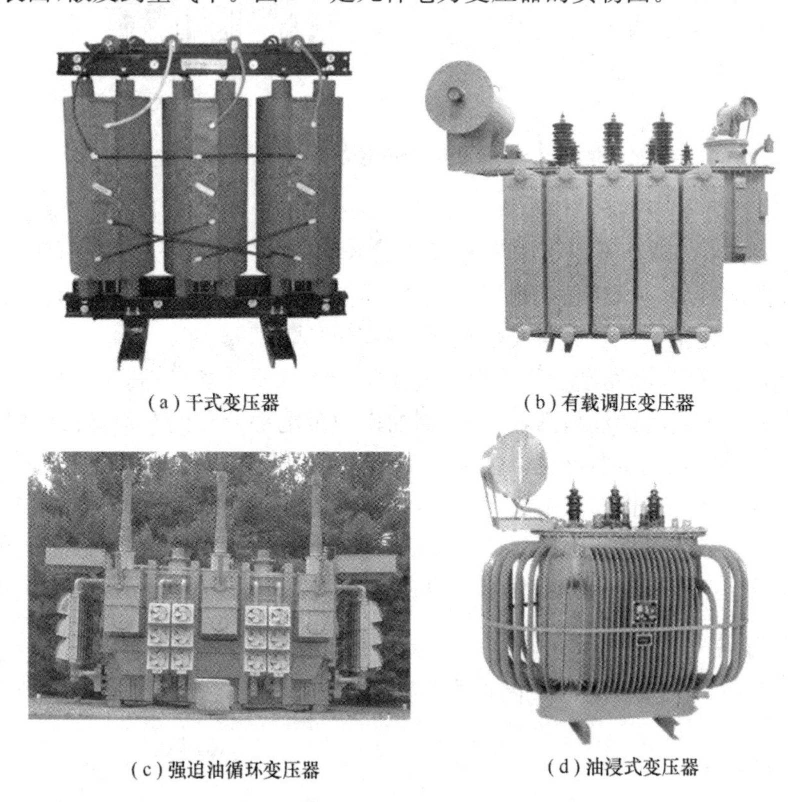

(a) 干式变压器　(b) 有载调压变压器　(c) 强迫油循环变压器　(d) 油浸式变压器

图2-7　几种电力变压器

从铁心与绕组的相对位置看，变压器两大基本结构形式有心式和壳式两种。绕组包着铁心的叫心式变压器、铁心包着绕组的叫壳式变压器。单相或三相电力变压器多为心式，小容量的单相变压器常制成壳式。无论壳式变压器还是心式变压器其电磁原理是完全相同的。

变压器的主要组成是铁心和绕组。铁心是变压器的主磁路，又作为绕组的支撑骨架。铁心分铁心柱和铁轭两部分，铁心柱上装有绕组，铁轭连接两个铁心柱，其作用是使磁路闭合；绕组是变压器的电路部分，常用绝缘铜线或铝线绕制而成，近年来还有用铝箔绕制的。为了使绕组便于制造和在电磁力作用下受力均匀，以及机械性能良好，一般电力变压器都把绕组绕制成圆形。

电力变压器多采用油浸式结构,其附件有油箱、气体继电器、安全气道、分接开关和绝缘套管等,其作用是保证变压器的安全和可靠运行。图2-8是三相油浸式电力变压器各部件名称说明。

1- 信号温度计,2- 铭牌,3- 吸湿器,
4- 油枕,5- 油位指示器,6- 防爆管,
7- 瓦斯继电器,8- 高压套管和接线端子,
9- 低压套管和接线端子,10- 分接开关,
11- 油箱及散热油管,12- 铁心,
13- 绕组及绝缘,14- 放油阀,
15- 小车,16- 接地端子

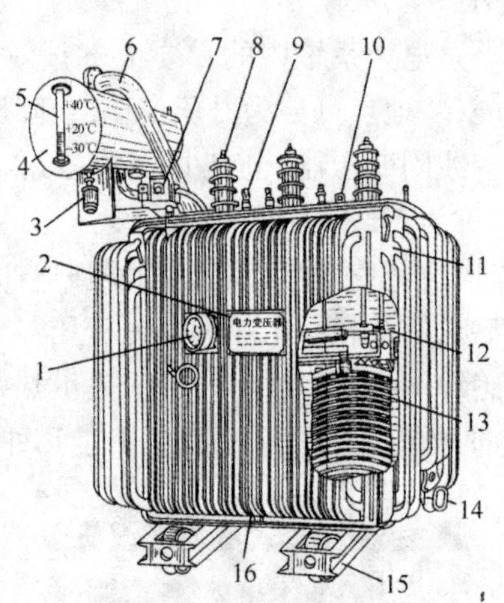

图2-8　三相油浸式电力变压器结构

随着环氧树脂等新材料的出现,将变压器采用环氧树脂真空浇注成为一个整体,称为干式电力变压器。目前在35kV及以下电压等级的配电系统,广泛应用干式变压器。它能适应高污秽、高温、潮湿的环境,具有阻燃、耐燃、无公害、免维护等优点,越来越多的应用在高层建筑及商业中心、石油、化工等对防火与安全有更高要求的部门。

近年来,组合式变压器逐渐普及。组合式变压器将变压器器身、高压负荷开关、熔断器及高低压连线安装在全密封的油箱内,用变压器油作为带电部分相间及对地的绝缘介质的一种新型配电设备。组合式变压器具有许多优点:占地少、选址灵活、对环境适应性强,且能美化城市环境;能深入负荷中心、提高供电质量;安装维护方便、运行可靠、投资少、工期短。它适用于城市公共配电、高层建筑、住宅小区、公园、高速公路等,还适用于油田、工矿企业及施工场所,在城乡电网建设与改造中得到了越来越多的应用。

4. 仪用互感器

仪用互感器是用于测量仪器和保护设备中的特殊变压器,有电压互感器和电流互感器之分。

(1) 电压互感器

电压互感器是一种小型的降压变压器,实现用低量程的电压表测量高电压。由铁心、一次绕组、二次绕组、接线端子和绝缘支持物等构成。一次绕组并接于电力系统一次回路中,其二次绕组并联了测量仪表、继电保护装置或自动装置的电压线圈。由于电压互感器是将高电压变成低电压,所以它的一次绕组的匝数较多,而二次绕组的匝数较少。原理接线如图2-9所示,由图可知:被测电压=电压表读数$\times N_1/N_2$。图2-10是电压互感器实物图。

电压互感器使用注意事项:电压互感器的二次侧在工作时不能短路。在正常工作时,其二次侧的电流很小,近于开路状态,当二次侧短路时,其电流很大(二次侧阻抗很小)将烧毁设备;电压互感器二次绕组必须有一点接地。因为接地后,当一次和二次绕组间的绝缘损坏时,可以防止仪表和继电器出现高电压危及人身安全。

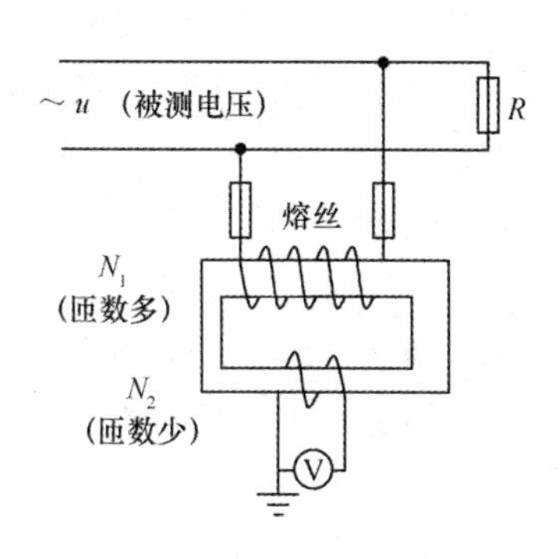

图 2-9　电压互感器工作原理示意图

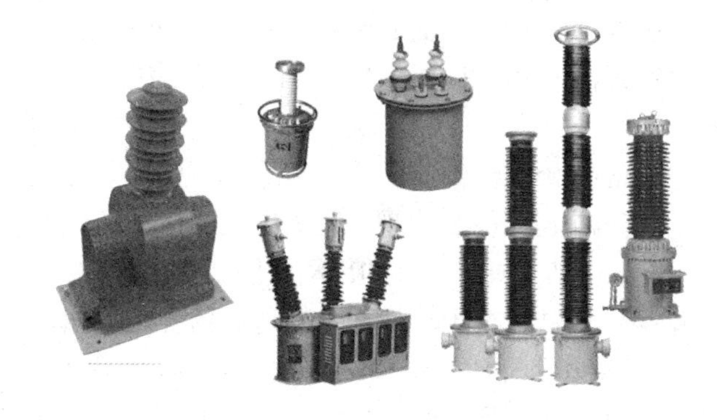

图 2-10　电压互感器实物图

（2）电流互感器

电流互感器是将一次侧的大电流，按比例变为适合通过仪表或继电器使用的，额定电流为 5A 的变换设备。电流互感器的结构、工作原理同单相变压器相似。它由铁心和一、二次绕组两个主要部分组成，一次绕组的匝数较少，一般只有一匝到几匝，用粗导线绕制，使用时串联在被测电路中，流过被测电流；二次绕组匝数很多，用较细的导线绕制而成。一般接电流表或功率表的电流线圈，其阻抗很小，负载近似为零。原理接线如图 2-11 所示，由图可知：被测电流＝电流表读数×N_2/N_1。图 2-12 是几种电流互感器实物图。

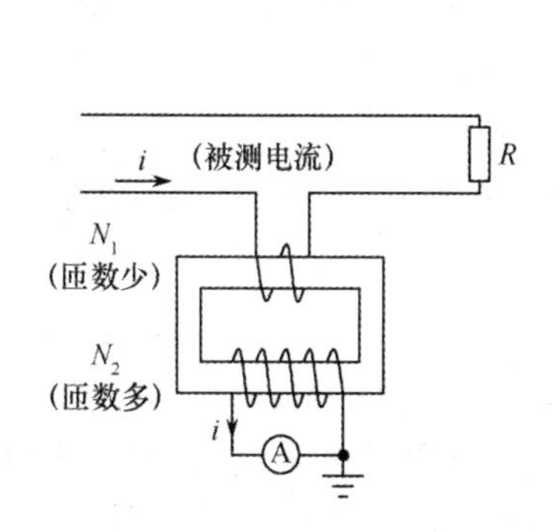

图 2-11　电流互感器工作原理示意图

图 2-12　电流互感器实物图

电流互感器使用注意事项：电流互感器的二次绕组侧在使用时绝对不可开路。使用过程中拆卸仪表或继电器时，应事先将二次绕组侧短路。安装时，接线应可靠，不允许二次绕组侧安装熔丝；在二次绕组侧不能安装熔断器、刀开关。这是因为电流互感器二次绕组匝数远远大于一次绕组匝数，在开路的状态下，电流互感器相当于一台升压变压器；二次绕组侧必须有一端接地。防止一、二次绕组间绝缘损坏，高压窜入二次绕组侧，危及人身和设备安全。

2.1.5　直流电机

电流有交流和直流之分，因此电机也有直流电机和交流电机两大类。直流电机是最早得到实际应用的电机，它既可做电动机又可做发电机。

法拉第（Faraday）于 1821 年发现了载流导体在磁场中受力的现象，即电动机的作用原理，并首次使用模型表演了这种把电能转换为机械能的过程。1831 年，他又发现了电磁感应定律。在这一基本定律的指导下,现代直流发电机的雏形很快出现了。1832年,皮克西(Pixii)利用磁铁和线圈的相对运动,再加上一个换向装置,制成了一台原始型旋转磁极式直流发电机。1833年,楞次(Lenz)证明了电机的可逆原理。1886年霍普金森兄弟(J & E Hopkinson)确立了磁路欧姆定律,1891年阿诺尔德(Arnold)建立了直流电枢绕组理论。到19世纪90年代,直流电机已经具备了现代直流电机的主要结构特点。

直流电动机具有良好的启动性能,能在宽广的范围内平滑、经济地调速,启动转矩大,适合对调速性能和启动性能要求非常高的场合。例如,对于汽车用启动电机、挡风玻璃擦拭电动机、吹风机电动机,以及电动窗用电动机等,都是直流电动机在工业自动控制中最为经济的选择。在大功率的驱动设备的运用中,例如,在电梯、电力机车、内燃机车、工矿机车、城市轨道交通、钢厂轧钢机、挖掘设备、大型起重机等驱动系统中,直流电动机有着广泛的应用空间。

但直流电机由于存在换向器,其制造工艺复杂,生产成本高,维护较困难,可靠性差,是一种将逐渐淘汰的电机种类。随着电力电子技术和控制技术的发展,目前,直流发电机已基本上被静止整流装置替代。在电力传动领域,先进的异步电动机控制理论和新型大功率电力电子器件的结合,使得交流异步电动机的驱动系统正成为电气传动的发展趋势。

目前在很多场合直流电机已被交流电机和电力电子装置取代,但仍然有其应用场合。

1. 直流电机工作原理

直流电机是将直流电能与机械能相互转换的旋转电机。直流电机可以作为发电机运行,也可以作为电动机运行,这一原理称为直流电机的可逆原理。

作为电动机运行时,直流电源向电机输送直流电能,电机将直流电能转化为机械能,拖动生产机械运动;作为发电机运行时,电机由原动机(交流电动机、柴油机、汽油机等)拖动,电机将机械能转化为直流电能,向负载供电。

直流电机在拖动系统中多用做电动机,直流电动机有较高的启动性能和调速性能,在自动控制系统中多用做测速发电机和伺服电动机。

直流电机的直流励磁绕组一般设置在定子上,电枢绕组嵌在转子铁心槽内,为了引出直流电动势,旋转电枢必须装有换向器,图2-13(a)为直流电机的模型示意图。

当励磁绕组流入直流电流,电机主磁极产生恒定磁场,由原动机带动转子旋转,电枢导体切割主磁场产生感应电动势,它随时间的变化规律与气隙磁场空间分布规律一致,因此线圈abcd内是交流电动势,线圈电动势随时间规律性变化,其波形与气隙磁通密度分布相同,通常为平顶波,然而线圈电动势不是直接引出,而要通过换向器。电枢导体与换向片固定连接,换向片之间由绝缘体隔开,换向器随电枢旋转,而电刷是静止不动的,并与外电路相连,这样电刷接触的换向片不断变化。图2-13(a)中电刷“1”总是与N极面下的导体一换向片接触,同时电刷“2”总是与S极面下的导体一换向片接触,根据右手定则,电刷1为“+”,电刷2为“−”,电刷极性保持不变,换向器的作用如同全波整流,电刷1、2之间的电动势经换向后为一有较大脉动分量的直流电动势,如图2-13(b)所示,此即直流发电机的基本原理。

若电刷两端接入直流电压,转子电枢绕组中就有电流流过,定子励磁绕组有直流电流励磁,则带电电枢导体在磁场中受到电磁力的作用,产生电磁转矩,使电枢旋转,电磁转矩的方向与电机转向一致。由于电刷与换向器的作用使所有导体受力方向一致,此时直流电机作电动机运行。

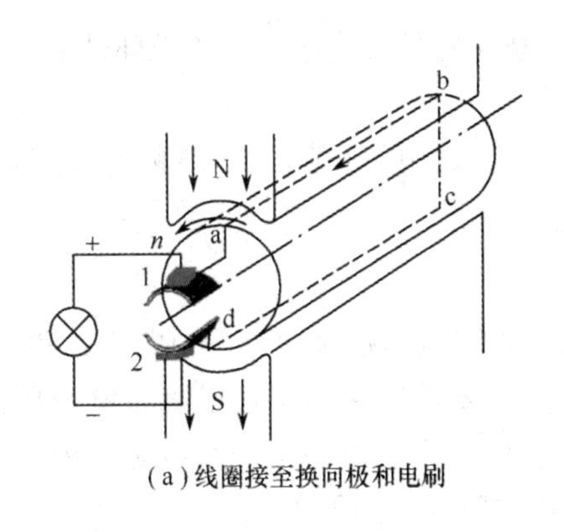

(a)线圈接至换向极和电刷

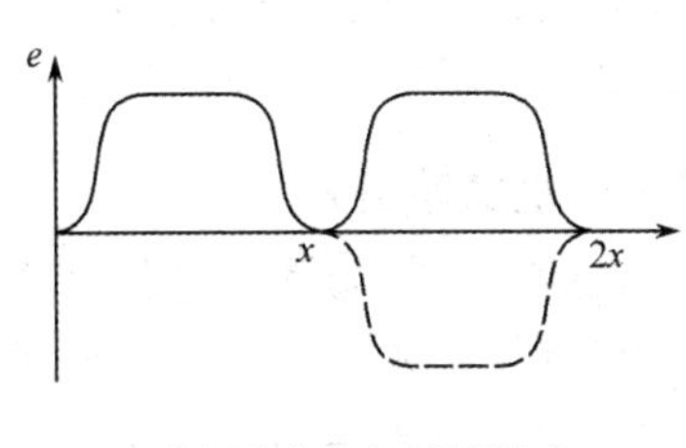

(b)线圈中感应电动势的换向

图 2-13　直流电机模型(极对数 $p=1$)

2. 直流电机结构

直流电机由静止的定子和旋转的转子两大部分及它们之间的气隙构成,图 2-14 是小型直流电机结构示意图。

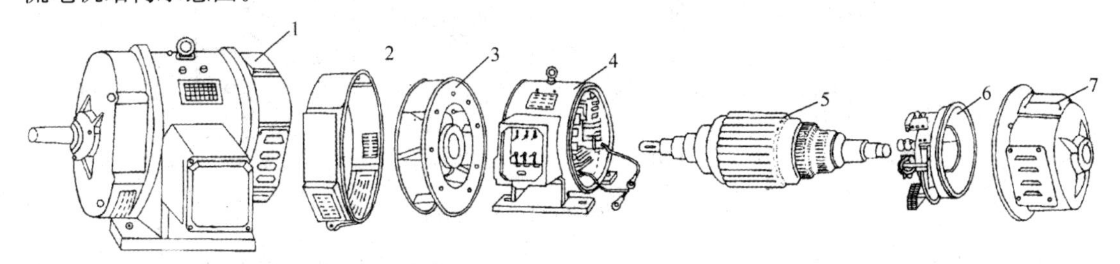

图 2-14　小型直流电机结构示意图

1—直流电机总成,2—后端盖,3—通风机,4—定子总成,5—转子(电枢)总成,6—电刷装置,7—前端盖

(1) 定子部分

定子由主磁极、换向极、电刷装置、机座等组成。

主磁极由铁心和励磁绕组组成,铁心用 1～1.5mm 的钢板冲片叠成,外套励磁绕组。主磁极的作用是建立主磁场,它总是成对出现,N、S 极交替排列。大多数直流电机的主磁极是由励磁绕组通直流电来建立磁场的。

换向极也由铁心和绕组组成,铁心一般是由整块钢组成,换向极安放在相邻两主磁极之间,它的作用是改善电机的换向,使电机运行时不产生火花。

电刷装置由电刷、刷握、刷杆、压紧弹簧等组成,它的作用是连接转动和静止之间的电路。

机座作用是固定主磁极等部件,同时也是磁路的一部分。一般是用厚钢板弯成筒形以后焊成或用铸钢件制成,两端装有端盖。

(2) 转子部分

转子由电枢铁心、电枢绕组、换向器、转轴等组成,又叫电枢。

电枢铁心一般用 0.5mm 涂以绝缘漆的硅钢片叠压而成,作用是嵌放电枢绕组,同时它又是电机主磁路的一部分。

电枢绕组由绝缘导线绕制成的线圈按一定规律连接组成,每个元件两个有效边分别嵌放在电枢铁心表面的槽内,元件的两个出线端分别与两个换向片相连。电枢绕组的作用是产生感应电势和电磁转矩,是实现机电能量转换的枢纽。

换向器由许多相互绝缘的换向片组成,作用是将电枢绕组中的交流电整流成刷间的直流电或将刷间的直流电逆变成电枢绕组中的交流电。换向器是直流电机的关键部件之一。

(3) 气隙

为了使电机能够运转,定子和转子之间要留有一定大小的间隙,此间隙称为气隙,它是主磁路的一部分。

3. 直流电机的励磁方式

磁极上的线圈通以直流电产生磁通,称为励磁。直流电动机一般可分为电磁式和永磁式,电磁式电动机除了必须给电枢绕组外接直流电源外,还要给励磁绕组通以直流电流用以建立磁场。电枢绕组和励磁绕组可以用两个电源单独供电,也可以由一个公共电源供电。按励磁方式的不同,直流电动机可以分为他励、并励、串励和复励等形式,如图 2-15 所示。由于励磁方式不同,它们的特性也不同。

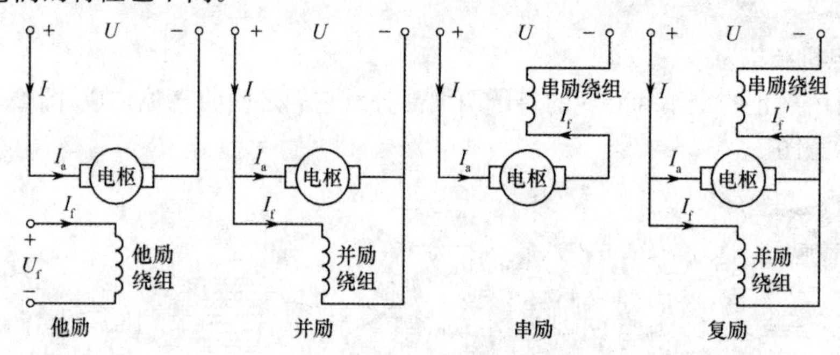

图 2-15 直流电机的励磁方式

他励电动机的励磁绕组和电枢绕组分别由两个电源供电,由于采用单独的励磁电源,设备较复杂。但这种电动机调速范围很宽,多用于主机拖动中。

并励电动机的励磁绕组是和电枢绕组并联后由同一个直流电源供电,并励直流电动机的机械特性较好,在负载变化时,转速变化很小,并且转速调节方便,调速范围大,启动转矩较大。因此应用广泛。

串励电动机的励磁绕组与电枢绕组串联之后接直流电源,多于负载在较大范围内变化的和要求有较大启动转矩的设备中。

复励电动机的主磁极上装有两个励磁绕组,一个与电枢绕组串联,另一个与电枢绕组并联,兼有串励电动机和并励电动机的特点,所以也被广泛应用。

在以上 4 种类型的直流电动机中,以并励直流电动机和他励直流电动机应用最为广泛。

永磁电动机没有励磁绕组,直接以永久磁铁建立磁场来使转子转动。这种电动机在许多小型电子产品上得到了广泛应用。

4. 直流电机的额定值及型号

为了使电机安全可靠地工作,且保持优良的运行性能,电机厂家根据国家标准及电机的设计数据,对每台电机在运行中的电压、电流、功率、转速等规定了保证值,这些保证值称为电机的额定值。

直流电机的额定值有:额定功率 P_N,对直流发电机来说,是指电刷端输出的电功率,对直流电动机来说,是指轴上输出的机械功率,单位为 kW。额定电压 U_N,指额定状态下电机出线端的平均电压值,单位为 V。额定电流 I_N,在额定电压下,运行于额定功率时对应的电流,单位为 A。额定转速 n_N,指额定状态下运行时转子的转速,单位为 r/min。直流电机的转速等级一般在

500r/min 以上。特殊的直流电机转速可以做到很低(如:每分钟几转)或很高(每分钟 3000 转以上)。励磁方式和额定励磁电流 I_{fN},励磁方式指直流电机的励磁线圈与电枢线圈的连接方式。额定励磁电流指对应于额定电压、额定电流、额定转速及额定功率时的励磁电流,单位为 A。

国产电机主要系列有:Z2 系列是普通中小型直流电机;ZZJ 系列是一种冶金起重辅助传动直流电动机,适用于轧钢机、起重机、升降机、电铲等。其他系列的直流电机型号、技术数据可从产品目录或相关的手册中查到。图 2-16 给出了若干直流电机示例。

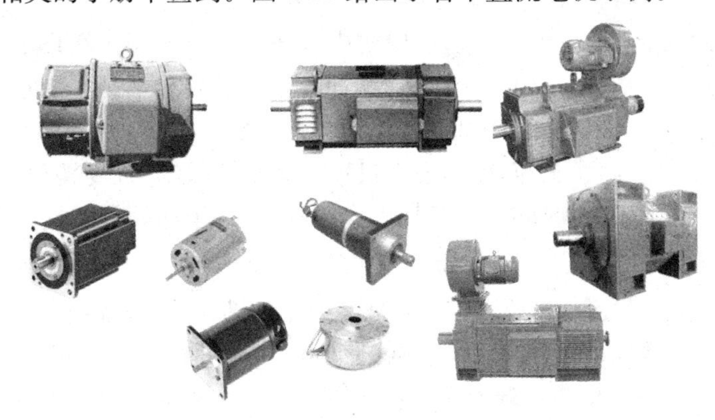

图 2-16　各种直流电机

2.1.6　同步电机

同步电机和异步电机同属于交流电机,虽然这两类电机的运行性能有很大不同,但它们在定子电枢绕组结构及旋转磁场基本理论方面有着许多共同的地方。

同步电机与异步电机的区别是同步电机的转子转速 n 与电网频率 f 之间具有固定不变的关系。如果三相交流电机的转子转速 n 与定子电流的频率 f 满足 $n=60f/p$,这种电机就称为同步电机。而异步电机的转子转速 $n<60f/p$。

同步电机主要用来作为发电机运行。在现代电力系统中,无论是火力发电、水力发电、或是核能发电等,几乎全部采用同步发电机,以维持与电网频率一致,便于电力的生产与调度,同步发电机是各类发电厂的核心设备之一。

同步电机还可作为电动机使用,对不要求调速的大功率生产机械,常用同步电动机来驱动,如轧钢机、电力推进装置、空气压缩机,鼓风机和泵等。

同步电动机的最大优点是通过调节励磁电流可以方便地改变同步电动机的无功功率。过励时从电网吸收超前无功功率,欠励时从电网吸收滞后无功功率。

随着电力电子技术和计算机控制技术的不断发展,变频调速在同步电动机的调速系统中得以实现,它没有直流电机的机械换向器,用电子换向来代替,可以得到与直流电机同样的性能,但容量更大、电压和转速更高,使同步电动机的应用场合不断扩大。

同步电机还可以作为同步补偿机使用,它实际上是一台接于电网的空载运行的同步电动机,也称同步调相机,向电网发出感性或容性的无功功率,用以改善电网的功率因数。

1. 同步发电机工作原理

如图 2-17 所示,同步电机定子上,AX、BY、CZ 三相绕组结构完全相同,互相对称,空间相隔 120°电角度,转子上有磁极。如用原动机拖动发电机转子沿顺时针方向恒速旋转,则磁极的磁力线将依次切割定子绕组的导体,在定子导体中就会感应出交变电势;设主极磁场的磁密

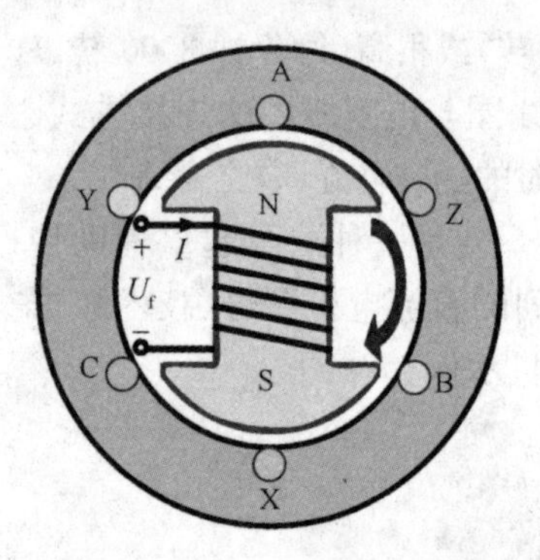

图 2-17　同步发电机工作原理示意图

沿气隙圆周按正弦规律分布，则导体内电势也随时间按正弦规律变化。设A相电势的初相位为零，则三相电势的瞬时值为

$$\begin{cases} e_A = E_m\cos(\omega t) \\ e_B = E_m\cos(\omega t - 120°) \\ e_C = E_m\cos(\omega t + 120°) \end{cases} \tag{2-12}$$

当转子为一对磁极时，转子转一周，绕组中的感应电势正好交变一次，当电机中有 p 对磁极时，则转子转一周，绕组中的感应电势变化 p 次，而转子每分钟转 n 圈，因此电势的频率为 $f = pn/60$；如果作为电动机运行，则需在定子绕组中通过三相交流电流，就会在电机里产生旋转磁场，磁场转速为 $n_1 = 60f/p$。这时转子绕组加上直流励磁，转子如同是磁铁，则转子将在定子旋转磁场的带动下，沿定子磁场的旋转方向以相同的转速旋转。转子的转速为 $n = n_1 = 60f/p$。

由此可见，同步电机无论作为发电机，或是作为电动机，当极对数一定时，转子的转速 n 与电网频率 f 之间具有固定不变的关系，电机专业的术语就是“同步”，转速 n 称为同步转速。我国的电力系统，规定交流电流的频率为50Hz。因此，当电机为一对磁极时，电机转速必定是3000 r/min；电机为两对极时，电机转速必定是1500r/min，依次类推。

对同步电动机，若电网的频率不变，则其转速恒为常值而与负载的大小无关。

2. 同步电机结构

同步电机按运行方式可分为：发电机、电动机和调相机，已如上所述。按原动机类别可分为：汽轮发电机、水轮发电机和柴油发电机等。按冷却介质和冷却方式可分为：空气冷却，空气自然循环或风扇吹风强迫冷却；氢气冷却，与空气混合后有爆炸危险，需密封系统；水冷，水通过冷凝器及进、出水管循环；混合冷却，例如，定子用水内冷，转子也用水内冷，铁心用空气冷却，简称水—水—空冷却，也有用水—水—氢或水—氢—氢冷却的。

按结构形式，同步电机又可分为：旋转电枢式和旋转磁极式。旋转电枢式主要应用于小容量同步电机中；旋转磁极式应用比较广泛，并成为大中型同步电机的基本结构形式。旋转磁极式同步电机又有隐极、凸极之分。

按同步电机的磁路结构，还有感应子式、爪极式、磁阻式及永磁式等多种类型，感应子式用于中频发电机，爪极式主要用于车辆交流发电机与中频发电机，磁阻式主要适合于驱动与控制用小功率电动机。

世界上第一台电机就是永磁电机，但是早期的永磁材料磁性能很差，致使永磁电机体积很大，非常笨重，因而很快就为电励磁式电机所取代。近年来，随着稀土永磁材料的快速发展，特别是第三代稀土永磁材料钕铁硼(NdFeB)的问世，给永磁电机的研究和开发带来了新的活力。从20世纪80年代初开始，高性能永磁电机发展迅速，其中永磁同步电动机以其高效节能的优点而受到特别的关注。

下面重点介绍旋转磁极式同步电机，此类电机都是由定子和转子两大基本部分组成的。定子部分由定子铁心和电枢绕组组成，转子部分由转子铁心、励磁绕组、转轴等部件组成。

(1) 隐极式同步发电机结构

隐极同步发电机都采用卧式结构，如图2-18所示。转子呈圆柱形，气隙均匀。汽轮发电机由于转速较高(一般都是3000r/min)，为了固定励磁绕组，大容量的电机几乎全做成隐极式转子。隐极式转子从外形来看，没有明显凸出的磁极，但是在它的励磁绕组里通入直流电流，转子的周围也会出现 N 极和 S 极的磁场。图 2-19 是运行中的汽轮发电机组图片。

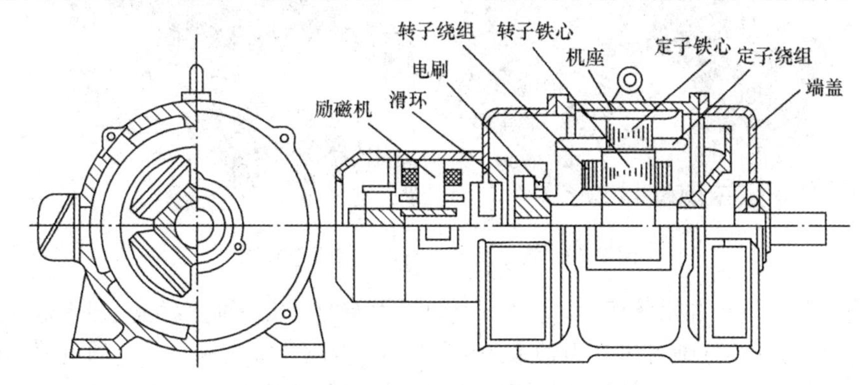

图 2-18　隐极同步发电机(卧式)结构示意图

图 2-19　运行中的汽轮发电机组

定子部分：由铁心、绕组、机座及固定这些部分的其他结构件组成。为了减少定子铁心里的铁损耗，铁心一般采用 0.5mm 的硅钢片叠成。定子铁心内圆开有槽，一般都做成开口槽，便于嵌线。绕组是嵌在铁心槽内的线圈按一定规律联结而成，可采用三相双层短距叠绕组。一般为避免电流太大，定子绕组采用较高电压，如 6.3V、10.5V 和 13.8kV 等。

转子部分：由转子铁心、励磁绕组、护环、中心环、滑环及风扇等部件组成。由于转子转速高，考虑离心力的影响，转子呈细长圆柱形。一般用整块的导磁性好的高强度合金钢锻成，转子表面约 2/3 部分铣有轴向凹槽，用于嵌放励磁绕组，不铣槽的约 1/3 部分形成大齿，即磁极。励磁绕组，是由扁铜线绕成的同心式线圈。在水冷电机里，则是用空心导线绕成的。由于隐极电机转速很高，因此励磁绕组在槽内需用不导磁高强度的硬铝槽楔压紧。端部套上用高强度非磁性钢锻成的护环固定。励磁绕组通过装在转子上的集电环与电刷装置才能和外面的直流励磁电源构成回路。图 2-20 是汽轮发电机的定子绕组与转子的维护安装图片。

(2) 凸极同步发电机结构

凸极同步电机转子有明显凸出的磁极，气隙不均匀。分为卧式(同步电动机、补偿机等)和立式(低速大容量水轮发电机)两种结构。由水轮机带动的同步发电机称水轮发电机，由于水轮机的转速较低(一般每分钟只有几十转到几百转)，因此把发电机的转子做成凸极式的。因为凸极式的转子，在结构上和加工工艺上都比隐极式的简单。

由于水轮发电机是立式的结构，转子部分必须支撑在一个推力轴承上，推力轴承要承担整

图 2-20　汽轮发电机的定子绕组与转子

个机组转动部分的重量和水的压力，这些向下的压力有时达几百吨，甚至上千吨重，因此大容量水轮发电机，必须很好地解决推力轴承的结构和工艺，以及推力轴承安放的位置等问题。从推力轴承安放的位置，立式水轮发电机可以分为悬吊式和伞式两种不同的结构。悬吊式是指推力轴承装在转子上边的机架上，整个转子是以一种悬吊状态转动。伞式是指推力轴承装在转子下边的机架上，整个转子是以一种被托架着的状态转动。

凸极同步电机定子部分与隐极同步电机或感应电机基本相似。大容量的水轮发电机，由于定子直径太大，通常把它分成几瓣，分别制造后，再运到电站拼装成一整体。

水轮发电机的转子部分是由磁轭、磁极、励磁绕组、转子支架、转轴等组成。立式同步电机由于转速低，因此极数多，要求转动惯量大。所以转子特点是直径大、长度短。磁极由厚1～1.5mm的钢板冲成磁极冲片，用铆钉装成一体，磁极上套装有励磁绕组。磁极上套有励磁绕组，磁极的极靴上还有阻尼绕组。阻尼绕组是由插入极靴阻尼槽内的裸铜条和端部铜环焊接而成，形成一个短接的回路。磁极固定在磁轭上，磁轭常用整块钢板或铸钢做成。

图 2-21 是运行中的水轮发电机组，图 2-22 是三峡水电站水轮发电机转子正在吊装。

新安江

三峡

图 2-21　运行中的水轮发电机组

图 2-22　水轮发电机转子吊装

3. 同步电机的励磁方式

励磁系统是给同步电机励磁绕组供电的装置，是同步电机的重要组成部分，发电机励磁系统的技术性能及可靠性，对供电质量、继电保护及机组的启动、安全稳定运行有重大影响。励磁系统的最基本功用是产生可以任意控制其大小的直流电流，称为励磁电流，以维持发电机电压在给定水平。

励磁系统主要作用有：

(1) 发电机在运行中，随着负荷的增减和负荷性质的变化，其端电压和无功功率也随之变动，发电机在单机运行时，调节励磁电流可以改变发电机的端电压。与电网并联运行的发电机，调节励磁电流还可以改变发电机的无功功率。

(2) 当电力系统发生事故而使发电机端电压下降时，对发电机进行强行励磁，可以提高继电保护动作的可靠性，有助于发电机并列运行的稳定性。

(3) 在发电机因突然甩负荷而引起端电压升高时，对发电机进行强行减磁，以限制过电压。

励磁系统的励磁方式有：

(1) 直流励磁机励磁。励磁绕组由小型直流发电机供电。

(2) 三次谐波励磁。在输出380V的三相四线制小型发电机组中，励磁线圈所需电压只要26V左右就能满足需要。这个电压就是由三次谐波提供的。它是通过在发电机定子铁心槽中埋设的辅助绕组而产生的，再经桥式整流送给励磁电路。

(3) 静止整流器励磁。交流主、副励磁机装在发电机大轴上，副励磁机经晶闸管整流供主励磁机励磁，在机外有专门的整流柜，对旋转交流主励磁机输出的交流电流经整流后再通过滑环和电刷送入转子励磁绕组。交流副励磁机可以是永磁机或是具有自励恒压装置的交流发电机。

(4) 旋转整流器励磁。主励磁机是旋转电枢式三相同步发电机，旋转电枢的交流电流经与主轴一起旋转的硅整流器整流后，直接送到主发电机的转子励磁绕组。交流主励磁机的励磁电流由同轴的交流副励磁机经静止的晶闸管整流器整流后供给。由于这种励磁系统取消了集电环和电刷装置，故又称为无刷励磁系统。

(5) 自并励可控硅静止励磁。励磁系统由以下几部分构成：励磁变压器、可控硅整流装置、励磁调节器、灭磁及过电压保护装置、初励装置，如图2-23所示。这类励磁方式的励磁电源常取自发电机机端，发电机的励磁由接在机端的励磁变压器经可控硅整流后供给，由励磁调节器改变可控硅的控制角来进行励磁调节。多用于20世纪70年代以后的水电机组，以及20世纪90年代以后的大中小型火电机组，是性能良好的励磁系统。

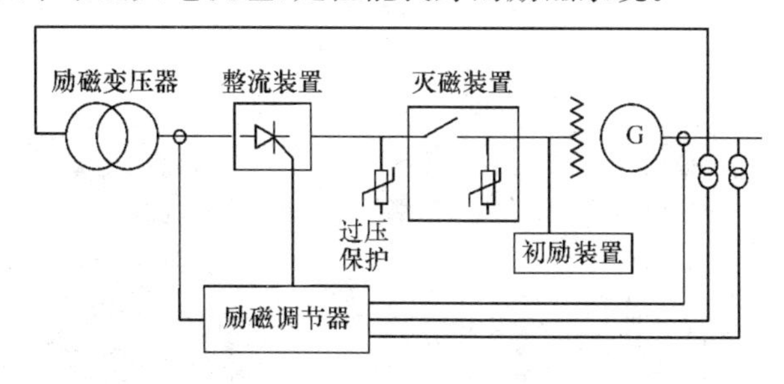

图2-23 同步发电机自并激励磁

4. 同步电机额定值及型号

同步电机铭牌上的额定值主要有如下几个。

① 额定容量S_N或额定功率P_N：指输出功率的保证值。对同步发电机来说，额定容量S_N是指出线端的额定视在功率，一般以kVA或MVA为单位。而额定功率P_N是指发电机发出的有功功率，单位为kW或MW。对同步电动机P_N是指轴上输出的机械功率，单位为kW或MW；对同步调相机则用出线端的额定无功功率来表示其容量，单位为kVar或MVar。

② 额定电压U_N：是指额定运行时加在定子的三相线电压，单位为V或kV。

③ 额定电流I_N：是指额定运行时流过定子的线电流，单位为A。

④ 额定功率因数 $\cos\varphi_N$:指电机额定运行时的功率因数。

⑤ 额定频率 f_N:我国标准工频为50Hz。

还有额定转速 n_N:单位为r/min;额定励磁电压 U_{fN},单位为V;额定励磁电流 I_{fN},单位为A;额定温升。

同步电机的主要系列有:TF—三相同步发电机,其中T—同步、F—发电机;QFQ、QFN、QFS—不同冷却方式的同步发电机,其中QF—汽轮发电机,第三个字母表示冷却方式:Q—氢外冷、N—氢内冷、S—双水内冷。例如,QFN—100—2表示容量为100MW的两极的氢内冷汽轮发电机。TS—三相同步水轮发电机,其中T—同步、S—水轮。例如,TS1264/160—48表示三相同步水轮发电机,定子铁心外径为1264cm,铁心长160cm,极数为48,即额定转速 n_N=125r/min。TD—三相同步电动机,其中D—电动机。TT—三相同步调相机,第二个"T"表示调相机。

2.1.7　异步电机

异步电机也是一种交流旋转电机,基于气隙旋转磁场与转子绕组感应电流相互作用产生电磁转矩而实现机电能量转换。与同步电机不同的是,异步电机在正常工作时,转子的转速与定子旋转磁场的转速必须保持一定的差异,故称为异步电机。异步电机主要作为电动机使用,但也可作为发电机和电磁制动器使用。异步电机用做发电机,主要用于风力发电。

异步电动机品种规格繁多,其在所有的电动机中应用最为广泛,需求量最大;目前,在电力传动中大约有90%的机械使用交流异步电动机,其用电量约占总电力负荷的一半以上。图2-24是几种异步电机的实物图。

与其他类型的电动机相比,异步电动机的主要优点是结构简单、成本较低、制造、使用和维护方便,运行可靠、效率高;缺点是运行中需从电源吸收无功功率建立磁场,使电力系统功率因数降低;与直流电动机相比,不能平滑调速、调速范围窄,调速性能较差。

图2-24　几种异步电机

异步电机有较高的运行效率和良好的工作特性,从空载到满载范围内接近恒速运行,能满足大多数工农业生产机械的传动要求。异步电动机主要广泛应用于驱动机床、水泵、鼓风机、压缩机、起重卷扬设备、矿山机械、轻工机械、农副产品加工机械等大多数工农生产机械，以及家用电器和医疗器械等。

在异步电动机中较为常见的是单相异步电动机和三相异步电动机，其中三相异步电动机是异步电动机的主体。而单相异步电动机一般用于三相电源不便于使用的地方，大部分是微型和小容量的电机，在家用电器、电动工具、医用器械中应用比较多，例如电扇、电冰箱、空调、吸尘器、电钻等。

1. 异步电机工作原理

以鼠笼式三相异步电动机为例，当定子三相对称绕组通过三相对称交流电流后，它们在电动机内部联合产生一个定子旋转磁场，如图2-25所示。这个旋转磁场将以与输入的电源频率f成正比的同步转速$n_1=60f/p$旋转，则它的磁力线切割转子绕组而产生感应电势。在该电势的作用下，闭合的转子绕组内便有电流通过，电流的有功分量与电势同相位。于是，由电磁力定律可知，转子感应电流与旋转磁场作用形成电磁力，在该电磁力的作用下，电动机转子就以转速n旋转，其转向与旋转磁场的方向相同。这时，如果在转子轴上加上机械负载T_L，电动机就拖动机械负载旋转，输出机械功率。转子旋转后，转速为n，只要转速小于旋转磁场同步转速($n<n_1$)，转子与磁场仍有相对运动，电磁转矩T_e使转子继续旋转，稳定运行在$T_e=T_L$情形下。异步电机由电磁感应产生电磁转矩，所以又称为感应电机。

在电动机状态下，异步电机转子的转动方向是与旋转磁场的转动方向是一致的。若让转子反方向旋转，只要改变旋转磁场的旋转方向即可，而旋转磁场的旋转方向由流过三相绕组的电流的相序确定。因此，将三相电源线的任意两个端子对调，就可以方便地达到目的。

三相异步电动机只有在$n\neq n_1$时，转子绕组与气隙旋转磁场之间才有相对运动，才能在转子绕组中感应电动势、电流，产生电磁转矩。

通常把同步转速n_1和电动机转子转速n二者之差与同步转速n_1的比值称为转差率，也称转差或者滑差，用s表示，即

$$s=\frac{n_1-n}{n_1} \tag{2-13}$$

虽然s是一个没有量纲的量，但它的大小能体现电机转子的转速。例如：$n=0$时，$s=1$；$n=n_1$时，$s=0$；$n>n_1$时s为负。正常运行的异步电动机，转子转速n接近同步转速n_1，转差率s很小，一般$s=0.01\sim0.05$。

当异步电机处于电动机状态时，$0<n<n_1$，$0<s<1$。由上所述，电机从电网吸收电功率，经过气隙的耦合作用从轴上输出机械功率。

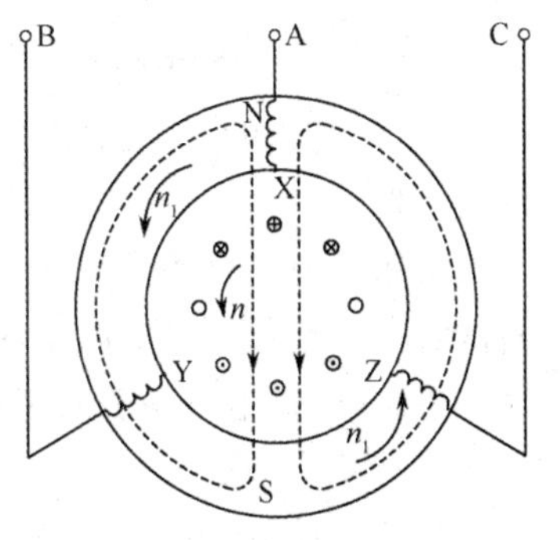

图2-25　异步电机工作原理示意图

当异步电机处于发电机状态时，$n>n_1$，$s<0$。此时，原动机拖动转子以转速$n(>n_1)$旋转。磁场转速慢，转子导体与磁场间存在相对运动，切割磁力线产生感应电动势，进而产生电流。电机从轴上吸收机械功率，经过气隙耦合再向电网输出电功率。

当异步电机处于电磁制动状态时，$n<0$，$s>1$。在电动机状态运行时若先将供电电源降为零，再将三相中其中二相进行对换，再加上电源时，原电动机就成为了一个电磁制动器。

这时,转子转向与定子旋转磁场转向相反,转子逆着磁场方向旋转,此时电机既从电网吸收电功率又从轴上吸收机械功率,它们都消耗在电机内部变成损耗。

2. 异步电机的结构

按电机转子结构形式的不同,交流异步电机主要分为鼠笼式、绕线式。图2-26是一台鼠笼式三相异步电动机的结构图,它主要是由定子和转子两大部分组成,定子与转子之间有一个较小的空气隙。此外,还有端盖、轴承、机座、风扇等部件。

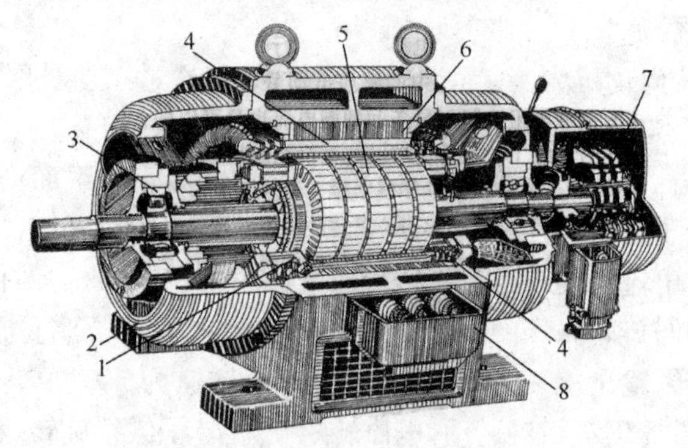

图2-26　鼠笼式三相异步电动机结构

1—转子绕组,2—端盖,3—轴承,4—定子绕组,5—转子,6—定子,7—集电环,8—出线盒

异步电机定子与同步电机一样,在圆周均布嵌放定子绕组,但转子结构有所不同。同步电机转子励磁绕组必须通电,且是直流电,异步电机就有所不同。

(1) 定子部分

包括铁心、定子绕组、机座等,如图2-27所示。

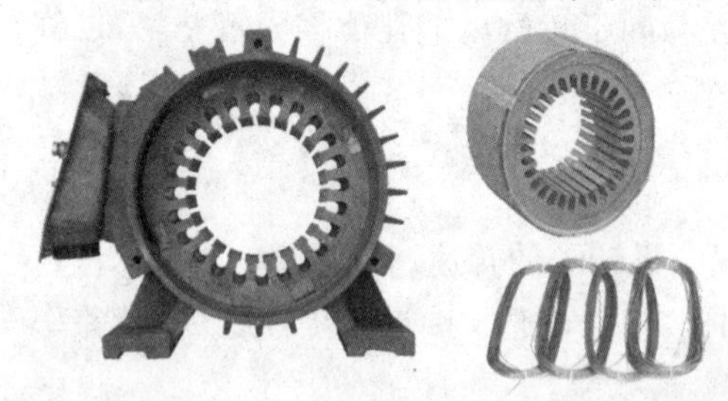

图2-27　异步电机定子主要部件

定子铁心是电机磁路的一部分,并起固定定子绕组的作用。为了增强导磁能力和减小铁耗,定子铁心常选用0.5mm或0.35mm厚的硅钢片冲制叠压而成,片间涂上绝缘漆。定子铁心内圆均匀冲出许多形状相同的槽,用以嵌放定子绕组。

定子绕组是异步电动机的电路部分,其材料主要采用紫铜。小型异步电动机常采用三相单层绕组,大中型异步电动机常采用三相双层短距叠绕组形式,三相绕组的6个出线端子均接在机座侧面的接线板上,可根据需要将三相绕组接成Y形或△形。

机座是电动机的外壳,支撑电机各部件,并通过机座的底脚将电机安装固定。全封闭式电机的定子铁心紧贴机座内壁,故机座外壳上的散热筋是电机的主要散热面。中小型电机采用铸铁机座,大型电机一般采用钢板焊接机座。

(2) 转子部分

异步电动机的转子主要是由转子铁心、转子绕组和转轴三部分组成的。根据转子绕组的结构形式有鼠笼式转子和绕线式转子之分,如图2-28所示。

转子铁心也是电机磁路的组成部分,并用来固定转子绕组。铁心材料用0.5mm或0.35mm厚的硅钢片冲制叠压而成,通常用冲制定子铁心冲片剩余下来的内圆部分制作。转

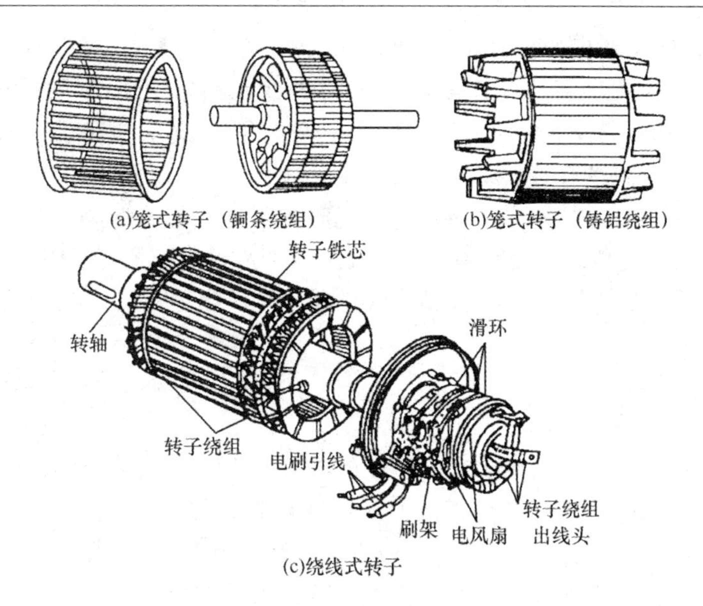

图 2-28　异步电动机转子结构

子铁心固定在转轴上，其外圆上开有槽，用来嵌放转子绕组。

在鼠笼式异步电机中，转子绕组是一个自己短路的绕组。转子槽内有导体，导体两端用短路环连接起来，形成一个闭合的绕组。这种转子无须也无法通入电流，转子中的电流是靠定子感应到转子上的电势，在闭合的导体回路中形成的。在工程中，鼠笼式转子的闭合回路有两种形式，一种是一般电机所常用的，槽内导体与两端端环用铝铸为一体，由于铝的导电率低，而且耐热能力也差，所以不适用于要求结构紧凑，转子电流大的场合；另一种是槽内导体和两端端环均为铜或铜合金，两者之间用焊接方式连在一起。

在绕线式异步电机中，转子绕组与定子绕组相似，也是嵌线式的。嵌线后连成三相，再根据需要连成Y形或△形。一般小容量电动机连接成△形，大、中容量电动机连接成Y形。转子绕组的三条引线分别接到转子轴上的三个彼此绝缘的集电环上，用一套电刷装置引出来，转子绕组通过集电环和电刷与外电路可变电阻相连接后短接形成闭合回路，如图 2-29 所示。通过可变电阻可改变转子回路结构参数，从而改变电动机的运行性能。

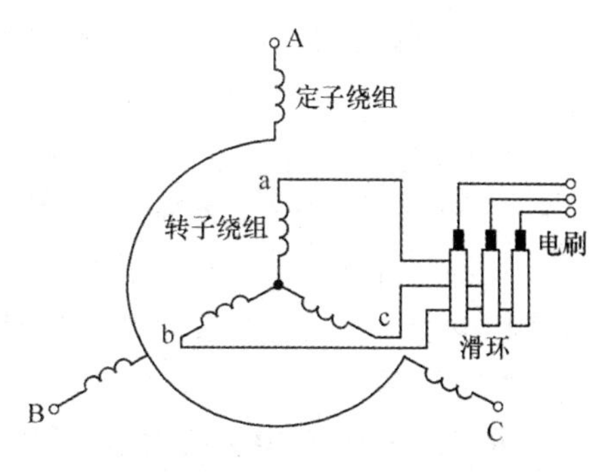

图 2-29　绕线式异步电动机接线方式

(3) 气隙

异步电动机的气隙是均匀的。大小为机械条件所能允许达到的最小值。它比同容量直流电动机的气隙要小得多。在中、小型异步电动机中，气隙一般为 0.2～2mm 左右。

3. 异步电动机铭牌数据

异步电动机铭牌数据主要包括：型号：用以表明电动机的系列、几何尺寸和极数。以“Y 132 M—4”为例，型号中 Y—异步电动机，132—机座中心高(mm)，M—机座长度代号(S短、M中、L长)，4—磁极数(极对数 $p=2$)。异步电动机的系列有 80 多种，例如：Y—异步电动机，YR—绕线转子异步电动机，YK—大型高速(快速)异步电动机，YL—笼型转子立式异步电动机，YHT—换向器调速异步电动机，YDY—单相电容启动异步电动机等。额定功率 P_N：是指电机在额定运行时轴上输出的机械功率,单位为kW。额定电压U_N:定子绕组在指定接线形式下应加的线电压,单位为V。额定电流I_N:定子绕组在指定线形式下的线电流,单位为A。额定频率f_N:我国标准工频为50Hz。额定转速n_N:额定工况下的转子转速,单位为r/min。绕组联结方式:△接法或者Y接法。

另外,还有额定运行时的效率η_N和额定运行时的功率因数$\cos\varphi_N$等,鼠笼电机的效率η_N一般在72%～93%。额定负载时的功率因数最大,一般为0.7～0.9,空载时功率因数很低,约为0.2～0.3。在实际应用中应注意电动机的节电降耗,选择合适容量的电机,防止"大马"拉"小车"的现象。

2.1.8　微特电机

微特电机通常指的是性能、用途或原理等与常规电机不同,且体积和输出功率较小的微型电机和特种精密电机,全称微型特种电机。其外径通常不大于130mm,输出功率从数百mW到数百W,一般小于735W(1马力)。但在较大的控制系统中,有些微特电机的体积和输出功率都已突破了这个范围,有的特种电机的功率达到10 kW左右。

1914年,巴拿马运河首先用自整角电机系统控制水闸。同年,美国开始生产1/20～1/200马力D型直流电动机系列,并在自动控制系统中得到应用。20世纪40年代前后,微特电机在自动控制系统和军事装备中推广,先后出现自整角电机、旋转变压器、伺服电动机和测速发电机系列。20世纪60年代起,相继出现了无刷直流电动机、步进电动机、力矩电动机、直线电机和多极角度传感器等。20世纪70年代,一些不同于电磁感应原理的新型微特电机,如压电电动机、霍尔电机、光电电机等,向实用化推进。20世纪80年代以来,微特电机与专用集成电路、控制器、驱动器等集成,组成组件或系统,显著扩展了微特电机的范围和功能,成为各种控制系统中重要的基础元件。

微特电机的主要特点:①普通电机的主要任务是转换能量,微特电机在自动控制系统中只起一个元件的作用,主要任务是完成信号的传递与转换;②特殊的使用环境,如地上、水下、海洋、太空,高温、低温、潮湿、冲击、振动、辐射等,要在各种恶劣的环境条件下仍能准确、可靠地工作;③要求体积小、重量轻、耗电少。

微特电机大体上可分为驱动用微特电机和控制用微特电机,前者用来驱动各种机构、仪表及家用电器等。后者在自动控制系统中起传递、变换和执行控制信号的作用。表2-1是驱动用微特电机的分类,表2-2是控制用微特电机的分类。

图2-30是直线电机实物图,图2-31是超声波电机实物图。

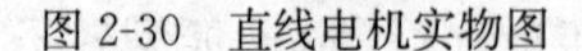

图2-30　直线电机实物图

图2-31　超声波电机实物图

表 2-1　驱动用微特电机的分类

驱动用微特电机	双凸极电机	双凸极永磁电机
		开关磁阻电机
	直线电机	直流式
		感应式
	超声波电机	行波型
		驻波型
	永磁无刷电机	方波
		正弦波
	同步电机	磁滞式
		磁阻式
		永磁式
	感应电机	单相
		三相
	换向器电机	直流
		交直流两用

表 2-2　控制用微特电机的分类

控制用微特电机	伺服电机	直流	传统型
			低惯量
		交流	笼形转子
			杯形转子
	测速发电机	直流	
		异步	笼形转子
			杯形转子
	旋转变压器	正余弦	
		线性	
		感应移相器	
		感应同步器	
	自整角机	力矩式	
		控制式	
		差动式	
	步进电机	永磁式	
		反应式(磁阻式)	
		混合式	

图 2-32 是伺服电机实物图,图 2-33 是测速发电机实物图。

图 2-32　伺服电机实物图

图 2-33　测速发电机实物图

图 2-34 是旋转变压器实物图,图 2-35 是自整角机实物图,图 2-36 是步进电机实物图。

图 2-34　旋转变压器实物图

图 2-35　自整角机实物图

图 2-36　步进电机实物图

微特电机品种多达5000余种,规格繁杂,广泛应用于军事装备、航空航天、电子产品、工业自动控制、家用电器、办公自动化、交通运输、通信、电动工具、仪器仪表、电动玩具等方面,主要用户分布在视听、办公自动化、电动车(含汽车)、家电和空调等领域。

例如,微特电机是汽车上的关键零部件之一,配置的微特电机越多,汽车采用电机驱动控制代替机械控制的部位越多,汽车的电控自动化程度越高,驾驶操控汽车就更方便,一辆轿车应用微电机可达40台左右,豪华型轿车甚至会配备上百台微电机。

汽车用微特电机主要分布于汽车的发动机、底盘、车身三大部位及附件中,并将逐步成为汽车的动力系统。

汽车发动机部件上的应用:主要是在汽车启动机、电喷控制系统、发动机水箱散热器及发电机中的应用。除交流发电机外,这些部件中应用多台直流电动机。

汽车底盘车架上的应用:主要是在汽车电子悬架控制系统、电动助力转向装置、汽车稳定性控制系统、汽车巡行控制系统、防抱死控制系统及驱动动力控制系统的应用。其中广泛应用永磁式直流电动机或永磁式步进电动机。

汽车车身部件上的应用:主要是在中央门锁装置、电动后视镜、自动升降天线、电动天窗、自动前灯、电动汽车坐椅调整器、电动玻璃升降器、电动刮水器、空调系统、电动电子车速里程表等的应用。其中普遍应用永磁式直流电动机和永磁式步进电动机。

我国是微特电机生产大国,总产量约占世界总产量的60%以上,预计“十二五”期末我国微特电机年产量将达100亿台。

面对节能减排的压力,高效节能、静音舒适、无害无污染、高出力省材料、安全可靠的微特电机在家用电器、电动车辆和汽车领域的发展前景十分广阔。

随着电子信息产品向高性能、小型化、薄型化发展,为了适应微特电机与信息网络相结合,片状化、轻量化、小型化、高速化、高精度、高性能的微特电机将在视听摄录、计算机、手机、复印机等设备中占有重要地位。

机器人等高新技术产业的规模不断扩大,迫切需要高精度、高性能、高效率、高可靠、高出力、一体化、智能化、低转速、大力矩等高技术含量的微特电机。风力发电系统、微电子机械系统、混合动力汽车和电动汽车驱动系统等领域需要研制先进的特种电机系统实现高效能量转换。

2.2 高低压电器

2.2.1 电器学基本理论

在国民经济建设和人民生活中,电能的应用越来越广泛。电气化与信息化是现代化社会的重要标志。为了安全、可靠地使用电能,电路中就必须装有各种起调节、分配、控制和保护作用的电气设备,这些电气设备统称为电器。随着科学技术和生产的发展,电器的种类不断增多,用量非常大,用途极为广泛。从生产或使用的角度,可分为高压电器和低压电器两大类。涉及电器的基本理论主要有以下几个。

(1) 电磁机构理论

电磁机构是有可动铁心和可变气隙的电磁装置,是“电磁—力—运动”的综合体。图2-37所示是低压电器中最典型的电磁式电器的电磁机构示意图。学习电磁机构理论主要应掌握磁路与电磁铁特性，准确计算电磁场的分布，由吸力与反力特性曲线关系可确定电磁机构的形状和尺寸。

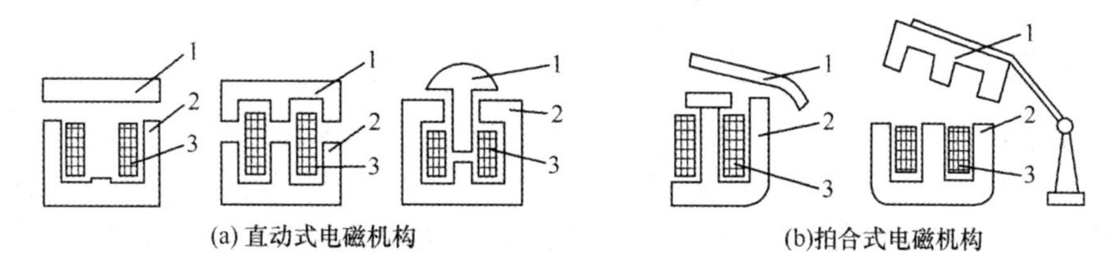

图 2-37　常用电磁机构的结构形式

1—衔铁，2—铁心，3—线圈

(2) 电接触理论

电气触头是指两个导体或几个导体之间相互接触的部分，如母线或导线的接触连接处，以及开关电器中的动、静触头。

电接触理论包括：电接触的物理化学过程中的热、电、磁，以及金属变形等的效应；接触电阻的物理化学本质及其计算；接触或开断过程中，触头的腐蚀、磨损和金属迁移；触头在闭合过程中振动磨损和熔焊，以及电接触的结构形式、触头材料、加工工艺等。学习该理论的主要目的是帮助进行触头设计。

(3) 电弧理论

当开关电器开断电路时，电压和电流达到一定值时，触头刚刚分离后，触头之间就会产生强烈的弧光，称为电弧。电弧的本质是一种气体放电现象。

电弧的危害主要有：电弧的存在延长了开关电器开/断故障电路的时间，加重了电力系统短路故障的危害；电弧产生的高温，将使触头表面熔化和蒸化，烧坏绝缘材料。对充油电气设备还可能引起着火、爆炸等危险；由于电弧在电动力、热力作用下能移动，容易造成飞弧短路和伤人，或引起事故的扩大。学习该理论的主要目的是掌握交流电弧熄灭的条件和方法。

电弧理论主要研究内容：

① 电弧生成的物理基础，如气体放电和击穿，火花放电、辉光放电和弧光放电，电离和激励等；

② 弧柱理论，涉及离子平衡的物理化学状态，径轴向温度分布等；

③ 电弧的弧根和斑点；

④ 电弧等离子流；

⑤ 电弧电位梯度；

⑥ 电弧的静伏安特性和动伏安特性；

⑦ 电弧过零时的介质恢复和电压恢复过程；

⑧ 熄弧条件、原理和方法。

产生电弧的原因是触头本身及周围介质中含有大量可被游离的电子。游离方式有 4 种：热电发射、高电场发射、碰撞游离、高温游离。去游离有复合与扩散两种方式。当去游离率大于游离率时，电弧将熄灭。

交流电弧每一个周期要暂时熄灭两次。电弧熄灭瞬间，弧隙温度骤降，热游离中止，去游离(主要为复合)大大增强。

灭弧方法一是拉长电弧：迅速增大电弧长度，使单位长度内维持电弧燃烧的电场强度不够而使电弧熄灭。二是冷却:使电弧与流体介质或固体介质相接触(将带电粒子流引走),加强冷却,使电弧加快熄灭。现代开关电器中采用的灭弧手段主要有:迅速拉长和冷却电弧、利用外力吹弧、将长弧分短、利用狭缝灭弧、采用真空灭弧或六氟化硫(SF_6)气体灭弧等。

(4) 发热和电动力理论

电气设备由正常工作电流引起的发热称为长期发热,由短路电流引起的发热称为短期发热。发热不仅消耗能量,而且导致电气设备的温度升高,造成机械强度下降、接触电阻增加及绝缘性能降低的后果。为了保证导体可靠地工作,必须使其发热温度不得超过一定数值,这个限值称为最高允许温度。电器零部件工作时的温度应不超过其规定的温度极限,否则会降低工作可靠性,缩短使用寿命,甚至会烧损电气设备而导致严重故障。但各零部件的工作温度也不应过低,因为温度过低说明没有充分利用材料,导致电器体积大、耗材多、成本高。

发热计算内容:发热损耗计算有交流电器因集肤效应和邻近效应产生的涡流和磁滞损耗导致的发热计算;电器在不同工作制下的发热计算;导电部件在大电流下的发热温升计算,以及热稳定性校验。

载流导体处在磁场中会受到力的作用,载流导体系统间相互也会受到力的作用,这种力称为电动力。电动稳定性是指电器具有在最大短路电流产生的电动力作用下,不致遭受损坏的能力。

电动力计算内容:不同几何位置安置的导体之间电动力的分析和计算,以及电动稳定性校验。

高低压电器在工作过程中涉及到电、磁、光、热、力、机械、材料、电接触、可靠性等诸多方面的原理与技术。能量变换规律大多是非线性的,许多现象是瞬态过程,使得电器的理论分析、产品设计、性能检验变得十分复杂。除采用传统理论进行必要的理论推导、分析计算之外,还使用大量的经验数据。表2-3列出了供电系统对电器的共性要求。

现代开关电器的发展趋势日益朝着高可靠、高性能、小型化、模块化和组合化、数字化和智能化方向发展。

表2-3　供电系统对电器的共性要求

供电系统对电器的共性要求	安全可靠的绝缘	表征参数有额定电压、最高工作电压、工频试验电压和冲击试验电压等
	必要的载流能力	表征参数有额定电流、额定短时耐受电流和额定峰值耐受电流等
	较高的通断能力	表征参数有额定开断电流和额定关合电流等
	良好的机械性能	表征参数有机械寿命:指电器元件在规定使用条件下,正常操作的总次数
	必要的电气寿命	指电器元件的触头在规定的电路条件下,正常操作额定负荷电流的总次数
	完善的保护性能	满足选择性、可靠性、速动性、灵敏性等要求

2.2.2　低压电器

1. 概述

低压电器是用于交流1200V及以下、直流1500V及以下电路中起通断、保护、控制或调节作用的电器。低压电器按其控制对象可分为:低压控制电器和低压配电电器;按操作方式不同可分为自动电器和手动电器;根据其工作条件或使用环境条件又可分为一般工业企业通用低压电器和特殊用低压电器,后者包括牵引低压电器、船用低压电器、矿用低压电器、航空低压电器、热带型低压电器、高原低压电器。对不同类型低压电器的防护形式、耐潮湿、耐腐蚀、抗冲击等性能的要求不同。

采用电磁原理构成的低压电器,称为电磁式低压电器;利用集成电路或电子元件构成的低压电器,称为电子式低压电器;利用现代控制理论构成的低压电器元件或装置,称为自动化电器、智能化电器或可通信电器;根据电器的控制原理、结构原理及用途,又可有终端组合式电器、智能化电器和模数化电器等。

低压电器基本上包括 12 类产品:即刀开关和转换开关、熔断器、断路器、控制器、接触器、启动器、控制继电器、主令电器、变阻器、调整器、电磁铁。

低压电器的结构主要包括以下几部分。

(1) 感知部分:主要用来感受外界信号,通过将信号转换、放大、判别后做出有规律的反应,使执行部分动作。在自动控制系统中,感知部分是电磁机构等。在手动控制系统中,感知部分是操作手柄、按钮等。

(2) 执行部分:主要是触头,包括灭弧装置,用来完成电路的接通和断开任务。

(3) 中间部分:将感知部分和执行部分连接起来,使两者协调一致,按一定规律动作。

低压电器是电器工业的重要组成部分,在机电行业中是基础配套产业,在配电系统中低压成套开关设备主要由各种低压电器元件构成。低压电器是电力拖动自动控制系统基本组成元件,在工业自动化系统中,也需要由低压电器构成各种控制屏、控制台、控制器等。

低压电器的设计和制造必须严格按照国家的有关标准,尤其是基本系列的各类开关电器必须保证执行"三化"(标准化、系列化、通用化),"四统一"(型号规格、技术条件、外形及安装尺寸、易损零部件统一)的原则。

为了生产销售、管理和使用方便,我国对各种低压电器都按规定编制型号。即由类别代号、组别代号、设计代号、基本规格代号和辅助规格代号几部分构成低压电器的全型号。每一级代号后面可根据需要加设派生代号。产品全型号命名的意义如图 2-38 所示。例如,JR16—20/3D 命名含义:JR16 是热继电器的系列号,同属这一系列的热继电器的结构、工作原理都相同;但其热元件的额定电流从零点几安培到几十安培,有十几种规格。16 是设计序号,20 为额定电流,其中辅助规格代号为 3D 表示有 3 相热元件,装有差动式断相保护装置,D 表示能对三相异步电动机有过载和断相保护功能。

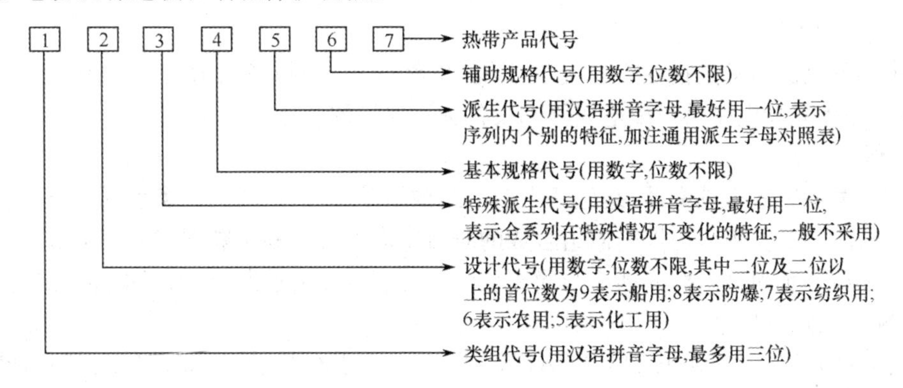

图 2-38　低压电器型号命名含义

我国低压电器产品的发展经历了几个过程。

第一代产品:20世纪50年代初至60年代初,我国自行开发设计的统一设计产品,以CJ10(交流接触器)、DZ10(塑壳断路器)、DW10(万能式断路器)为代表,约29个系列,在低压配电和控制系统的发展曾经发挥重要作用。但这些产品只相当于国外20世纪50年代前水平,现已被淘汰。

第二代产品:20世纪70年代后期至80年代,陆续推出了更新换代产品,以CJ20、DZ20、DW15为代表,56个系列。引进技术制造产品也不断上市,以ME、3WE、B、3TB、LCI-D系列等为代表,34个系列。第二代产品总体技术性能水平不高于国外20世纪80年代初的水平,目前市场占有率约50%左右,随着新型电器的出现,其市场占有率有逐年下降趋势。

第三代产品:20世纪90年代以来,通过跟踪国外新技术,自行开发、设计、研制的产品,以DW40、DW45、DZ40、CJ40、S(小型化S系列塑壳断路器)系列等为代表,有10多个系列。与国外合资生产的M(法国施耐德公司)系列、F(德国F-G公司)系列、3TF(德国西门子公司)系列等,约30个系列。这些产品总体技术性能达到或接近20世纪80年代至90年代的水平,个别跟踪当代水平,目前市场占有率逐年有所增长。

随着我国国民经济发展和工业化进程的推进,低压电器制造工业有了飞跃发展,新产品已发展到12大类,380个系列,1200多个品种,几万种规格。特别是高新技术的应用,加快了新产品的问世步伐。

影响低压电器发展的新技术很多,如现代设计技术、微电子技术、计算机技术、现场总线技术、通信技术、智能化技术、可靠性技术、测试技术等。上述新技术的应用给低压电器产品的发展注入了新的活力。

例如,现场总线系统的发展与应用将从根本上改变传统的低压配电与控制系统及其装置,给传统低压电器带来改革性变化,成为智能化可通信低压电器。其特征是产品中装有微处理器;产品带有通信接口,能与现场总线连接;采用标准化结构,具有互换性,采用模数化结构;保护功能齐全,具有试验、测量、外部故障记录显示、内部故障自诊断、智能脱扣、双向通信等多项组合功能。

为了适应电网容量的不断增大,低压配电与控制系统日益复杂化,对低压电器产品的性能与结构提出了更高的要求。越来越多的低压电器产品向着提高电器元件的性能,绿色环保,机电一体化方向发展,实现高性能、高可靠、环保节能、小型化、多功能、组合化、模块化、电子化、智能化的要求。

2. 低压配电电器

低压配电电器通常是指在低压配电系统(也称低压电网)或动力装置中用来进行电能分配、完成接通和分断电路及对配电线路和设备进行保护的电器。

(1) 低压开关

低压开关又称低压隔离器,是低压电器中结构简单、应用广泛的一类手动电器。主要有刀开关、组合开关,以及用刀与熔断器组合成的胶盖瓷底刀开关和熔断器式刀开关等。

依靠手动来实现触刀插入插座与脱离插座来控制电路的通断,在低压电路中,应用在不频繁接通、断开电路的场合。

主要品种有刀开关(如HD14、HD17系列)、组合开关(HZ系列),以及用刀与熔断器组合成的胶盖瓷底刀开关(HK2系列)和熔断器式刀开关(HR5系列)等。刀开关按刀数的不同分有单极、双极、三极等几种。

刀开关的主要技术参数有额定电压、额定电流、通断能力、动稳定电流、热稳定电流等。

刀开关选用的要点：

① 根据使用场合，选择刀开关的类型、极数及操作方式。

② 刀开关额定电压应大于或等于线路电压。

③ 刀开关额定电流应等于或大于线路的额定电流。对于电动机负载，开启式刀开关额定电流可取电动机额定电流的 3 倍；封闭式刀开关额定电流可取电动机额定电流的 1.5 倍。

刀开关安装时，瓷底应与地面垂直，手柄向上，易于灭弧，不得倒装或平装。倒装时手柄可能因自重落下而引起误合闸，危及人身和设备安全。图 2-39 列举了几种常见的低压开关。

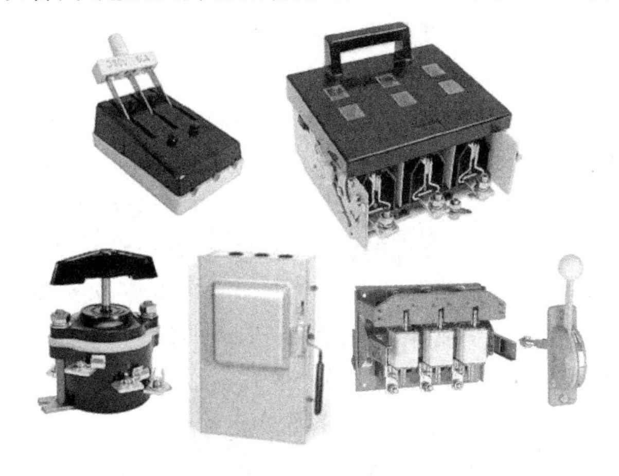

图 2-39　常见的低压开关

(2) 低压熔断器

熔断器主要由熔体和安装熔体的绝缘管座组成，用于短路和严重过电流保护。熔体串接于被保护电路的首端，负载电流流经熔体，当电路发生短路或过电流时，通过熔体的电流使其发热，从而自行熔断而切断电路。熔断器种类有填料管式、无填料管式、插进式、螺旋式、自复式等。其类型应根据线路的要求、使用场合和安装条件选择。图 2-40 列举了几种常见的低压熔断器。

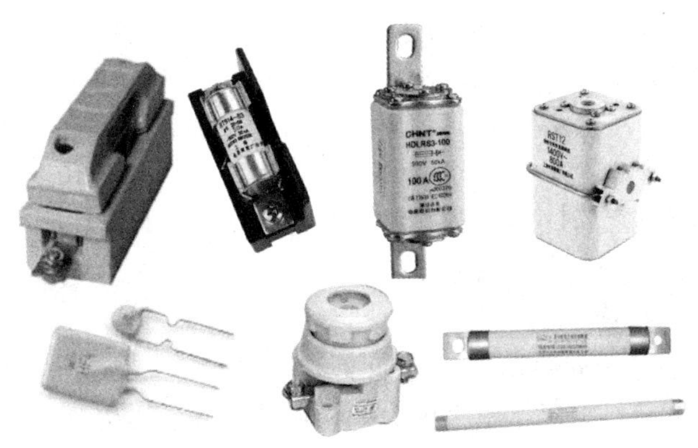

图 2-40　几种低压熔断器

熔断器的主要技术参数有额定电压、额定电流和极限分断能力。

熔断器的选用要点：

① 熔断器的类型主要由电控系统整体设计确定；

② 熔断器的额定电压应大于或等于实际电路的工作电压;

③ 熔断器额定电流应大于等于所装熔体的额定电流;

④ 熔体电流的选择:对于照明线路或电阻炉等电阻性负载,熔体的额定电流应大于或等于电路的工作电流;保护一台异步电动机时,考虑电动机冲击电流的影响,熔体的额定电流应大于或等于1.5~2.5倍的电动机额定电流;

⑤ 为防止发生越级熔断,应使上一级熔断器的熔体额定电流比下一级熔断器的熔体额定电流大1~2个级差。

(3) 低压断路器

低压断路器又称自动开关或空气开关。它相当于刀开关、熔断器、热继电器和欠电压继电器的组合,是一种既有手动开关作用又能自动进行欠压、失压、过载和短路保护的电器。低压断路器由触头系统、灭弧系统、脱扣器及机械传动机构组成。当电路发生严重过载、短路及失压等故障时,低压断路器能自动切断故障电路,有效保护串接在它后面的电气设备。在正常情况下,低压断路器也可用于不频繁接通和断开的电路及控制电动机。

低压断路器的主要技术参数有额定电压、额定电流、通断能力和分断时间等。

低压断路器的选用原则是:断路器的额定电压和额定电流应不小于电路的额定电压和最大工作电流;断路器通断能力大于或等于电路可能出现的最大短路电流;热脱扣器的整定电流应与所控制的负载的额定工作电流一致;欠电压脱扣器额定电压应等于线路额定电压;电磁脱扣器的整定电流应大于负荷电流正常工作时的最大电流。

低压断路器的品种较多,可按用途、结构特点、限流性能、电流和电压种类等不同方式分类:按用途可分为配电线路保护用、电动机保护用、照明线路保护用和漏电保护用断路器。按极数可分为单极、二极、三极和四极断路器。按限流性能可分为限流式断路器和普通断路器。按操作方式可分为:直接手柄操作式、杠杆操作式、电磁铁操作式和电动机操作式断路器。按结构特征区分则有下面两种类型:

塑壳式低压断路器,通常装设在低压配电柜(箱)之中,作为配电线路的保护开关、电动机及照明线路的控制开关等。其结构特征是,有一个采用聚酯绝缘材料模压而成的外壳,所有部件都装在这个封闭外壳中,仅在外壳盖中央露出操作手柄。常用主要系列型号有:DZ15、DZ20、H、T、3VE、S等系列。后4种是引进国外技术生产的产品。

万能式低压断路器,又称框架式断路器,主要用于40~100kW电动机回路的不频繁全压启动,并起短路、过载、失压保护作用。其结构特征是,一般有一个有绝缘衬垫的钢制框架,所有部件均安装在这个框架底座内。常用主要系列型号有:DW10一般型,DW17、DW15、DW15HH多功能、高性能型,DW45智能型,另外还有ME、AE高性能型和M智能型等系列。图2-41展示了几种低压断路器的实物图片。

(4) 低压成套配电装置

成套配电装置具有以下特点:

① 有金属外壳(柜体)的保护,电气设备及载流导体不易积灰,便于维护,在污秽地区使用优势更为突出。

② 易于实现产品的系列化、标准化,具有装配质量好、速度快,运行可靠性高的特点。其结构紧凑、布置合理、缩小了体积和占地面积,降低了造价。

③ 电器安装、线路敷设与变配电室的施工可分开进行,缩短了基建时间。

低压成套配电装置是电压为1200V及以下电网中用来接受和分配电能的成套配电设备。

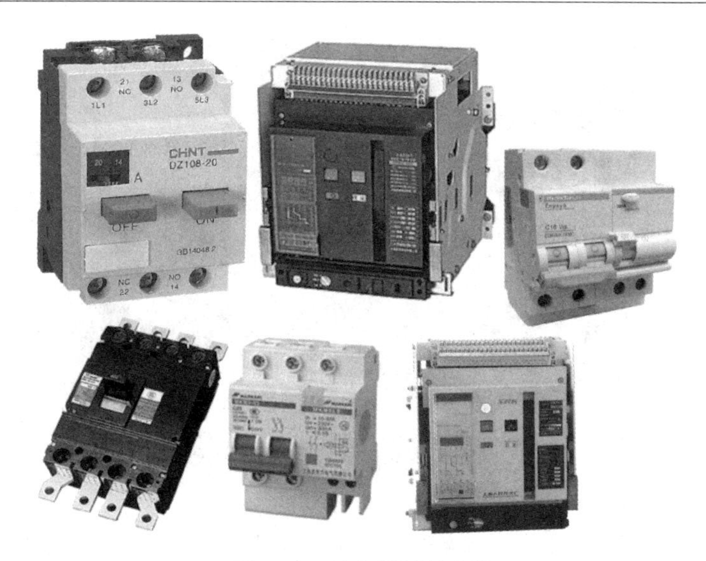

图 2-41　几种低压断路器

由一个或多个低压开关设备和相应的控制、测量、信号、保护、调节等电气元件或设备，以及所有内部的电气、机械的相互连接和结构部件组装成的一种组合体。分为配电屏（盘、柜）和配电箱两类，按控制层次又可分为配电总盘、分盘和动力、照明配电箱。我国生产的低压配电屏基本以固定式和手车式（又称抽屉式）两大类为主。

配电屏供接受和分配电能使用，它以支架和面板为基本结构，通常设有刀开关、熔断器、断路器、互感器、测量仪表和信号装置等。

控制屏主要用来远程控制各种电力驱动系统、电气设备或电力系统，它也是以支架和面板为基本结构，并装设刀开关、断路器、保护和控制继电器、测量仪表和信号装置等。

3. 低压控制电器

低压控制电器是用于低压电力拖动系统或其他各种控制系统中对电动机或被控电路进行控制、调节与保护的电器。

（1）接触器

接触器是一种电磁式电器，利用电磁吸力和弹簧反作用配合动作而使触头闭合或分断。能频繁地接通或断开交、直流主电路，还具有低压释放保护的功能，并能实现远距离控制，主要用于控制电动机，在自动控制系统中应用得相当广泛。接触器按其主触头控制的电路的种类不同，可分为直流接触器、交流接触器、切换电容接触器等。图 2-42 是几种低压接触器的实物图片。

交流接触器常用于远距离、频繁地接通和分断额定电压至 1140V、电流至 630A 的交流电路。直流接触器主要用于电压 440V、电流 600A 以下的直流电路。

接触器的使用选择原则：根据电路中负载电流的种类选择接触器的类型；主触点的额定电压应大于或等于负载回路的额定电压；吸引线圈的额定电压应与所接控制电路的额定电压等级一致；额定电流应大于或等于被控主回路的额定电流；触头数量和种类应满足主电路的控制线路的要求。

（2）继电器

继电器是一种根据外界输入信号来接通或断开小电流控制电路，实现自动控制和保护电力拖动装置的自动切换电器。继电器触点常接在控制电路中，需要注意的是，继电器的触点不

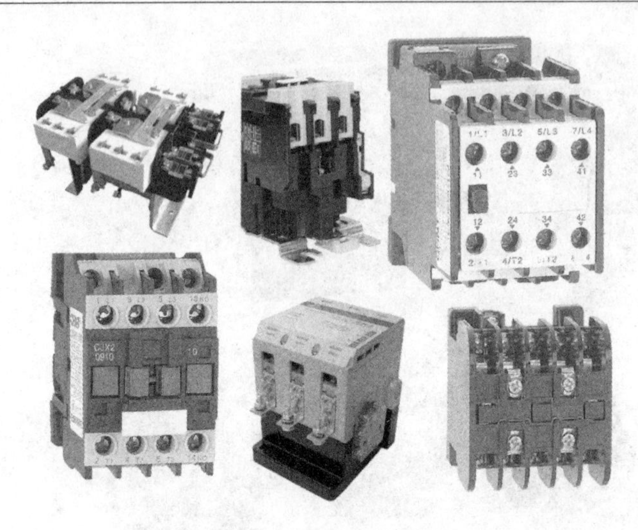

图 2-42　几种低压接触器

能用来接通和分断主电路,这也是继电器的作用与接触器的作用的区别。继电器的额定电流不大于5A。

继电器类型按用途可分为控制和保护继电器;按动作原理可分为:电磁式、感应式、电动式、电子式、机械式、热式继电器等;按输入量可分为:电流、电压、时间、速度、压力、温度继电器等;按动作时间分为:瞬时、延时继电器。

继电器的种类很多,在实际电路中主要有电磁式电流、电压和中间继电器,以及时间继电器、速度继电器、热继电器等。

电磁式继电器是使用最多的一种继电器,结构简单、价格低廉、使用维护方便。其触点种类和数量较多,体积较小,动作灵敏,无须灭弧装置。电磁式继电器典型结构如图 2-43 所示。

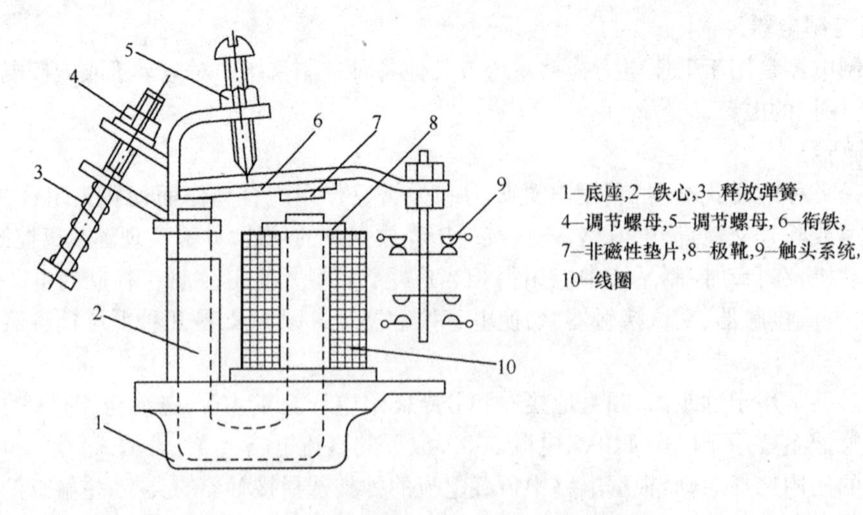

图 2-43　电磁式继电器的典型结构

电磁式继电器按输入信号不同分为:电压继电器、电流继电器、时间继电器、速度继电器和中间继电器等。图 2-44 给出几种电磁式继电器的实物图片。

电压继电器是根据输入电压大小而动作的继电器,线圈与负载并联,以反映负载电压,其线圈匝数多而导线细。主要作为欠压、失压保护。

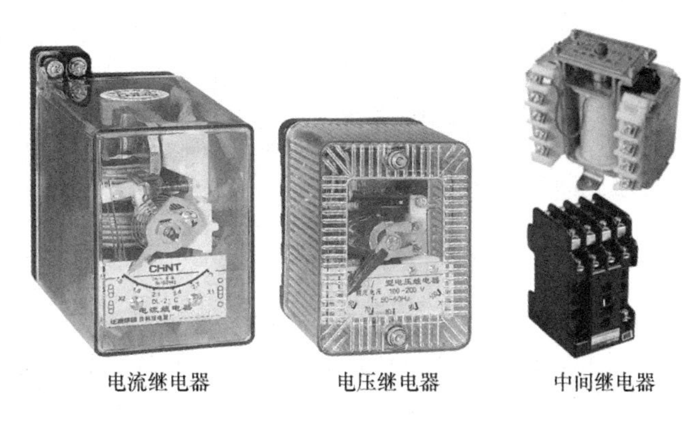

图 2-44　几种电磁式继电器

电流继电器线圈串接于电路中，根据线圈电流的大小而动作。这种继电器的线圈导线粗、匝数少、线圈阻抗小。主要用于过载或短路保护。

中间继电器实质上是一种电压继电器，但它的触点数量较多，容量较大，起到中间放大（触点数量和容量）作用。将一个信号变成多个输出信号或将信号放大，起到信号中转作用，通常用于传递信号和同时控制多个电路，也可直接用它来控制小容量电动机或其他电气执行元件。

时间继电器是从得到输入信号开始，经过一定的延时后才输出信号的继电器，适用于定时控制。对于电磁式时间继电器，当电磁线圈通电或断电后，经一段时间延时，触头状态才发生变化，即延时触头才动作。常用的时间继电器包括电磁式、阻尼式、电子式等。图 2-45 是不同类型的时间继电器。

图 2-45　几种时间继电器

速度继电器根据转速的大小通断电路。主要用作笼型异步电动机的反接制动控制，又称反接制动继电器。其结构由定子、转子和触头组成，工作原理与异步电动机类似。动作转速＞120rpm，复位转速＜100rpm。图 2-46 是几种速度继电器实物图。

热继电器是利用电流的热效应原理工作的保护电器，它在控制电路中，用作电动机的过载保护，既能保证电动机不超过容许的过载，又能最大限度地保证电动机的过载能力。主要用来保护电动机或其他负载免于过载，以及作为三相电动机的断相保护。热继电器种类很多，应用

图 2-46　几种速度继电器

最广泛的是基于双金属片的热继电器，主要由热元件、双金属片和触点三部分组成。电流通过发热元件加热使双金属片弯曲，推动执行机构动作。图 2-47 是几种热继电器实物图。

图 2-47　几种热继电器

固态继电器(SSR)是一种全部由固态电子元件组成的新型无触点开关器件，它利用电子元器件的电、磁和光电特性完成输入和输出的可靠隔离，利用电子元件的开关特性，可达到无触点无火花地接通和断开电路的目的，因此又被称为“无触点开关”。图 2-48 是几种固态继电器实物图。

图 2-48　几种固态继电器

固态继电器工作可靠、使用方便、寿命长、对外界干扰小、能与逻辑电路兼容、抗干扰能力强、开关速度快、无火花、无动作噪音。有逐步取代传统电磁继电器的趋势，还可应用于计算机的输入输出接口、外围和终端设备等传统电磁继电器无法应用的领域。

(3) 主令电器

主令电器是在自动控制系统中发送控制指令或信号的电器。用来控制继电器、接触器或其他电器线圈，使电路接通或分断，从而达到控制生产流程的目的。在控制电路中由于它是一种专门发布命令的电器，故称为主令电器。主令电器可直接作用于控制电路，也可通过电磁式电器间接作用于控制电路。主令电器不允许分合主电路。

主令电器应用十分广泛，种类繁多，常用的有控制按钮、行程开关、接近开关、万能转换开关、主令控制器等，如图 2-49 所示。

图 2-49　几种主令电器

2.2.3　高压电器

3kV 及以上电力系统中使用的电器设备称为高压电器设备，主要种类有：开关电器、电容器、电抗器、避雷器、组合电器等。

1. 高压开关电器

高压开关电器是发电厂、变电所以及各类配电装置中数量最多的电气设备，其作用是：

① 正常工作情况下可靠地接通或断开电路；

② 在改变运行方式时进行切换操作；

③ 当系统中发生故障时迅速切除故障，保证非故障部分的正常运行；

④ 设备检修时隔离带电部分，以保证工作人员的安全。

高压开关电器按安装地点可分为：屋内式和屋外式。按功能可分为：断路器、隔离开关、熔断器、负荷开关、自动重合器和自动分段器等。

高压开关电器的选择必须满足供电系统正常工作条件下和短路故障条件下工作要求，同时电气设备应工作安全可靠，运行维护方便，投资经济合理。

① 按正常工作条件选择

考虑电气设备的环境条件和电气要求。环境条件是指电气设备的使用场所、环境温度，海拔高度以及有无防尘、防腐、防火、防爆等要求，据此选择电气设备结构类型。电气要求是指电气设备在电压电流、频率等方面的要求，即电气设备的额定电压不小于线路的额定电压，电气设备的额定电流不小于线路最大持续工作电流。对一些开断电流的电器，如熔断器、断路器和负荷开关等，还要求其最大开断电流应不小于它可能开断的最大电流。

② 按短路故障条件校验

此校验就是要按最大可能的短路故障时的电动力稳定性和热稳定性进行校验。

（1）高压断路器

高压断路器一是起控制作用，即根据电力系统的运行要求，接通或断开工作电路；二是起保护作用，当系统中发生故障时，在继电保护装置的作用下，断路器自动断开故障部分，以保证系统中无故障部分的正常运行。

高压断路器由导电回路、可分触头、灭弧装置、绝缘部件、底座、传动机构、操动机构等组成。导电回路用来承载电流；可分触头是使电路接通或分断的执行元件；灭弧装置则用来迅速、可靠地熄灭电弧，使电路最终断开。与其他开关相比，断路器的灭弧装置的熄弧能力最强，结构也比较复杂。

断路器的灭弧室由高强度、耐高温的绝缘材料制成,起承压和吹弧作用。主要灭弧介质有空气、压缩空气、真空、SF_6合成气体、油及固体产气材料。吹弧能源有三类:他能式——外加压缩机、弹簧,真空;自能式——利用电弧电流本身的焦耳损耗;混合式。

断路器的操动机构是带动传动机构进行合闸和分闸的机构,依断路器合闸时所用能量形式不同,可分为:

手动机构——指用人力进行合闸与分闸的操动机构;

电磁机构——指用电磁铁合闸与分闸的操动机构;

弹簧机构——指事先用人力或电动机使弹簧储能实现合闸与分闸的操动机构;

电动机构——用电动机合闸与分闸的操动机构;

液压机构——指用高压油推动活塞实现合闸与分闸的操动机构;

气动机构——指用压缩空气推动活塞实现合闸与分闸的操动机构。

反映高压断路器特性和工作性能的主要技术参数有:

额定电压:是指断路器长时间运行时能承受的正常工作电压(6～1000kV)。

额定电流:断路器可长期通过的工作电流(630～6300A)。

额定开断电流:表征断路器的开断能力,是指断路器在额定电压下能正常开断的最大短路电流(31.5～63kA)。

额定断流容量:也表征断路器的开断能力。在三相系统中,额定断流容量公式为:额定开断容量$=\sqrt{3}\times$额定开断电流$\times$额定线电压。

关合电流:保证断路器能关合短路而不致于发生触头熔焊或其它损伤,所允许接通的最大短路电流。

额定短时耐受电流:表征断路器承受短路电流热效应的能力,也称热稳定电流,数值与额定短路开断电流相同。

额定峰值耐受电流:也称动稳定电流,指断路器在合闸位置时,允许通过的短路电流最大峰值。峰值耐受电流一般等于2.5倍额定短时耐受电流,与额定短路关合电流相等。

额定短路持续时间:是断路器在合闸位置能够承载额定短时耐受电流的时间间隔(1～4s)。

合闸时间:是指从断路器合闸回路接到合闸命令(合闸线圈电路接通)开始到所有极触头都接触瞬间的时间间隔。

分闸时间:是指从断路器分闸回路接到分闸命令到所有极的触头都分离瞬间的时间间隔。

全开断时间:是指断路器接到分闸命令瞬间起到各相电弧完全熄灭为止的时间间隔,它是断路器固有分闸时间和燃弧时间之和。是表征断路器开断过程快慢的主要参数,越小越有利于减小短路电流对电气设备的危害。

高压断路器的型号由7部分组成,第一单元是产品字母代号:S—少油断路器;D—多油断路器;K—空气断路器;L—六氟化硫(SF_6)断路器;Z—真空断路器;Q—自产气断路器;C—磁吹断路器。第二单元是装设地点代号:N—户内式;W—户外式。第三单元是设计序号。第四单元是额定电压,kV。第五单元是补充工作特性标志:G—改进型;F—分相操作。第六单元是额定电流,A。第七单元是额定开断电流,kA。

各类高压断路器的特点如下。

多油断路器:结构简单,制造方便,便于在套管上加装电流互感器,配套性强;耗钢材、耗油量大、体积大,属自能式灭弧结构。

少油断路器：结构简单，制造方便，可配用各种操动机构；比多油断路器油量少、重量轻；采用积木式结构，便于制成各种电压等级产品。

压缩空气断路器：又称空气断路器，利用预先贮存的压缩空气来灭弧。压缩空气不仅作为灭弧和绝缘介质，而且还作为传动的动力。空气断路器断流容量大，灭弧时间短，而且快速自动重合闸时断流容量不降低。但是空气断路器也有有色金属消耗量大，工艺和材料要求高，需要装设压缩空气系统等辅助设备和价格较贵等缺点。在我国，通常用于 110kV 及以上的大容量电力系统中。

真空断路器：利用真空度约为 10^{-4} Pa（在运行过程中不低于 10^{-2} Pa）的高真空作为内绝缘和灭弧介质，灭弧室材料及工艺要求高。真空间隙的气体稀薄，分子的自由行程较大，发生碰撞游离的几率很小。所以，真空击穿产生电弧，是由触头蒸发出来的金属蒸气帮助形成的；体积小、重量轻；触头不易氧化；灭弧室的机械强度比较差，不能承受较大的冲击振动。真空断路器的固定方式不受安装角度限制，布置方式可分为落地式和悬挂式两种基本形式。

SF_6 断路器：结构简单，工艺及密封要求严格，对材料要求高；体积小、重量轻；用于封闭式组合电器时，可大量节省占地面积。

磁吹断路器：利用磁场的作用使电弧熄灭，磁场通常由分断电流本身产生，电弧被磁场吹入灭弧片狭缝内，并使之拉长、冷却，直至最终熄灭。磁吹断路器按磁吹原理分为电磁式和电弧螺管式两类。

磁吹断路器以大气为介质，用耐热陶瓷或云母玻璃作灭弧片，电气寿命长，能适应频繁操作的场合。磁吹断路器运行安全，维护方便，其额定电流和分断电流较大，可适应电网发展的需要。但与其他断路器比，其结构复杂，体积大，成本高，一般只适用于 20kV 以下的电压等级。

目前在电力系统中，应用广泛的是少油、真空和 SF_6 断路器，图 2-50 是几类高压断路器的实物图。

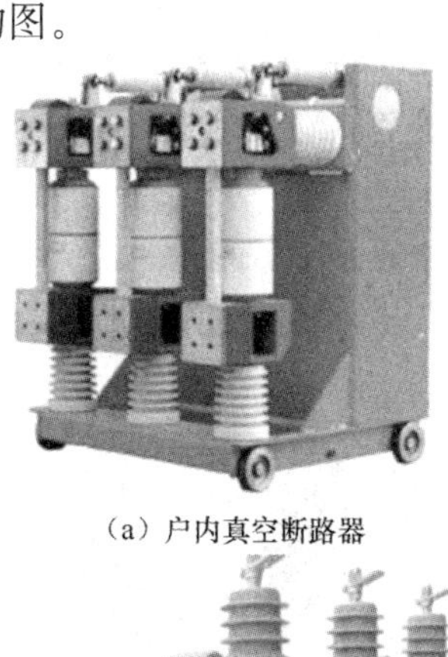

（a）户内真空断路器

（b）户外 SF_6 断路器

（c）柱上多油断路器

（d）户外真空断路器

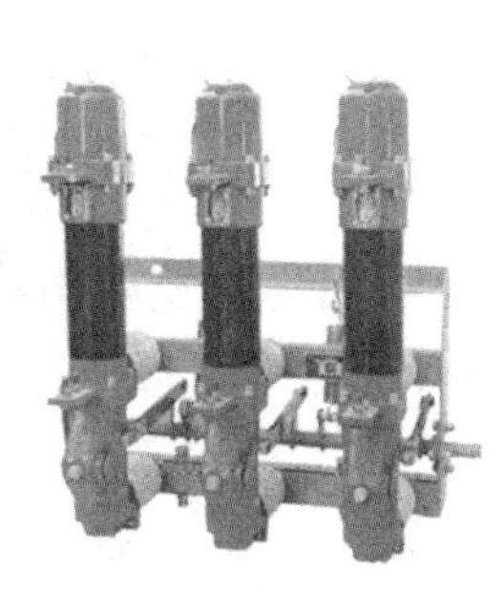

（e）户内少油断路器

（f）户外少油断路器

图 2-50　几种高压断路器

高压断路器的在线监测和故障诊断技术正在发展之中,该项技术融合了包括传感器、光电、微电子、计算机、信号处理和通信技术,其具体做法是在运行的高压开关设备上安装多种传感器,包括电压、电流、温度、气体密度、压力、行程、机械振动、电磁波等传感器。通过传感器发出的信号,经过分析、信号处理,得出各种特征值,与判据或历史数据进行对比,判断高压开关的各部分的状态,这样就可以侦知设备的潜在故障从而降低事故率,提高运行可靠性,合理延长工作寿命,并可借此实行状态维修。

(2) 隔离开关

高压隔离开关又称隔离刀闸,其基本结构包括导电回路、传动机构、绝缘部分和底座等。它没有专门的灭弧装置,故不能用来切断负荷电流和短路电流。使用时应与断路器配合,只有在断路器断开时才能进行操作。隔离开关在分闸时,动静触头间形成明显可见的断口,绝缘可靠。

高压隔离开关主要作用:

① 隔离电源。分闸后,建立可靠的绝缘间隙,将需要检修的设备或线路与电源用一个明显断开点隔开,以保证检修人员和设备的安全。

② 根据运行需要进行倒闸操作。

③ 接通和断开小电流电路。如套管、母线、连接头、短电缆的充电电流,开关均压电容的电容电流,双母线换接时的环流以及电压互感器的励磁电流等。

隔离开关的技术参数包括:额定电压:指隔离开关长期运行时所能承受的工作电压;最高工作电压:指隔离开关能承受的超过额定电压的最高电压;额定电流:指隔离开关可以长期通过的工作电流;热稳定电流:指隔离开关在规定的时间内允许通过的最大电流;极限通过电流峰值:指隔离开关所能承受的最大瞬时冲击短路电流。

高压隔离开关按照装设地点的不同,可分为户内式和户外式两种。户外隔离开关按其绝缘支柱结构的不同可分为单柱式、双柱式、V形式和三柱式。其中单柱式隔离开关在架空母线下面直接将垂直空间用做断口的电气绝缘,具有的明显优点,就是节约占地面积,减少引接导线,同时分合闸状态清晰。

户内式隔离开关采用闸刀形式,有单极和三极两种。闸刀的运动方式为垂直旋转式。图2-51是800kV隔离开关正在进行试验,图2-52是几类高压隔离开关的实物图。

图2-51　试验中的800kV隔离开关

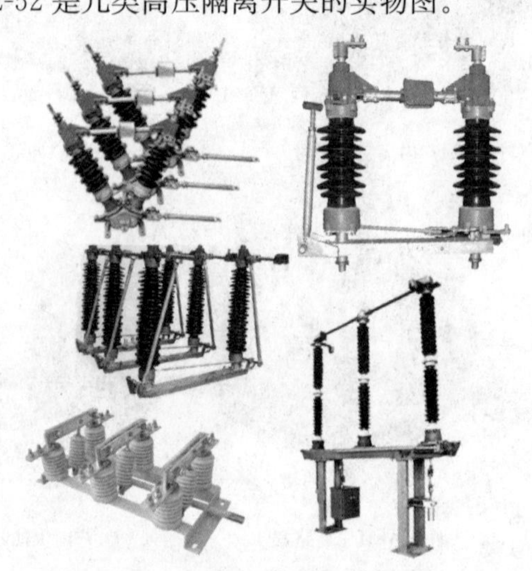

图2-52　几类高压隔离开关

(3) 高压熔断器

高压熔断器按使用地点分为:户内式和户外式。按照是否有限流作用又可分为限流式和非限流式。熔断器是一种保护电器。它串联在电路中,当电路发生短路或过负荷时,熔体熔断,切断故障电路使电气设备免遭损坏,并维持电力系统其余部分的正常工作。

高压熔断器的优点是结构简单、体积小、布置紧凑、使用方便、价格低。可直接动作,不需要继电保护和二次回路相配合;缺点是每次熔断后需停电更换熔件才能再次使用,增加了停电时间;保护特性不稳定,可靠性低;保护选择性不易配合。图2-53是几类高压熔断器的实物图。

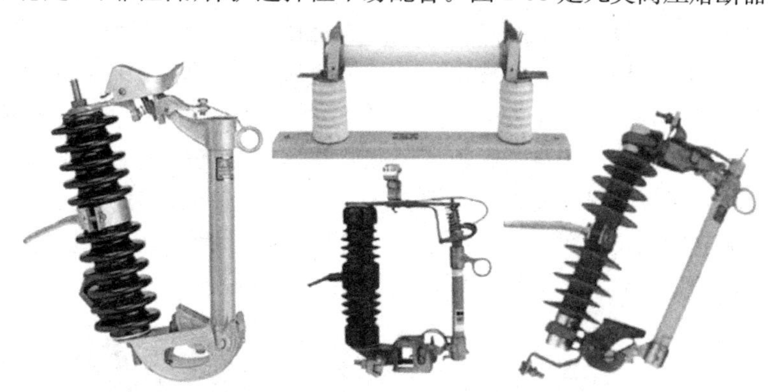

图2-53　几类高压熔断器

(4) 高压负荷开关

高压负荷开关是一种结构简单,具有一定开断和关合能力的开关电器。它具有灭弧装置和一定的分合闸速度,能开断正常的负荷电流和过负荷电流,也能关合一定的短路电流,但不能开断短路电流。因此,高压负荷开关可用于控制供电线路的负荷电流,也可用来控制空载线路、空载变压器及电容器等。高压负荷开关在分闸时有明显的断口,可起到隔离开关的作用。高压负荷开关与高压熔断器串联可成为组合电器,前者作为操作电器,投切电路的正常负荷电流,而后者作为保护电器,开断电路的短路电流及过负荷电流。

高压负荷开关按是否带熔断器可分为:带熔断器式和不带熔断器式。按灭弧方式的不同,可以分为:产气式、压气式、压缩空气式、油浸式、真空式、SF_6式等几类,近年来,真空式发展很快,在配电网中得到了广泛应用。图2-54是几类高压负荷开关的实物图。

图2-54　几类高压负荷开关

(5) 自动重合器与分段器

自动重合器是一种具有保护、检测、控制功能的自动化设备。重合器能进行故障电流检测和按预先整定的分合操作次数自动完成分合操作,并在动作后能记忆动作次数、自动复位或闭锁。例如,安装在线路上的重合器,当线路发生故障后它通过检测确认为故障电流时即自动跳闸,一定时间后自动重合。如果故障是瞬时性的,重合成功,线路恢复供电;如果故障是永久性的,重合器将完成预先整定的重合闸次数(通常为三次)后,确认线路故障为永久性故障,则自动闭锁,不再对故障线路送电,直至人为排除故障后,重新将重合器合闸闭锁解除,恢复正常状态。

分段器是配电系统中用来隔离故障线路区段的自动保护装置,通常与自动重合器或断路器配合使用,可实现排除瞬时故障,隔离永久性故障区域,保证非故障线段的正常供电。分段器不能开断故障电流。当分段线路发生故障时,分段器的后备保护重合器或断路器动作,分段器的计数功能开始累计重合器的跳闸次数。当分段器达到预定的记录次数后,在后备装置跳开的瞬间自动跳闸分断故障线路段。重合器再次重合,恢复其他线路供电。若重合器跳闸次数未达到分段器预定的记录次数已消除了故障,分段器的累计计数在经过一段时间后自动消失,恢复初始状态。图 2-55 是自动重合器与分段器的实物图。

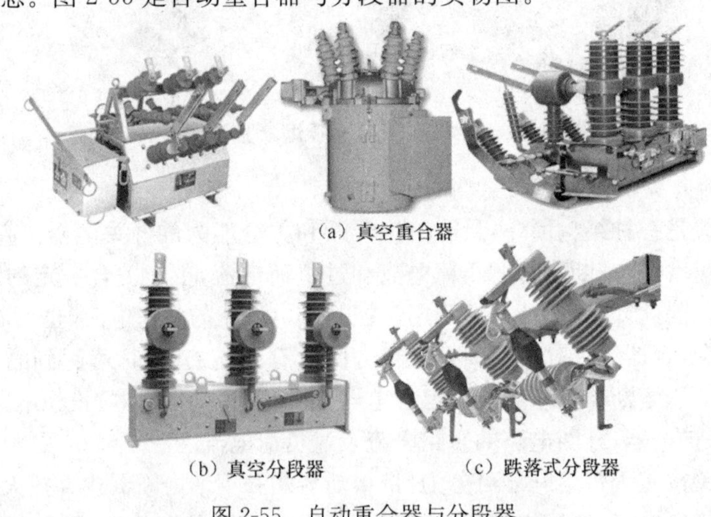
(a) 真空重合器

(b) 真空分段器　　(c) 跌落式分段器

图 2-55　自动重合器与分段器

2. 限制电器

用于限制电路故障电流或过电压的电器。

(1) 电抗器

依靠线圈的感抗起阻碍电流变化作用的电器称为电抗器。电抗器有空心式和铁心式之分。

空心式电抗器:线圈中无铁心,其磁通全部经空气闭合;铁心式电抗器:其磁通全部或大部分经铁心闭合。铁心式电抗器工作在铁心饱和状态时,其电感值大大减少,利用这一特性制成的电抗器叫饱和式电抗器。

变电站的高压电抗器按用途可分为三类:

① 串联电抗器

在母线上串联电抗器可以限制短路电流,维持母线有较高的残余电压。在电容器组串联电抗器,可以限制高次谐波,降低电抗。串联电抗器是电力系统无功补偿装置的重要配套设备。电力电容器与干式铁心电抗器串联后,能有效地抑制电网中的高次谐波,限制合闸涌流及操作过电压,改善系统的电压波形,提高电网功率因数。

② 并联电抗器

并联电抗器一般接在超高压输电线的末端和地之间,用来防止输电线由于距离很长而引起的工频电压过分升高,改善沿线电压分布和轻载线路中的无功分布并降低线损。还涉及系统稳定、潜供电流、调相电压、自励磁及非全相运行下的电气谐振等方面。

③ 消弧电抗器

又称消弧线圈,接在三相变压器的中性点和地之间,其作用是在三相电网的一相接地时提供电感性电流,补偿流过接地点的电容性电流,使电弧不易持续起燃,从而消除由于电弧多次重燃引起的过电压。

(2) 避雷器

避雷器是一种能释放雷电及兼能释放电力系统操作过电压能量,保护电工设备免受瞬时过电压危害,又能截断续流,不致引起系统接地短路的电器装置。

避雷器的常用类型有:保护间隙、排气式避雷器(常称管型避雷器)、阀式避雷器和金属氧化物避雷器(常称氧化锌避雷器)4 种,如图 2-56 所示。避雷器实质上是一种过电压限制器,通常接于带电导线和地之间,与被保护的电气设备并联连接,当过电压值达到规定的动作电压时,避雷器立即动作,流过电荷,限制过电压幅值,保护设备绝缘,使电气设备免遭过电压损坏;当电压值正常后,避雷器又迅速恢复原状,以保证系统正常供电。

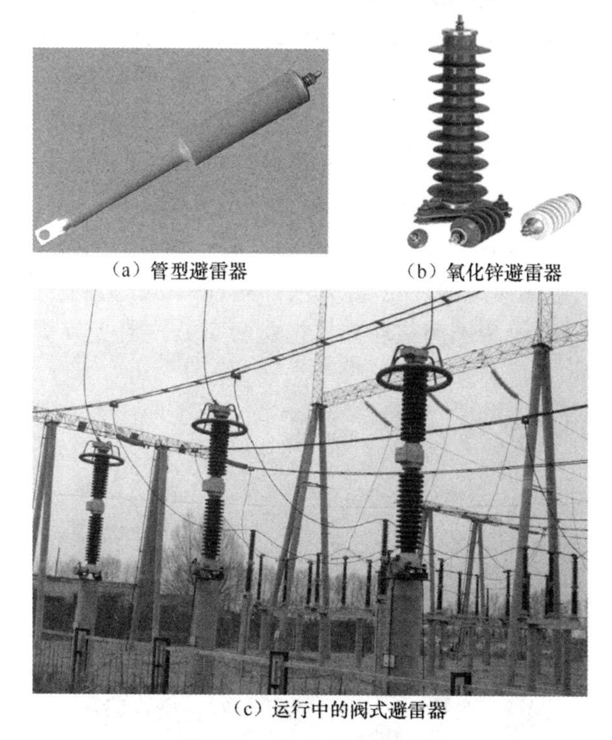

(a) 管型避雷器　(b) 氧化锌避雷器

(c) 运行中的阀式避雷器

图 2-56　各式避雷器示例

3. 高压电容器

高压电容器用于 1kV 以上交流电力系统中提高功率因数,改善电压质量。高压电容器主要由外壳和心子组成,心子由元件、绝缘件组成。元件用聚丙烯薄膜为介质与铝箔(极板)卷制而成,或用聚丙烯薄膜和电容器纸为介质与铝箔卷制而成。

高压并联电容器的内部连接一般为单相形式,用户需要时也可提供三相产品。部分高压并联电容器内部每个元件都串有熔丝,能及时切除个别击穿的元件,保证电容器整体的正常运行。

在输电线路中,利用高压电容器可以组成串补站,提高输电线路的输送能力;在大型变电站中,利用高压电容器可以组成静止无功补偿装置,提高电能质量;在配电线路末端,利用高压电容器可以提高线路末端的功率因数,保障线路末端的电压质量;在变电站的中、低压各段母线,通常会装有高压电容器,以补偿负荷消耗的无功,提高母线侧的功率因数;在有非线性负荷的负荷终端,也会装设高压电容器,作为滤波之用。

4. 高压组合电器与成套电器

高压组合电器按绝缘结构可分为开启式和全封闭式两大类。

开启式组合电器按主体元件的不同分为以隔离开关为主体的和以断路器为主体的两类,将电流互感器、电压互感器、电缆头等元件与之共同组合而成。

以隔离开关为主体的高压组合电器适用于110kV及以上的场所。以断路器为主体的高压组合电器适用于工作电压为35～110kV的场所。

全封闭式组合电器是将各组成元件的高压带电部位密封于接地金属外壳内,壳内充以绝缘性能良好的气体、油或固体绝缘介质,各组成元件(一般包括断路器、隔离开关、接地开关、电压互感器、电流互感器、母线、避雷器、电缆终端等)按接线要求,依次连接和组成一个整体。

在农村电网中有由跌落式熔断器和负荷开关组成的组合电器,用于户外,工作电压为10kV。还有高压熔断器、负荷开关和隔离开关组成的组合电器,工作电压为35kV。

在环网供电单元和箱式变电站中,高压负荷开关—熔断器组合电器将更多地取代传统的高压断路器,这种组合电器不仅造价低,而且保护变压器和电缆的功能优于断路器。负荷开关用来开合负荷电流,以限流熔断器作短路保护,将控制与保护两种功能分开。

SF_6组合电器又称为气体绝缘全封闭组合电器(Gas-Insulator Switchgear),简称GIS。它将断路器、隔离开关、母线、接地开关、互感器、出线套管或电缆终端头等分别装在各自密封间中,集中组成一个整体在金属接地的外壳,在其内部充有一定压力的SF_6绝缘气体作为绝缘介质。按充气外壳结构形状可分为圆筒式和充气柜式两大类。图2-57是500kV变电站运行中的SF_6组合电器。

图2-57　SF_6组合电器

GIS设备自20世纪60年代实用化以来,已广泛运行于世界各地。GIS不仅在高压、超高压领域被广泛应用,而且在特高压领域也被使用。与常规敞开式变电站相比,GIS的优点在于结构紧凑、占地面积小、可靠性高、配置灵活、安装方便、安全性强、环境适应能力强，维护工作量很小，其主要部件的维修间隔不小于20年。

对于110kV以上的变电站，采用SF_6全封闭组合电器后，占地面积和空间可缩小90%。它适用于大城市及工业密集地区的变电站、地下设施的变电站、环境恶劣地区的变电站以及地势险峻的山区变电站。但由于GIS价格昂贵，尚不能满足一些用户的需要。

敞开式开关设备价格比GIS便宜得多，但占地面积很大而且带电部分外露较多，限制了它在电站面积狭小环境条件恶劣的地方使用。

GIS制造技术在不断进步和发展，多年来，各GIS生产厂家围绕着提高经济性和可靠性这两个主要目标，在元件结构、组合形式、制造工艺以及使用和维护方面进行了大量研究、开发。随着大容量单压式SF_6断路器的研制成功和氧化锌避雷器的应用，GIS的技术性能与参数已超过常规开关设备，并且使结构大大简化，可靠性大大提高，为GIS进一步小型化创造了十分有利的条件。

高压成套电器基本上都是成套配电装置，它是按照一次及两次接线设计方案，将各种开关电器和其他电气设备组装在一个或若干个金属柜内形成的装置。由于它是以开关电器为主体，故又称高压开关柜，主要分为固定式和手车式两种，如图2-58所示。

图2-58　高压开关柜

固定式高压开关柜：断路器安装位置固定，各功能区相通而且敞开，采用母线和线路的隔离开关作为断路器检修的隔离措施。

手车式高压开关柜：高压断路器安装于可移动手车上，便于检修，其各个功能区是采用金属封闭或者采用绝缘板的方式封闭，有一定的限制故障扩大的能力。

高压开关柜结构紧凑、占地面积小、安装工作量小、使用和维修方便、且有多种接线方案以供选择，方便用户选择。

高压开关柜具有“五防”功能：防止误分、误合断路器；防止带负荷分、合隔离开关或带负荷推入、拉出金属封闭式开关柜的手车隔离插头；防止带电挂接地线或合接地开关；防止带接地线或接地开关合闸；防止误入带电间隔，确保电气设备可靠运行和操作人员的安全。

第3章 电力系统及其自动化技术

3.1 电力工业概况

物质、能量和信息是构成客观世界的三大基础，人类的一切活动与能量流与信息流密切相关。电能，又称电力，是以电磁场为载体，以光速传播的一种优质能源，它是通过一定的技术手段从各种一次能源转换而来的二次能源。电能便于集中、传输、分散、控制，可方便地转换为机械能、热能、光能、磁能和化学能等其他能量形式，来满足社会生产和生活的种种需要，已成为人类社会迄今应用最广泛，使用最方便，最清洁的终端能源。因此，世界各国都尽可能地将各种能源转换成电能再加以利用。电力的开发及其广泛应用是继蒸汽机发明之后，近代史上第二次技术革命的核心内容。在20世纪70年代以来兴起的新技术革命中，电能的应用则是信息传递与控制的基础。

电力工业主要包括5个生产环节：①发电，包括火力发电、水力发电、核能和其他能源发电；②输电，包括交流输电和直流输电；③变电；④配电；⑤用电，包括用电设备的安装、使用和用电负荷的控制。将这5个环节所存在的电气设备连接起来称为电力系统。此外，还包括电力系统规划、勘测设计、电建施工、电力科学研究等。

电力工业的特点：

(1) 电力生产的同时性

电能作为广泛利用的二次能源，与其他能源不一样，电能不能大规模储存。电力生产过程是连续的，发电、输电、供电是同时完成的，必须随时保持平衡。

(2) 电力生产的整体性

发电厂、变压器、高压输电线路、配电线路和用电设备在电网中形成一个不可分割的整体，缺少任一环节，电力生产都不可能完成。反之，任何电气设备脱离电网都将失去意义。

(3) 电力生产的瞬时性

电能输送过程迅捷，其传输速度与光速相同，发、输、变、配电和用电是在同一瞬间完成的，暂态过程非常迅速，电力生产过程高度自动化。

在一个电力系统内，发电、供电和用电设备在电磁上相互连接，相互耦合，因此，任何一点发生故障或任何一个设备出现问题，都会在瞬间影响和波及全系统，如果处理不及时和控制措施不恰当，往往会引起连锁反应，导致事故扩大，在严重情况下会使系统发生大面积停电事故。因此，保证电力系统的安全稳定运行显得特别重要。

(4) 电力生产的随机性

电力负荷难于准确预测，为了满足用户的电能需求，电力系统内的发电容量和设备均需要有相应的备用容量，以适应用户用电因素的变化；由于负荷变化、异常情况及事故发生的随机性，电能质量的变化是随机的，在电力生产过程中，需要实时调度及安全监控，以保证电能质量及电网安全运行。

(5) 电力生产的重要性

电力生产的特点和电力用户的广泛性，决定了电力安全生产的复杂性和重要性。电力工业是国民经济的重要基础产业，是国民经济的先行官，在国家的工业化、现代化进程中起着十分重要的作用，电力工业与国民经济和社会生活密切相关，供电异常中断将带来严重后果。电力生产供应的网络性和瞬时平衡性决定了每个环节必须密切配合，高度协调，任何一个环节出现问题，都可能影响到整个系统的正常运行。电网事故具有突发性和影响广、危害大的特点，是国民经济和社会的灾难。

电力工业发展的基本方针是：提高能源效率，重视生态环境保护，加强电网建设，大力开发水电，优化发展煤电，积极发展核电，推进天然气发电，加快新能源发电，深化电力体制改革。

3.2　现代发电技术

3.2.1　火力发电

利用煤、石油、天然气等自然界蕴藏量极其丰富的化石燃料发电称为火力发电。按发电方式可分为：汽轮机发电、燃汽轮机发电、内燃机发电和燃气-蒸汽联合循环发电，还有火电机组既供电又供热称为“热电联产”。按燃料分类又可分为：燃煤发电厂、燃油发电厂（石油提取了汽油、煤油、柴油后的渣油）、燃气发电厂（天然气、煤气等）、余热发电厂（工业余热、垃圾或工业废料）、生物质能发电厂（秸杆、生物肥料）。

汽轮机发电又称蒸汽发电（图3-1），它利用燃料在锅炉中燃烧产生蒸汽，用蒸汽冲动汽轮机，再由汽轮机带动发电机发电。这种发电方式在火力发电中居主要地位，约占世界火力发电总装机的95%以上。

图3-1　火力发电厂全貌

火力发电厂由三大主设备——锅炉、汽轮机、发电机及相应辅助设备组成，它们通过管道或线路相连构成生产主系统，即燃烧系统、汽水系统和电气系统。

从能量转换的观点分析，各类火力发电厂生产过程是基本相同的，概括地说是把燃料中含有的化学能转变为电能的过程。以燃煤发电厂为例（图3-2），整个生产过程可分为三个阶段。

(1) 燃烧系统

包括输煤、磨煤、锅炉与燃烧、风烟系统、灰渣系统等环节（图3-3），其作用是使燃料的化学能在锅炉中转变为热能，加热锅炉中的水使之变为蒸汽。

锅炉的作用是使燃料在炉膛中燃烧放热，并将热量传给工质，以产生一定压力和温度的蒸

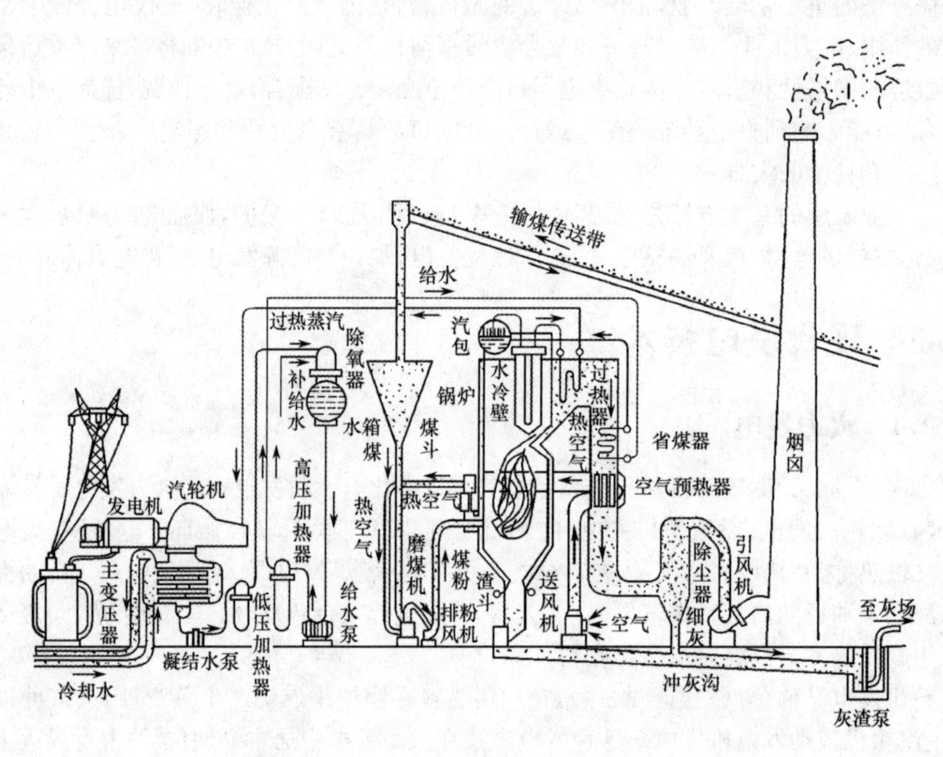

图 3-2　凝汽式火电厂生产过程示意图

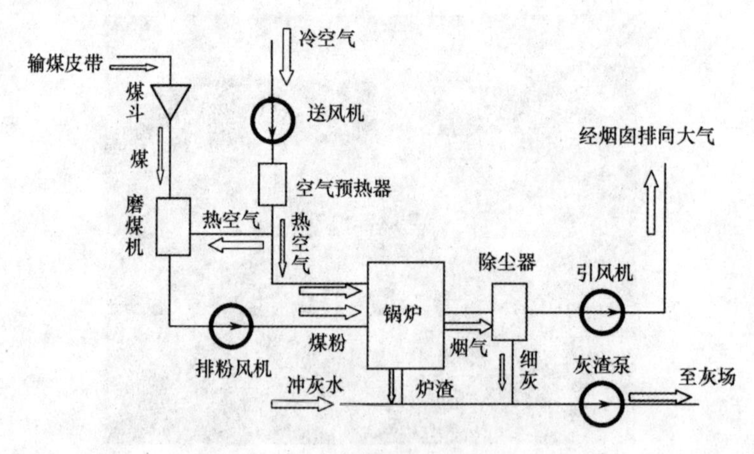

图 3-3　燃烧系统流程图

汽,供汽轮发电机组发电。锅炉本体结构有炉膛、水平烟道和尾部烟道,主要部件按燃烧系统和汽水系统来设置,有空气预热器、喷燃器、省煤器、汽包、下降管、水冷壁、过热器、再热器等。电厂锅炉与其他行业所用锅炉相比,具有容量大、参数高、结构复杂、自动化程度高等特点。

锅炉容量即锅炉的蒸发量是指锅炉每小时所产生的蒸汽量。在保持额定蒸汽压力、额定蒸汽温度、使用设计燃料和规定的热效率情况下,锅炉所能达到的蒸发量称作额定蒸发量。电厂锅炉的额定参数是指额定蒸汽压力和额定蒸汽温度。所谓蒸汽压力和温度是指过热器主汽阀出口处的过热蒸汽压力和温度。对于装有再热器的锅炉,锅炉蒸汽参数还应包括再热蒸汽参数。

火电厂为提高燃煤效率都是燃烧煤粉。原煤由皮带输送机从煤场，通过电磁铁、碎煤机后送到煤仓间的煤斗内，煤斗中的原煤要先送至磨煤机内磨成煤粉，并经空气预热器来的一次风烘干并带至粗粉分离器。在粗粉分离器中将不合格的粗粉分离返回磨煤机再行磨制，合格的细煤粉被一次风带入旋风分离器，使煤粉与空气分离后进入煤粉仓。磨碎的煤粉由热空气携带经排粉风机送入锅炉的炉膛内燃烧。煤粉燃烧后形成的热烟气沿着烟道经过热器、省煤器、空气预热器逐渐降温，放出热量，最后进入除尘器，将燃烧后的煤灰分离出来。处理后的烟气在引风机的作用下通过烟囱排入大气。炉膛内煤粉燃烧后生成的小的灰尘颗粒，被除尘器收集成细灰，排入冲灰沟，燃烧中因结焦形成的大块炉渣，下落到锅炉底部的渣斗内，经过碎渣机破碎后也排入冲灰沟，再经灰渣水泵将细灰和碎炉渣经冲灰管道排往灰场。

(2) 汽水系统

汽水系统由锅炉、汽轮机、凝汽器、除氧器、加热器等构成，主要包括给水系统、冷却水系统、补水系统，如图 3-4 所示。其作用是使锅炉产生的蒸汽进入汽轮机，推动汽轮机旋转，将热能转变为机械能。

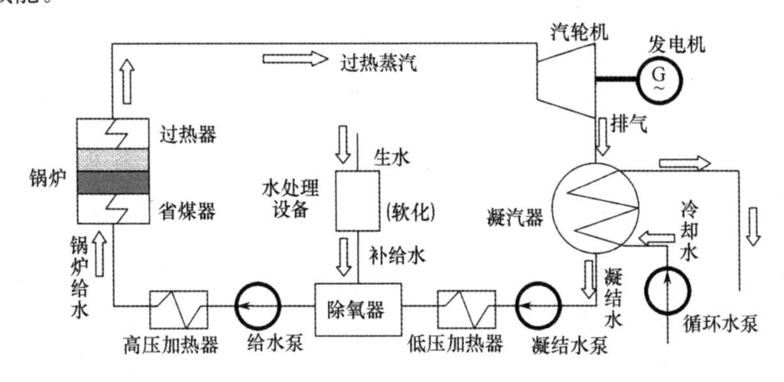

图 3-4　汽水系统流程图

汽轮机是以蒸汽为工质，将热能转变为机械能的高速旋转式原动机。汽轮机本体由三个部分组成。

① 转动部分：由主轴、叶轮、动叶栅、联轴器及其他装在轴上的零件组成；

② 静止部分：由汽缸、喷嘴隔板、隔板套、汽封、静叶片、滑销系统、轴承和支座等组成；

③ 控制部分：由自动主汽门、调速汽门、调节装置、保护装置和油系统等组成。

来自锅炉的蒸汽进入汽轮机后，依次经过一系列环形配置的喷嘴和动叶，将蒸汽的热能转化为汽轮机转子旋转的机械能。蒸汽在汽轮机中，以不同方式进行能量转换，便构成了不同工作原理的汽轮机。按热力特性，汽轮机可分为：凝汽式、供热式、背压式、抽汽式和饱和蒸汽汽轮机等类型。凝汽式汽轮机排出的蒸汽流入凝汽器，排汽压力低于大气压力，因此具有良好的热力性能，是最为常用的一种汽轮机。

水在锅炉中被加热成蒸汽，经过热器进一步加热后变成过热的蒸汽，再通过主蒸汽管道进入汽轮机。由于蒸汽不断膨胀，高速流动的蒸汽推动汽轮机的叶片转动从而带动发电机发电。

在汽轮机内做功后的蒸汽，其温度和压力大大降低，释放出热势能的蒸汽称为乏汽，从汽轮机下部的排汽口排出，最后排入凝汽器并被冷却水冷却成为凝结水，由凝结水泵打至低压加热器中加热，再经除氧器除氧并继续加热。由除氧器出来的水称为锅炉给水，经给水泵升压和高压加热器加热，最后送入锅炉汽包，继续进行热力循环。

在汽水循环过程中难免有汽水损失,因此要不断地向循环系统内补充经过化学处理的软化水,以保证循环的正常进行。高、低压加热器是为提高循环的热效率所采用的装置,除氧器是为了除去水含的氧气以减少对设备及管道的腐蚀。

为了将汽轮机中做功后排入凝汽器中的乏汽冷凝成水,需由循环水泵从凉水塔抽取大量的冷却水送入凝汽器,冷却水吸收乏汽的热量后再回到凉水塔冷却,冷却水是循环使用的。

(3) 电气系统

发电厂的电气系统,包括发电机、励磁装置、厂用电系统和升压变电所等,如图3-5所示。在电力系统中,几乎所有的发电机都属同步发电机,发电机要发出电来,除了需要原动机带动其旋转外,还需要给转子绕组输入直流励磁电流,建立旋转磁场。供给励磁电流的电路,称为励磁系统,包括励磁机、励磁调节器及控制装置等。

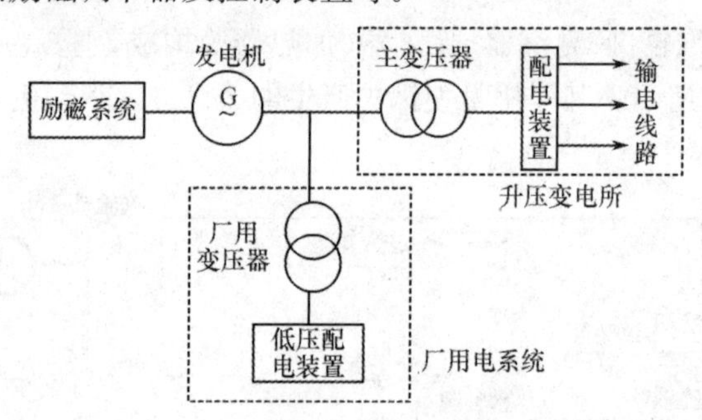

图3-5 电气系统示意图

发电机的机端额定电压在10～20kV之间。发电机发出的大部分电能,由主变压器升压后,经高压配电装置、输电线路送入电网。其中一小部分由厂用变压器降低电压,经厂用配电装置,通过电缆供给水泵、送风机、磨煤机等各种辅机和电厂照明等设备用电,这部分电能称为厂用电,约占发电机容量的4%～8%。

我国以燃煤为主要动力资源,发电用原煤是煤炭消费总量的一半。从多年来发电量构成来看,燃煤发电在总发电量中的比例一直在80%左右,据预测,到2020年,这一比例不会低于60%。火力发电一方面为社会可持续发展和物质进步提供着动力保障;另一方面,这种以煤为主的能源消费结构特点,造成了严重的环境污染和能源利用效率低等多方面的问题,成了能源可持续发展亟待解决的问题。我国将面临着经济和社会可持续发展的重大挑战,在有限的资源和严格的环保要求下,节约资源和环境保护将是电力技术发展的总体趋势。因此,必须采用新技术提高资源的转化效率和利用率,同时减少、收集和处置好电力生产过程中产生的SO_x、NO_x、CO_2、烟尘和废水,发展清洁煤发电势在必行。

一方面,要提高煤这种高碳资源的发电效率,发展高能效的超临界、超超临界燃煤发电机组,淘汰大量高耗能高污染的小机组,安装脱硫装置,并且积极发展热电联产等,以减少排放,提高能源的综合利用率。

另一方面,要大力发展以煤气多联产技术和整体煤气化联合循环发电技术(IGCC)为代表的清洁煤发电技术。

煤气多联产技术既可以发电,又可以做城市供热,还可以给城市居民供应生活热水,同时可以生产甲醇、二甲醚等工业原料,还可以把其中的一部分二氧化碳变为资源重新加以利用,可以说是一举多得。

IGCC就是把煤炭气化,然后用煤气来发电,不仅清洁而且发电效率也比较高,同时煤炭气化以后还可以把煤炭中的有害物质过滤出来。它能实现98%以上的污染物脱除，并可回收高纯度的硫，粉尘和其他污染物在此过程中一并被脱除。

IGCC是将固体煤的气化、净化与燃气—蒸汽联合循环发电相结合的清洁高效发电技术，具有高效发电和低排放的突出优势，将成为煤电未来主流机型之一。

3.2.2　水力发电

水能也称水力，是天然水流能量的总称，通常专指陆地上江河湖泊中的水流能量。自然界的水因受重力作用而具有位能，因不断流动而具有动能。水能属于再生能源，价廉、清洁，可用于发电或直接驱动机械做功，是可再生能源中利用历史最长，技术最成熟，应用最经济也最广泛的能源。我国幅员辽阔，河川纵横，是世界上水力资源丰富的国家之一，水力资源的蕴藏量达6.8亿千瓦，约占世界的1/6，居世界第一位，可能开发的容量约4亿千瓦，年发电量1～2万亿千瓦时左右。

水电的清洁可再生能源的地位是得到全世界公认的。因为目前世界上正在发挥着可再生能源作用的能源，主要还是水电。由于西方发达国家的水能资源基本上已经开发殆尽，他们开发可再生能源的方向只能集中在风能、太阳能等新能源上，而不再包括开发水电。相反，对于中国和一些发展中国家，水利电力的开发程度还很低，所以还有大量的水能资源等待开发。

目前我国水能开发程度约为经济可开发的30%以上，技术可开发的20%以上，而发达国家这一比例已达70%～90%，在我国，大力发展水电大有可为。

水能的基本要素是流量、水头。水力发电是利用江河水流从高处流到低处存在的位能进行发电。当江河的水由上游高水位，经过水轮机流向下游水位时，以其流量和落差做功，推动水轮机旋转，带动发电机发出电力。水轮发电机发出的功率P与上下游水位的落差（即水头）H和单位时间流过水轮机的水量（即流量）Q成正比，用公式表示为$P=9.81\eta HQ$，η为引水系统水轮机和发电机的总效率，一般$\eta\leqslant1.0$。

水电站由水工建筑物、厂房、水轮发电机组，以及变电站和送电设备组成。按集中落差方式的不同，水电站可区分为堤坝式、引水式、混合式和抽水蓄能电厂。

堤坝式水电站可按水电站厂房所处位置的不同，分为坝后式、河床式和岸边式；引水式水电站是在有高落差的河道修建引水工程，将水流的落差集中用来发电；混合式水电站的发电落差，一部分靠大坝蓄水提高水位，获得落差，一部分利用地形修建引水工程集中落差。

抽水蓄能水电站既可蓄水又可发电。低谷负荷时，机组以电动机—水泵方式工作，将下游的水抽至上游水库存储起来；系统高峰负荷来到时，机组以水轮机—发电机方式工作，满足调峰需要。

抽水蓄能是电力系统最可靠、最经济、寿命周期最长、容量最大的储能手段，具有优越的调峰填谷、调频、调相、事故备用、黑启动等功能，在电网中的作用与地位日趋显著，对电网的安全稳定运行起到至关重要的作用，同时抽水蓄能电站促进了无调峰作用的风电及光伏发电的大规模并网，有利于节能减排及可持续发展。

梯级水电站，是指一条河流梯级开发中的每一个水电站，也称梯级工程。为了充分利用河流水能资源，一般在江河流域规划中，从河流或河段的上游到下游，修建一系列呈阶梯形的水电站，这是开发利用河流水能资源的一种重要方式。各个梯级水电站组成了河流或河段的梯级水电开发。

我国三峡水电站是目前世界上最大的水电站（图3-6），左岸、右岸电站共安装26台70万千瓦的大型水轮发电机组,总装机容量1820万千瓦,从2003年开始到2009年,26台机组陆续发电。三峡电站的强大电力以500kV交流输电线路和500kV直流输电线路送出,湖北、河南、湖南、江西、上海、江苏、浙江、广东、安徽等8省1市为三峡水电站供电区域。

图3-6　长江三峡水电站全景

3.2.3　核能发电

核能包括重核的裂变能和轻核的聚变能。重核的裂变能是指铀、钚等重元素的原子核发生链式裂变核反应时释放出的巨大能量。

核电站使用的燃料称为"核燃料"。核燃料含有易裂变物质铀-235。核能发电就是利用受控核裂变反应所释放的热能,将水加热为蒸汽,用蒸汽冲动汽轮机,带动发电机发电。

核电站由核岛(主要包括反应堆、蒸汽发生器)、常规岛(主要包括汽轮机、发电机)和配套设施组成。核电站与一般电厂的区别主要在于核岛部分。

核能的特点是能量高度集中。1吨铀-235在裂变反应所放出的能量约等于1吨标准煤在化学反应中放出能量的240万倍。一座100万千瓦的核电站每年只需要补充30吨左右的核燃料,而同样规模的烧煤电厂每年要烧煤300万吨。从1954年原苏联建成世界上第一座核电站开始,全球已有近500座核电站在26个国家运行,发电量占全世界的20%左右。核电之所以能成为重要的能源支柱之一,是由它的安全性、运行稳定、寿期长和对环境的影响小等优点所决定的。大部分核电发达国家的核能发电比常规能源发电更为经济。

核电发展比较领先的地区是那些缺乏煤、石油和天然气,以及水力资源的地区,如法国、比利时、韩国、日本等。我国东南部沿海等地区远离煤炭生产基地,电力需求增长快,经济发达,发展核电具有十分重要的现实意义。我国自行设计制造的第一座核电站一秦山核电站(图3-7)和引进设备的大亚湾核电站已分别于1993年和1994年投入运行,结束了我国无核电的历史。

轻核的聚变能是指两个轻原子核聚合成一个较重原子核所释放出来的能量,常用的核聚变燃料是氢、氘和氚,氘、氚都是氢的同位素。目前人类已经可以实现不受控制的核聚变,如氢弹的爆炸。核聚变能具有较核裂变能更高的能量密度,更为清洁和安全。单位质量的氘聚变时放出的能量约为单位质量的铀-235裂变时放出能量的4倍,地球上的氘足够人类使用1000亿年以上。

轻核聚变能是一种非常理想的可供人类长期使用的潜在能源,受控热核聚变是当前科学界正积极探索的一项重大课题,它的成功将为人类找到一条有效的长期稳定的能源供应途径。

图 3-7 秦山核电站

核电站工作原理:利用核能发电的核电站包括一回路和二回路等系统,工作原理如图 3-8 所示。核燃料在反应堆中进行核裂变的链式反应,产生大量热量,由冷却剂(水或蒸汽)带出,在蒸汽发生器中把热量传给水,将水加热成蒸汽来推动汽轮机发电,冷却剂把热量传给水后,再由泵把它打回反应堆里吸热,循环使用,不断地把反应堆中释放的原子能引导出来。核电站通常承担日负荷曲线的基荷。

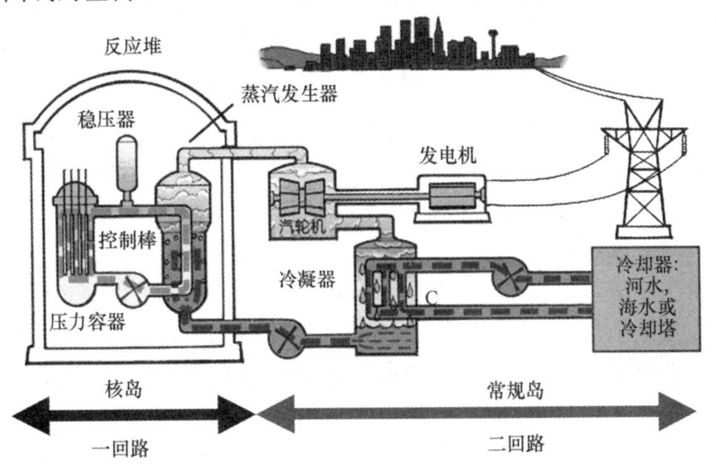

图 3-8 核电站一般工作原理

反应堆中以高压水或重水等作为慢化剂和冷却剂,目前世界上核电站常用的反应堆有压水堆、沸水堆、重水堆和改进型气冷堆以及快堆等。但用的最广泛的是压水反应堆。压水反应堆是以普通水作冷却剂和慢化剂,它是从军用堆基础上发展起来的最成熟、最成功的动力堆堆型。目前世界上共有 400 余座核电站运行,压水堆核电站占 60%以上。图 3-9 所示是核电站反应堆控制棒,图 3-10 是反应堆换料过程。

为了确保压水反应堆核电厂的安全,从设计上采取了最严密的纵深防御措施,共有 4 道屏障:

① 裂变产生的放射性物质 90%滞留于燃料芯块中;

② 密封的燃料包壳;

③ 坚固的压力容器和密闭的回路系统;

④ 能承受内压的安全壳。

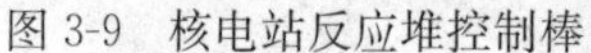

图 3-9　核电站反应堆控制棒

图 3-10　核电站反应堆换料

在出现可能危及设备和人身的情况时,有多重保护功能确保安全:

① 进行正常停堆;

② 因任何原因未能正常停堆时,控制棒自动落入堆内,实行自动紧急停堆;

③ 因任何原因控制棒未能插入,高浓度硼酸水自动喷入堆内,实现自动紧急停堆。

历史上的二次严重核泄漏事故:

① 切尔诺贝利核事故。1986 年 4 月 26 日发生在乌克兰苏维埃共和国境内的普里皮亚季市,该电站第 4 发电机组爆炸,核反应堆全部炸毁,大量放射性物质泄漏,成为核电时代以来最大的事故。有关人员玩忽职守、粗暴违反工艺规程是造成事故的主要原因,同时,反应堆的结构有缺陷,采用第一代石墨水冷堆技术,没有安全壳,缺乏安全性。

② 福岛核事故。2011 年 3 月 11 日,日本发生 9.0 级地震并引发高达 10 米的强烈海啸,导致东京电力公司下属的福岛核电站一、二、三号运行机组紧急停运,反应堆控制棒插入,机组进入次临界的停堆状态。在后续的事故过程当中,因地震的原因,导致其失去场外交流电源,紧接着因海啸的原因导致其内部应急交流电源(柴油发电机组)失效,从而导致反应堆冷却系统的功能全部丧失并引发事故。

即使发生过几次事故,历史仍然可以证明核电是种十分安全的能源。事实上自前苏联切尔诺贝利核电站和美国三里岛核电站(1979 年 3 月 28 日二号堆发生事故)两次核事故后,各核电国家加强安全措施和安全管理,加上核电技术的改进和成熟,核电站运行更加安全可靠。

我国核电发展虽然进展显著,但距世界水平仍有很大的差距。目前全球核电占电能的比重平均为 17%,已有 17 个国家核电在本国发电量中的比重超过 25%。而我国核发电量占总量却不到 2%,远不到世界平均水平,从长远发展角度来看,我国的核能发电潜力巨大。

3.2.4　新能源发电

1. 风力发电

风力发电就是将空气流动的动能转变为电能。风能是由于太阳辐射造成地球各部分受热不均匀,引起大气层中的压力不平衡而使空气运动形成风所携带的能量。风能是一种可再生的清洁能源,储量大、分布广,但能量密度低,并且不稳定,是一种间歇性的自然能。风能主要用于发电、提水、制热和航运。风中含有的能量比人类迄今所能控制的能量高得多,全球可实际利用风能十分可观,比地球上可开发利用的水能总量还要大 10 倍。

目前,风能的利用主要是发电,风力发电在新能源和可再生能源行业中增长最快,由于风电技术相对成熟,使风电价格不断下降,若考虑环保和地理因素,加上政府税收优惠和相关支持,在有些地区可与火电等能源展开竞争。我国风能资源丰富,理论储量约 32 亿千瓦,可开发和利用的陆地上风能储量有2.53亿千瓦，近海可开发和利用的风能储量有7.5亿千瓦，共计约10亿千瓦，居世界首位，具有商业化、规模化发展的潜力。

一般说来，3级风就有利用的价值。但从经济合理的角度出发，风速大于4m/s才适宜于发电。我国绝大多数地区的平均风速都在3m/s以上，风能最佳区包括：东南沿海、山东半岛、辽东半岛及海上岛屿；内蒙古、甘肃北部；黑龙江南部、吉林东部。风能较佳区有：西藏高原中北部、三北北部、东南沿海(离海岸线20～50km)。风能可利用区还有：两广沿海、大小兴安岭山区、东起辽河平原向西，过华北大平原经西北到最西端，左侧绕西藏高原边缘部分，右侧从华北向南面淮河、长江到南岭。在这些地区，发展风力发电是很有前途的。图3-11是新疆达阪城风力发电场运行中的风力发电机组。

图3-11　新疆达阪城风力发电场

自2006年《可再生能源法》颁布实施以来，我国风电发展进入快车道，2007年以前，我国的风电装机占总装机的比例一直低于1%，2008年以来终于占到1.5%的水平。“十一五”期间连续五年实现翻番增长，并于2010年底超越美国成为世界第一风电大国，此后全国每年投产风电1500万千瓦左右，继续保持全球领先地位。截至2014年6月底，全国风电并网装机容量为8277万千瓦，占全国总装机容量的6.2%，是继火电、水电之后的第三大主力电源。

风电作为国际上公认的技术最成熟、开发成本最低、最具发展前景的可再生新能源，必将推动我国能源生产和消费革命，是建设生态文明和美丽中国的重要保障。

自然风存在日夜变化性的显著特点，风力发电具有反调峰的特性，在夜晚用电负荷处于低谷的时段，往往风能资源却较为丰富，风电并网出力较大。但电网调峰主要靠火电机组和抽水蓄能电站实现，深度调峰煤耗太高，负荷跟踪能力也较差，尤其在北方冬季的供热期，供热机组必须保持正常出力不能参与调峰，当发电规模超过了电网所能承受的范围时，电网只能限制风电场机组暂停发电，弃风不用。

弃风造成了风资源的浪费和风电企业的经济损失，已成为困扰我国风电产业健康发展的一大瓶颈，需要各方面通力合作，通过政策引导和技术进步推动风电大规模并网。

空气动力学的基本原理：一块叶片放在流动的空气中会受到气流对它的作用力，我们把这个力分解为阻力与升力。根据流体力学的伯努利原理，上方气体压强比下方小，叶片就受到向上的升力作用。当叶片与气流方向有夹角(该角称攻角或迎角)时，随攻角增加升力会增大，阻力也会增大，平衡这一利弊，一般说来攻角为8°～15°较好。超过15°后叶片上方气流会发生分离,产生涡流,升力会迅速下降,阻力会急剧上升,这一现象称为失速。

升力型风力发电机是利用空气流过叶片产生的升力作为驱动力的,而阻力型风力发电机主要是利用空气流过叶片产生的阻力作为驱动力的。

风力发电机组分类:

(1) 按风轮桨叶分类

失速型:高风速时,因桨叶形状或因叶尖处的扰流器动作,限制风力机的出转矩与功率。

变桨型:高风速时,调整桨距角,限制输出转矩与功率。

(2) 按风轮转速分类

定速型:风轮保持一定转速运行,风能转换率较低,与恒速发电机对应。

变速型:包括双速型和连续变速型。前者可在两个设定转速下运行,改善风能转换率,与双速发电机对应;后者连续可调,可捕捉最大风能功率,与变速发电机对应。

(3) 按传动机构分类

升速型:用齿轮箱连接低速风力机和高速发电机,可减小发电机体积重量。

直驱型:将低速风力机和低速发电机直接连接,可避免齿轮箱故障。

(4) 按发电机分类

异步型:分为笼型单速异步发电机、笼型双速变极异步发电机及绕线式异步发电机。

笼型异步风力发电机系统成本低、可靠性高,在定速和变速全功率变换风力发电系统中发挥重要作用。

双馈异步风力发电机是一种绕线式异步发电机,其定子绕组直接与电网相连,转子绕组通过变频器与电网连接,转子绕组电源的频率、电压、幅值和相位按运行要求由变频器自动调节,机组可以在不同的转速下实现恒频发电。该系统具有较高的性价比,特别适合于变速恒频风力发电,是风电市场上的主流产品之一。

同步型:有电励磁同步发电机和永磁同步发电机之分。直驱型同步风力发电机及其变流技术发展迅速,利用新技术可使低速发电机的体积和重量大幅下降。

(5) 按并网方式分类

并网型:直接或间接并入电网,可省去储能环节。

离网型:需要配备储能环节,也可与柴油发电机、光伏发电系统并联运行。

(6) 按功率调节方式分类

定桨距型(失速型):定桨距是指桨叶与轮毂的连接是固定的,桨距角固定不变。即当风速变化时,桨叶的迎风角度不能随之变化。在额定风速以内,叶片的升力系数和风能利用系数较高,当风速超过额定值时,气流的攻角增大到失速条件,使桨叶的表面产生涡流,效率降低,叶片进入失速状态,致使叶片升力不再增加,限制了发电机的功率输出。失速调节简单可靠,使控制系统大为简化。缺点是叶片结构工艺复杂,成本高,启动性能差,大功率机型的叶片加长,刚度减弱,失速动态性能不易控制。

变桨距型:是指安装在轮毂上的叶片可通过变距伺服系统改变其桨距角的大小,使叶片剖面的攻角发生变化来迎合风速变化,以适应风力机各种工作情况下的功率、转速的调整。从而在低风速时能够更充分利用风能,具有较好的气动输出性能;而在高风速时,又可通过改变攻角的角度来降低叶片的气动性能,使高风速区叶片功率降低,达到调速限功的目的。优点是桨叶受力较小,桨叶较为轻巧。桨距角可以随风速的大小而进行自动调节,因而能够尽可能多的吸收风能转化为电能,同时在高风速段保持功率平稳输出。缺点是变距伺服监控驱动系统结构比较复杂，故障率相对较高。

(7) 按风轮轴线安装角度分类

水平轴风力发电机：风轮轴线安装位置与水平夹角不大于15°，可分为升力型和阻力型两类。升力型旋转速度快，阻力型旋转速度慢。对于风力发电，水平轴风力机是当今普遍应用、推广的机型。中小型风力发电机为运行平稳多选用三叶片结构，兆瓦级风力发电机由于造价因素多选用二叶片结构。大多数水平轴风力发电机具有对风装置，能随风向改变而转动。对小型风力发电机，这种对风装置采用尾舵，而对于大型风力发电机，则利用风向传感元件及伺服电动机组成的传动装置。图3-12是水平轴风力发电机结构示意图。

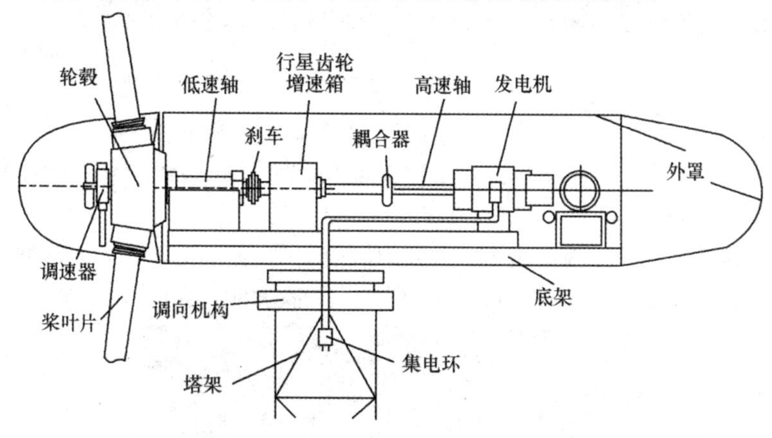

图3-12 水平轴风力发电机结构示意图

垂直轴风力发电机：风轮轴线安装位置与水平面垂直，主要分为阻力型和升力型。由于叶片在旋转过程中，随着转速的增加阻力急剧减小，而升力反而会增大，所以升力型的垂直轴风力发电机的效率要比阻力型的高很多。

垂直轴风力发电机不需尾翼和偏航系统来驱动桨叶，发电机和变速箱能安装在地上，易于维护和维修，塔架设计简单。缺点：功率小，总体效率较低，过速时的速度控制困难，难以自动启动。新型垂直轴风力发电机处于不断探索之中。

2. 太阳能发电

太阳能是指太阳内部高温核聚变所释放的辐射能，是取之不尽用之不竭的清洁的能源。被大气层吸收和地球表面截获的太阳能约有相当于12×10^{13}kW的能量，为目前全世界能源消费总量的两万倍。

我国幅员广阔，从地理位置和气候条件来看，大部分地区有非常良好的日照条件，有异常丰富的太阳能资源，理论储量达每年17000亿吨标准煤。

太阳能具有以下两大特点：一是聚集性差，太阳辐射功率密度低，但分布广泛，集中使用要求占用较大面积，特别适宜在广大农村和边远地区分散使用；二是太阳能属于间歇性能源，其利用受季节和气候变化的影响，这就要求设计太阳能发电系统必须考虑储能系统，或与其他能源匹配互补供能，以满足用户的负荷需要。图3-13是西藏羊八井100kW高压并网光伏示范电站外景。

太阳能发电主要有两种方式：

太阳能光伏发电是利用光电效应把太阳能直接转化为电能，太阳能电池由单晶硅、多晶硅或非晶硅薄膜制成，其本身重量轻，无活动部件，使用安全，也可大型化，但光电转换效率尚不

图 3-13　西藏羊八井 100kW 高压并网光伏示范电站

够高,大型设备价格昂贵。将太阳能电池排成方阵,其总面积决定所需的功率。

太阳能热力发电与传统热机相同,只增加了集热、热传输、蓄热和热交换系统。在目前条件下,虽然比光伏发电便宜,但成本还较高。

太阳能光伏发电系统由太阳能电池组、太阳能控制器、蓄电池组成,如图 3-14 所示。如输出电源为交流 220V 或 110V,还需要配置逆变器。各部分的作用为:

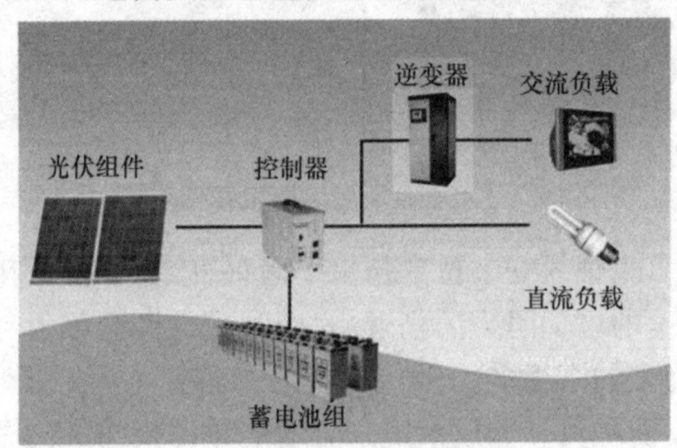

图 3-14　太阳能光伏发电系统示意图

太阳能电池板:太阳能电池板是太阳能发电系统中的核心部分,也是太阳能发电系统中价值最高的部分。其作用是将太阳的辐射能转换为电能,或送往蓄电池中存储起来,或推动负载工作。太阳能电池板的质量和成本将直接决定整个系统的质量和成本。

太阳能控制器:太阳能控制器的作用是控制整个系统的工作状态,并对蓄电池起到过充电保护、过放电保护的作用。在温差较大的地方,合格的控制器还应具备温度补偿的功能。其他附加功能如光控开关、时控开关都应当是控制器的可选项。

蓄电池组:一般为铅酸电池,微小型系统中,也可用镍氢电池、镍镉电池或锂电池。其作用是在有光照时将太阳能电池板所发出的电能储存起来,到需要的时候再释放出来。

逆变器:在很多场合,都需要提供 220V、110V 的交流电源。由于太阳能的直接输出一般都是直流 12V、24V、48V。为了能向 220V 的电器提供电能,需要将太阳能发电系统所发出的直流电能转换成交流电能,因此需要使用 DC-AC 逆变器。在某些场合,需要使用多种电压的负载时,也要用到 DC-DC 逆变器,如将直流 24V 的电能转换成直流 5V 的电能。

未与公共电网相连接,独立供电的太阳能光伏电站称为离网光伏电站,主要应用于远离公共电网的无电地区和一些特殊场所;与公共电网相连接且共同承担供电任务的太阳能光伏电站称为并网光伏电站,它使太阳能光伏发电进入大规模商业化发电阶段,是当今世界太阳能光伏发电技术发展的主流趋势。

进入21世纪以来,太阳能光伏产业已成为当今世界备受关注的新兴产业之一。光伏发电不需要燃料,无二氧化碳排放,属于“绿色”产业,具有无污染、安全、长寿命、维护简单、资源永不枯竭和资源分布广泛等特点,被认为是21世纪重要的新能源,可广泛应用于航天、通信、能源、农业、办公设施、交通以及住宅等领域。太阳能光伏产业发展的核心问题是技术创新,关键环节是扩大应用。

2010年上海世博会所采用的太阳能光伏建筑一体化(BIPV)工程创下历届世博会之最,中国馆、主题馆、世博中心和城市未来馆等4座标志性建筑上都采用了BIPV技术。上海世博会上光伏建筑的太阳能发电规模达到4.68 MW,年均发电可达406万千瓦时,减排二氧化碳总质超过3400吨。图3-15是世博会主题馆BIPV效果图,在屋面铺设了面积约26000m^{2}的多晶硅光伏组件,面积巨大的太阳能电池板使主题馆的装机容量达到2825千瓦。

图3-15　上海世博会主题馆BIPV效果图

3. 地热发电

地热能是储存于地球内部的岩石和流体中的热能。地球内部包含着巨大的热量,由于这一热量的影响,地球表层以下的温度随深度逐渐增高,大部分地区每深入100m,温度增加3℃,以后其增长速度又逐渐减慢,到一定深度就不再升高,估计地核的温度在5000℃以上。

地热能属于不可再生的一次能源,具有以下特点:一是资源极为丰富。二是受地理位置、地质条件等因素的影响很大,在各国、各地区呈离散型分布。三是除用以发电外,还可综合利用。四是由于某些技术上的原因,至今尚不能廉价获取。现在能控制利用的地热能主要是地下热水、地热蒸汽和热岩层。我国地热资源丰富,分布广泛。其中盆地型地热资源潜力在2000亿吨标准煤当量以上,但温度偏低,可以用来发电的主要集中在西藏和滇西一带。图3-16是羊八井地热电站外景,这是我国自行设计建设的第一座商业化的、装机容量最大的高温地热电站,位于西藏自治区当雄县境内,总装机容量为25.18MW,年发电量约达1亿千瓦时,是拉萨电网的主力电源。

4. 海洋能发电

海洋能是指蕴藏在海洋中的可再生能源,包括潮汐能、波浪能、潮流能(海流能)。海洋温差能和海水盐度差能等。其中前三种是机械能,海洋温差能是热能,海水盐度差能是渗透压

图 3-16　羊八井地热电站

能。海洋能用于发电有海流发电、海洋温差发电、波浪发电和潮汐发电等几种方式。我国大陆海岸线全长 18400 多千米。拥有 6500 多个大小岛屿,岛屿海岸线长达 14000 多千米。据初步估算,我国海洋能的蕴藏量约为 6.3 亿千瓦。

海洋能的特点是能量密度低,总蕴藏量大。能在同一地点进行综合利用,目前成熟的只有潮汐发电,其优点是成本低。

潮汐能是指海水潮涨和潮落形成的水的势能,多为 10m 以下的低水头,平均潮差在 3m 以上就有实际应用价值。潮汐发电就是在海湾或有潮汐的河口建筑一座拦水堤坝,形成水库,并在坝中或坝旁放置水轮发电机组,利用潮汐涨落时海水水位的升降,使海水通过水轮机时推动水轮发电机组发电。

我国蕴藏丰富的潮汐资源,目前我国潮汐电站总装机容量已有 1 万多千瓦。其中以浙江省江厦潮汐电站最大(图 3-17),容量为 3200 千瓦。

图 3-17　浙江江厦潮汐电站

5. 生物质能发电

生物质能是蕴藏在生物质中的能量,是绿色植物通过叶绿素将太阳能转化为化学能而贮存在生物质内部的能量。

生物质能一直是人类赖以生存的重要能源,仅次于煤炭、石油和天然气之后,居于世界能源消费总量第四位,在整个能源系统中占有重要地位。推广生物质能发电事业,扩大能源生产方式,开发利用生物质能等可再生的清洁能源,对实现我国能源可持续发展,促进国民经济发展和环境保护具有重大意义。

生物质发电是利用农作物秸秆、果树枝、林业加工废弃物、城市和工业有机废弃物、禽畜粪便等燃烧发电的技术。生物质可再生能源具有资源分布广、环境影响小、可永续利用等优点，是我国能源发展的重要战略。

生物质是二氧化碳零排放的可再生燃料。此外，生物质中的硫含量较低，生物质能发电也相对减少二氧化硫的排放。图3-18是生物质能发电原理示意图。

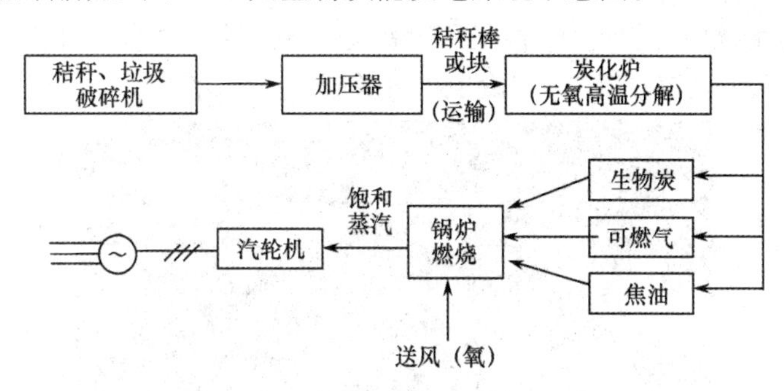

图3-18　生物质能发电原理示意图

3.3　现代电网技术

3.3.1　电能传输与分配

各种类型的发电厂发出的电力通过输电和配电环节才能将其送给电力用户使用。输电是将发电厂发出的电能通过高压输电线路输送到消费电能的负荷中心，或进行相邻电网之间的电力互送，使其形成互联电网或统一电网，以保持发电和用电或两个电网之间供需平衡。输电方式主要有三相交流输电和直流输电两种。配电是在消费电能的地区接受输电网受端的电力，然后进行再分配，输送到城市、郊区、乡镇和农村，并进一步分配和供给工业、农业、商业、居民，以及特殊需要的用电部门。配电几乎都是采用三相交流配电方式。

输电和配电都包括变电站、线路等设施。所有输电设备连接起来组成输电网，从输电网到用户之间的配电设备组成的网络，称为配电网。它们有时也称为输电系统和配电系统。输电系统和配电系统再加上发电厂和用电设备称为电力系统。输电网和配电网统称为电网，是电力系统的重要组成部分。

接入电网的各种电力设备均有各自的额定电压，它们构成整个电网的电压等级。关于电压的几个常用术语如下：

系统标称电压(nominal system voltage)：用以标志或识别系统电压的给定值。

供电电压(supply voltage)：供电点处的线电压或相电压。

用电电压(utilization voltage)：设备受电端的线电压或相电压。

设备的额定电压(rated voltage of equipment)：通常由制造厂家确定，用以规定元件、器件或设备的额定工作条件的电压。

电力网络中各点的实际运行电压容许在一定程度上偏离标称电压，在这一容许偏离范围内，各种电力设备以及电力网络本身仍能正常地运行。

我国国家标准GB/T156—2007《标准电压》中规定的标称电压大于1kV的交直流系统及

相关设备标准电压等级如下：

(1) 三相交流系统：3(3.3)、6、10、20、35、66、110、220、330、500、750、1000kV。其中，前面两组数值不得用于公共配电系统，括号中的数值为用户有要求时使用，所有数值均为线电压。

(2) 高压直流系统：±500、±800kV。

3.3.2　变电站

变电站是电力系统中变换电压、接受和分配电能、控制电力的流向和调整电压的电力设施，图3-19是运行人员在巡视500 kV变电站开关场。

图3-19　500 kV变电站外景

在电力系统中，一次设备是指直接用于生产、输送和分配电能的生产过程的高压电气设备。它包括发电机、变压器、断路器、隔离开关、自动开关、接触器、刀开关、母线、输电线路、电力电缆、电抗器、电动机等。

二次设备是指对一次设备的工作进行测量、监视、控制、保护的电气设备。如测量仪表、继电器、低压熔断器、控制开关、按钮、自动装置、计算机、信号设备、控制电缆等。

变电站有下列主要电气设备：

(1) 变压器—起变换电压作用

变压器是变电站的主要设备，分为双绕组变压器、三绕组变压器和自耦变压器。变压器按其作用，可分为升压变压器和降压变压器，前者用于电力系统送端变电站，后者用于受端变电站。

(2) 开关设备—起接通和断开电路作用

由第2章的相关内容可知，开关设备包括断路器、隔离开关、自动空气开关、接触器、电磁开关、闸刀开关等。在我国，220kV以上变电站使用较多的是空气断路器和六氟化硫断路器。

高压断路器有灭弧装置，正常运行时根据调度指令，可靠地接通或断开工作电路；当系统中发生故障时，在继电保护装置的作用下，断路器自动断开，隔离故障部分，以保证系统中无故障部分的正常运行。

隔离开关(刀闸)其主要作用是在设备或线路检修时隔离电压，以保证安全。它不能断开负荷电流和短路电流，应与断路器配合使用。

在停电时，应先拉断路器，后拉隔离开关；送电时，应先合隔离开关，后合断路器。如果误操作，将引起设备损坏和人身伤亡。

负荷开关能在正常运行时断开负荷电流，没有断开故障电流的能力，一般与高压熔断器配合用于10kV及以上电压且不经常操作的变压器或出线上。

（3）保护设备

高压熔断器是最简单的保护电器，它用来保护电气设备免受过载和短路电流的损害；按安装条件及用途选择不同类型高压熔断器如屋外跌落式、屋内式，对于一些专用设备的高压熔断器应选专用系列。

限制电流或过电压的设备有电抗器、避雷器、避雷针。此外，还有母线、电力电缆、绝缘子等，以及众多的二次设备。

在发电厂和变电站中，各种电气设备根据工作的要求和它们的作用，依一定次序用导线连接起来，具有发电、供电、配电、用电及保护控制综合作用的电路称电气接线。其中一次设备连成的电路称为一次电路，即电气主接线，一次电路中各设备元件按规定的图形符号表示的电路图称为一次电路图或主接线图。二次设备连成的电路称为二次电路或二次接线，其中各元件按规定的图形符号表示的电路图，称为二次接线图。

电气主接线的拟定，对电气设备的选择、配电装置的布置、继电保护和自动装置的确定、运行可靠性、经济性以及电力系统稳定性和调度灵活性都有着密切关系，所以确定主接线是设计和运行中一项重要而复杂的任务。

对电气主接线的基本要求：

主接线的设计必须首先符合国家有关技术经济政策、有关法规、规定和标准，同时满足：

① 供电可靠性；

② 灵活性；

③ 接线简单、清晰，操作维护方便；

④ 技术先进，经济合理；

⑤ 便于发展和扩建，水电站要考虑过渡。

电气主接线的分类：

电气主接线的基本单元回路是电源（发电机或变压器）和引出线，若将两者连接的结点扩展为长形导体，此导体便称为母线。母线在主接线中起着汇总电能和分配电能的作用。表3-1给出了电气主接线的主要类型，图 3-20 是双母线接线示意图。

表 3-1　电气主接线分类

电气主接线	有母线接线	不分段的单母线接线
		分段的单母线接线
		单母线分段带旁路接线
		不分段双母线接线
		分段双母线接线
		双母线带旁路接线
		双断路器双母线接线
		二分之三接线
	无母线接线	单元接线
		内桥接线
		外桥接线
		多角形接线

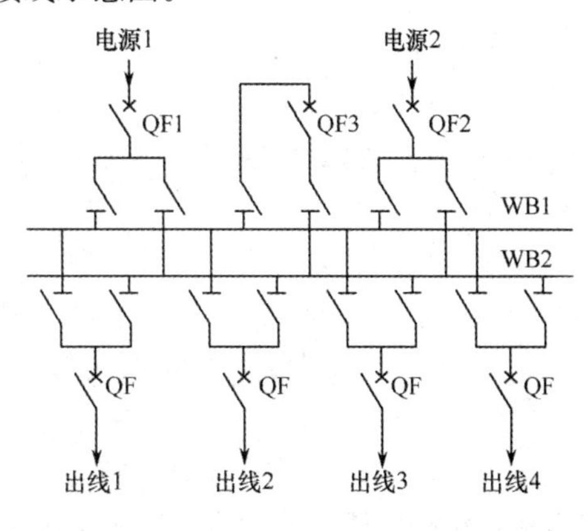

图 3-20　双母线接线示意图

具有母线的主接线有单母线和双母线两种，一般用于进出线回数较多的场合。其优点是便于扩建；缺点是母线一旦发生故障，将会造成其上连接的所有回路停电。

无母线的电气主接线包括单元接线，桥形接线，多角（边）形接线等几种形式。无母线接线的共同特点是接线简明、运行操作较方便，但进出线回路数不宜过多。

3.3.3　输电线路

电能的输送是在输电线路上进行的。输电线路有两种，一种是电力电缆，埋设于地下或敷设在电缆隧道中；另一种是架空线路，它一般使用无绝缘的裸导线，通过立于地面的杆塔作为支持物，将导线用绝缘子悬架于杆塔上。由于电缆价格较贵，目前大部分配电线路、绝大部分高压输电线路和全部超高压及特高压输电线路都采用架空线路，图 3-21 是某 500kV 输电线路，图 3-22 所示是电建人员正在舟山 370m 世界最高输电铁塔上施工。

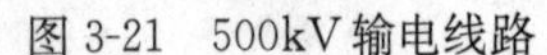

图 3-21　500kV 输电线路

图 3-22　舟山 370m 高输电铁塔施工图

架空线路主要由导线、避雷线(即架空地线)、杆塔、绝缘子和金具等部件组成。

导线的作用是传导电流，输送电能，类型有铝绞线(LJ)、钢芯铝绞线(LGJ)、轻型钢芯铝绞线(LGJQ)、加强型钢芯铝绞线(LGJJ)。为了防止电晕和减小线路电抗，220kV 以上线路常采用扩径导线、空心导线、分裂导线。

避雷线的作用是保护导线不受直接雷击，常采用钢绞线、铝包钢线。

杆塔的作用是支持导线和避雷线，并使之保持一定的安全距离，常见的有铁塔和钢筋混凝土杆。按用途可分为：直线杆塔、耐张杆塔、转角杆塔、终端杆塔、换位杆塔。

绝缘子的作用是使导线与杆塔间保持绝缘，针式绝缘子用于电压不超过 35kV 线路上，悬式绝缘子用于电压为 35kV 及以上的线路，瓷横担用于 35kV 及以下线路。

金具起悬挂、耐张、固定、防震、连接等作用，种类繁多，有悬垂线夹、耐张线夹、接续金具、防震金具等。

高压架空线路具有一定的宽度，线路以下的地面面积再向两侧延伸一定的距离所占有的范围称为线路走廊。走廊内不允许有高大建筑及高大植物出现。节省有限的土地资源，提高线路走廊的利用率，减少高压架空线路的走廊主要有两种办法：① 多回路同杆塔并架线路，即在同一杆塔架设多回线路；② 采用紧凑型架空输电线路。

送电线路的输送容量及输送距离均与电压有关，线路电压越高，输送距离越远。线路及系统的电压需根据其输送的距离和容量来确定，一般送电电压、容量、距离三者的大致关系如表 3-2 所示。

表 3-2　送电电压、容量、距离三者的关系

输电电压(kV)	35	110	220	330	500
输送容量(万 kW)	1～2	2～7	10～25	30～60	100～150
输送距离(km)	20～50	50～100	200～300	250～500	300～800

3.3.4 高压直流输电

输电系统经过一个世纪的演变，经历了直流传输－交流传输－交直流传输的发展过程，形成了交直流混合的现代电力系统。

历史上，输电方式最先是从直流输电开始的。1874年，在俄国彼得堡第一次实现了直流输电，输电电压仅100V。随着直流发电机制造技术的提高，到1885年，直流输电电压已提高到6kV。但要进一步提高大功率直流发电机的额定电压，存在着绝缘等一系列技术困难。由于不能直接给直流电升压，使得输电距离受到极大的限制，不能满足输送容量增长和输电距离增加的要求。

19世纪80年代末发明了三相交流发电机和变压器。1891年，在德国劳芬电厂安装了世界上第一台三相交流发电机，建成第一条三相交流输电线路。三相交流电的出现解决了远距离供电的难题，电力系统从此开始向大机组大电网的方向发展。此后，交流输电普遍地代替了直流输电。但是随着电力系统的迅速扩大，输电功率和输电距离的进一步增加，交流电遇到了一系列不可克服的技术困难。大功率换流器的研究成功，为高压直流输电突破了技术上的障碍，因此直流输电重新受到人们的重视。1933年，美国通用电器公司为布尔德坝枢纽工程设计出高压直流输电装置；1954年在瑞典，建起了世界上第一条远距离高压直流输电工程。之后，直流输电在世界上得到了较快的发展，现在直流输电工程的电压等级大多为±275～±500kV，国外投入商业运营的直流工程最高电压等级为±600kV（巴西伊泰普工程）。我国自主建设的四川－上海±800kV特高压直流输电示范工程，是世界上规划建设的电压等级最高、输送距离最远、容量最大的直流输电工程。起于四川宜宾复龙换流站，止于上海奉贤换流站，途经四川、重庆、湖南、湖北、安徽、浙江、江苏、上海等8省市，4次跨越长江，全线长1907km，额定电压±800 kV，额定电流4000A，额定输送功率6400M，最大连续输送功率7200MW。

在现代直流输电系统中，只有输电环节是直流电，发电系统和用电系统仍然是交流电。在输电线路的送端，交流系统的交流电经换流站内的换流变压器送到整流器，将高压交流电变为高压直流电后送入直流输电线路。直流电通过输电线路送到受端换流站内的逆变器，将高压直流电又变为高压交流电，再经过换流变压器将电能输送到交流系统。在直流输电系统中，通过控制换流器，可以使其工作于整流或逆变状态。

我国目前建成的高压直流输电工程均为两端直流输电系统。两端直流输电系统主要由整流站、逆变站和输电线路三部分组成，如图3-23所示。

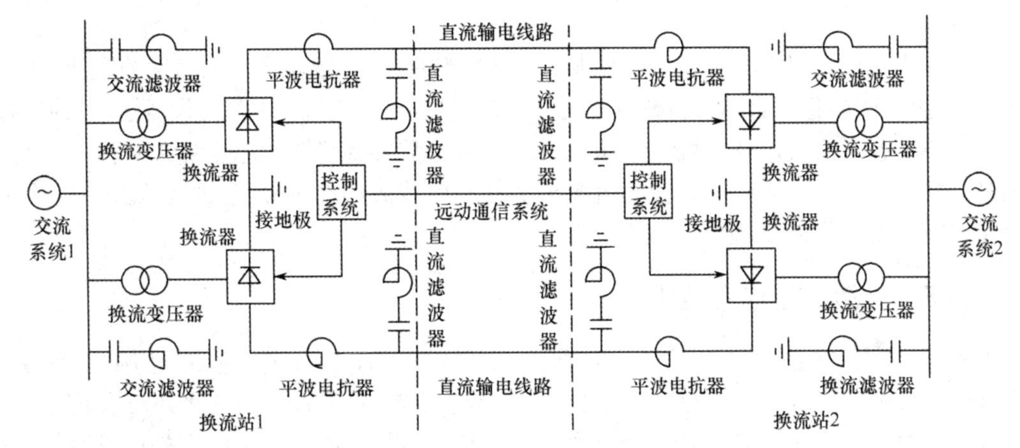

图3-23　两端直流输电系统示意图

两端直流输电系统可以采用双极和单极两种运行方式。

在双极运行方式中,利用正负两极导线和两端换流站的正负极相连,构成直流侧的闭环回路。两端接地极所形成的大地回路可作为输电系统的备用导线。正常运行时,直流电流的路径为正负两根极导线。实际上,它们是由两个独立运行的单极大地回路系统构成。正负两极在地中的电流方向相反,地中电流为两极电流之差。两极电流之差形成的电流为不平衡电流,由接地极导引入地。在双极运行时,不平衡电流一般控制在额定电流的1%之内。

单极运行方式又分为单极金属返回和单极大地返回两种运行方式。在单极金属返回运行方式中,利用两根导线构成直流侧的单极回路,直流线路中的一根导线用作正或负极导线,另一根用作金属返回线。在此运行方式中,地中无电流通过。在单极大地返回运行方式中,利用一根或两根导线和大地构成直流侧的单极回路。在该运行方式中,两端换流站均需接地,大地作为一根导线,通过接地极入地的电流即为直流输电工程的运行电流。

交流电的优点主要表现在发电和配电方面,交流发电机可以经济、方便地把其他形式的能量转化为电能;交流电可以方便地通过变压器升压和降压,这给电能的分配带来极大的方便。

直流电的优点主要在输电方面:

(1) 高压直流输电具有明显的经济性。直流输电线造价低于交流输电线路,但是换流站的造价和运行费用要比交流变电站高。架空线路等价距离约在640~960km,地下电缆线路的等价距离为56~90km,海底电缆线路的等价距离为24~48km,线路超过等价距离时,采用直流输电比采用交流输电经济。

(2) 直流输电不存在两端交流系统之间同步运行的稳定性问题,其输送能量与距离不受同步运行稳定性的限制。

(3) 线路电感为零,不产生无功功率损耗。无电容电流,不产生介质损耗,有利于电缆输电场合,如海底输电等。

(4) 用直流输电联网,便于分区调度管理,能限制系统的短路电流,有利于在故障时交流系统间的快速紧急支援和限制事故扩大。

(5) 两端直流输电便于分级分期建设及增容扩建,有利于及早发挥效益。

(6) 直流输电控制系统响应快速、调节精确、操作方便、能实现多目标控制。在高压直流输电工程中,各极是独立调节和工作的,彼此没有影响。

(7) 直流输电技术在开发利用新能源、新发电方式以及新储能方式等方面,也是一种十分有效的手段。

直流输电主要缺点是直流输电线路难于引出分支线路,一般认为三端以上的直流输电系统技术上难以实现,经济合理性待研究。另外,直流换流站比交流变电站的设备多、结构复杂、造价高、损耗大、运行费用高、对运行人员要求高。换流装置要消耗大量的无功功率,可控硅元件的过载能量较低。直流电流不像交流电流那样有电流波形的过零点,因此灭弧比较困难。同时在运行中要产生谐波,影响系统的运行。

3.3.5 灵活交流输电技术

柔性交流输电技术(FACTS)又称为灵活交流输电技术,它是美国电力专家N. G. Hingorani于1986年提出来,FACTS技术曾定义为“除了直流输电之外所有将电力电子技术用于输电的实际应用技术”。该新技术是现代电力电子技术与电力系统相结合的产物,对传统的交流输电系统进行重大技术革新。其主要内容是在输电系统的主要部位,采用具有单独或综合功能的电力电子装置，对输电系统的主要参数(如电压、相位差、电抗等)进行灵活快速的适时控制，以期实现输送功率合理分配，降低功率损耗和发电成本，大幅度提高系统稳定和可靠性。

FACTS 技术具有如下的优点：

① 在不改变现有电网结构的情况下，可以极大地提高电网的输电能力。

② 提高了系统的可靠性，快速性和灵活性。

③ 增强系统对潮流的控制能力。

④ 有很强的限制短路电流、阻尼振荡的能力，有助于提高系统暂态稳定性。

⑤ 对系统的参数既可断续调节又可连续调节。

随着电力电子技术的飞速发展，新的高电压、大功率的电力电子器件不断出现，为灵活交流输电技术的实现打下了坚实的基础。目前已成功应用的或正在开发研究的 FACTS 装置有十几种，如：静止无功补偿器(SVC)、可控串联电容补偿(TCSC)、静止同步补偿器 (STATCOM)、超导蓄能器(SMES)等。具体参见第 4 章中的相关论述。

3.4　供用电技术

3.4.1　电力负荷控制与需求侧管理

电力负荷，指耗用电能的用电设备或用户。根据电力用户的不同负荷特征，电力负荷可区分为各种工业负荷、农业负荷、交通运输业负荷和居民生活用电负荷等。

在电力系统中，各类负荷的运行特点和重要性都不一样，它们对供电的可靠性和电能质量的要求也各不相同。在满足负荷的供电可靠性前提下，为了节约投资，降低供电成本，可将电力负荷划分为三级，如表 3-3 所示。

表 3-3　电力负荷的分级及供电要求

负荷分级	负荷性质	供电要求
一级负荷	中断供电将： ① 造成人身伤亡； ② 在政治经济上造成重大损失； ③ 影响有重大政治、经济意义的用电单位的正常工作	应由两个独立电源供电： ① 来自两个发电厂 ② 来自两个地区变电所 ③ 市电＋自备发电机
	特别重要的负荷是指： ① 当中断供电将发生中毒、爆炸等灾难的负荷； ② 特别重要场所的不允许中断供电的负荷	还应增设应急电源： ① 自备发电机组 ② 独立于正常电源的专用馈电线路 ③ 不间断电源 UPS 或应急电源 EPS ④ 蓄电池组
二级负荷	中断供电将： ① 在政治上、经济上造成较大损失； ② 影响重要用电单位正常工作	宜由两回路电源供电
三级负荷	不属于一、二级负荷	对供电方式无特殊要求

负荷是随机变化的，用电设备的启动或停止、负荷随工作的变化，完全是随机的，但却显示出某种程度的规律性。例如某些负荷随季节、企业工作制的不同而出现一定程度的变化。在电力系统中，负荷随时间变化的情况用负荷曲线表示。其中日负荷曲线表示每小时的负荷值，

年负荷曲线表示每月的最高负荷值。一般可用负荷率来分析系统的负荷情况。负荷率是一定期间(日、月、年)的平均负荷与最高负荷的比值,用百分数表示。负荷率高,发电设备的利用率也高。

负荷曲线对变电所、发电厂和电力系统的运行有重要意义。它是变电所负荷控制,发电厂安排发电计划,调度部门确定电力系统运行方式和电气设备检修计划,以及规划部门制定变电所、发电厂扩建新建规划的依据。

为了满足系统负荷的需求,应进行负荷预测工作,即预测计划时期(日、月、年)的系统负荷。但负荷预测总有误差,发电设备还需计划检修,并应考虑发生事故停机检修的情况,因此,电力系统应配备一定数量的备用容量。

负荷控制利用限制负荷或调整部分负荷用电时间的方法控制高峰负荷,减小高峰负荷和低谷负荷的差值,以平滑负荷曲线。

电力需求侧管理(DSM)是指实现低成本电力服务所进行的用电管理活动,通过政策措施引导用户高峰时少用电,低谷时多用电,提高终端用电效率、优化用电方式。这样可以在完成同样用电功能的情况下减少电量消耗和电力需求,从而缓解缺电压力,降低供电成本和用电成本。使供电和用电方实现双赢,达到节约能源和保护环境的长远目的。

电力需求侧管理20世纪90年代初传入我国,在政府的倡导下,电力公司及电力用户做了大量工作。如采用拉大峰谷电价,实行可中断负荷电价等措施,引导用户调整生产运行方式,采用冰蓄冷空调,蓄热式电锅炉等。同时还采取一些激励政策及措施,推广节能灯、变频调速电动机及水泵、高效变压器等节能设备。

3.4.2 电能质量

电能质量问题包括供电质量和用户对电网干扰两方面的问题,主要涉及5个方面:频率偏差、电压偏差、电压波动与闪变、高次谐波和三相系统的不平衡。

产生电能质量问题的原因主要有:电力系统元件存在非线性,其中,直流输电是影响最大的谐波源;在工业和生活用电负载中,非线性负载占很大比例,是电力系统谐波问题的主要来源;电力系统故障,如各种短路故障、自然现象灾害、人为误操作、故障保护装置中的电力电子设备的启动等都将造成各种电能质量问题。

1. 频率标准和容许偏差

我国国家标准(GB/T 15945—2008)规定:电力系统的标称频率是50Hz,电力系统正常频率偏差允许值为±0.2Hz。当系统容量较小时,偏差值可以放宽到±0.5Hz。用户冲击负荷引起的系统频率变动一般不得超过±0.2Hz,根据冲击负荷性质和大小以及系统的条件也可适当变动限值,但应保证近区电力网、发电机组和用户的安全、稳定运行以及正常供电。电力系统频率的变化主要是由有功负荷变化引起的。

系统低频率运行对发电厂和用户的影响:汽轮机低压级叶片将由于振动加大而产生裂纹,甚至发生断落事故;交流电动机的转速降低,给水泵、风机、磨煤机等辅助机械的出力相应降低,严重影响火力发电厂的出力。许多工农业的产量和质量也将不同程度地降低;频率下降,将引起电气测量仪器误差增大,安全自动装置及继电保护误动作;系统低频率运行对无线电广播、电影制片等工作也有影响,将使声调失真;频率降到49Hz时,电钟一昼夜将慢29分钟。

为了防止电力系统低频率运行,电源和电网的建设必须适当先行,满足负荷增长的需要,使电力系统的装机容量和实际可调出力在每个时期都能超过系统当时的最高负荷,并保持适当的备用容量。用适当的峰谷电价差，鼓励用户避开高峰用电或少用电。用电大户在实行计划用电的电网中不超指标用电。在正常运行方式下，严格要求实际运行的频率偏差不大于规定值。在故障情况，系统频率下降时，动用系统旋转备用容量，进行低频率减负荷，自动切除部分次要负荷等。

高频率运行对系统本身和用户也会产生不利影响，如使系统电压升高对绝缘不利，增加用户和系统的损耗等。

2. 供电电压标准和容许偏差

我国对用电单位供电的标准电压为：低压供电为单相220V，三相380V；高压供电（线电压）为3kV、6kV、10kV、20kV、35kV和110kV等。

电压偏差是指电网实测电压与标称系统电压之差对标称系统电压的百分数。国标GB12325—2003《电能质量 供电电压允许偏差》中规定，供电部门与用户的产权分界处或供用电协议规定的电能计量的最大允许电压偏差应不超过如下指标。

35kV及以上供电电压：电压正、负偏差绝对值之和为10%；

10kV及以下三相供电电压：±7%；

220V单相供电电压：+7%，−10%。

电压偏离标称值的原因：通过线路、变压器输送电力时，将产生电压降，使线路的受端电压较送端电压低一定数值（如10%）。一般离电源越近、负荷越小的用户，电压降越小；反之，电压降越大。由于用电方式不同，有功和无功负荷不同，即使同一用户的电压，也随时间不断变化。因此，有的用户电压合格，有的不合格。同一用户有时合格，有时不合格。电网中缺乏就地供给无功功率的电源和运行中调压的设备，是造成用户电压偏低的主要原因。

电压偏移过大对电力系统运行有不利的影响。对于占负荷比重最大的异步电动机，电压过低时转差将增大，绕组中电流增大，温升增加，效率降低，寿命缩短。电动机转速的下降同时将影响用户产品的产量和质量。电压降低时，发电厂中由异步电动机拖动的厂用机械出力将减小，影响到锅炉、汽轮机和发电机的出力。用户的电热设备，将因电压降低而减小发热量，使产品产量和质量下降。电压过低时将减小白炽灯的发光效率，各种电子设备也不能正常工作。

用电设备高电压运行可使电气设备的绝缘受到损害，变压器和电动机损耗和温升上升，照明器具在电压过高时寿命将明显缩短。

在电力系统无功功率不足的情况下，当某些中枢点电压低于某一临界值，将发生负荷无功功率的增加量大于系统向该点提供的无功功率增加量，使无功功率缺额增大，电压进一步下降。如此恶性循环的结果，使该中枢点电压急剧地下降到很低的水平，这种现象称为电压崩溃。电压崩溃后，大量电动机将自动切除，某些发电机将失去同步，最后导致系统解列和大面积停电。

采用带负荷调压变压器，在电网侧及用户侧装设必要数量的无功补偿设备，提高用户的功率因数等措施可有效提高电压质量。

3. 电压波动和闪变

电压波动是指电压在系统电网中做快速短时的变化。电压波动值，以用户公共供电点的相邻最大与最小电压方均根值之差对电网额定电压的百分值表示。

闪变是指人眼对灯闪的主观感觉。引起灯光（照度）闪变的波动电压，称为闪变电压。

电力系统的电压波动和闪变主要是由具有冲击性功率的负荷引起的，如变频调速装置、炼钢电弧炉、电气化铁路和轧钢机等。通常会引起许多电工设备不能正常工作,如影响电视画面质量、使电动机转速脉动、使电子仪器工作失常、使白炽灯光发生闪烁等。由于一般用电设备对电压波动的敏感度远低于白炽灯,为此,选择人对白炽灯照度波动的主观视感,即"闪变",作为衡量电压波动危害程度的评价指标。

抑制电压波动与闪变,首选的解决办法是采用电力电子技术,用快速无功补偿器消除电源的闪变,使电压中工频以外的分量降低。我国国家标准 GB 12326—2008《电压波动和闪变指标限值》,对电压波动和闪变的允许值做了明确的规定。

4. 高次谐波及其抑制

根据傅立叶变换,非正弦的电压波形可以分解为基波电压(50Hz)和一系列高次谐波电压(频率为基波的整倍数)。系统中的主要谐波源可分为两大类:①含半导体非线性元件的谐波源;②含电弧和铁磁非线性设备的谐波源。

谐波对几乎所有连接于电网的电气设备都有损害,主要表现为产生谐波损耗,使设备过热以及谐波过电压、加速设备绝缘老化等。引起继电保护、自动装置、计算机以及其他电子装置的误动作或不正常工作。谐波对电能计量精度及通信质量也有影响。

谐波电压限值及谐波电流允许值的规定值可参考 GB/T 14549—1993《电能质量公用电网谐波》。谐波抑制可采用增加整流装置的相数、装设无源电力滤波器及有源电力滤波器等方法。

5. 供电系统的三相不平衡

在三相供电系统中,当电流和电压的三相相量间幅值不等或相位差不为120°时,则三相电流和电压不平衡。根据对称分量法,不平衡的三相电压可以分解为三组对称的三相电压,即正序、负序和零序分量。用电压或电流负序基波分量或零序基波分量与正序基波分量的方均根值百分比表示不平衡系数。

国家标准(GB/T15543—2008)规定,电压不平衡度允许值如下。

(1) 电力系统公共连接点电压不平衡度限值为:电网正常运行时,负序电压不平衡度不超过2%,短时不得超过4%。

(2) 电气设备额定工况的电压允许不平衡度和负序电流允许值仍由各自标准规定。

(3) 接于公共接点的每个用户,引起该点负序电压不平衡度允许值一般为1.3%,短时不超过2.6%。

电流和电压不平衡现象有短时的(一相不对称短路,断线等),也有持续的(一相非对称运行方式,以及非对称负荷等)。三相不平衡将导致电气设备出现损耗增大,效率下降、过热过载,寿命缩短等现象。

随着微电子、计算机等高新技术的深入发展,人们越来越认识到优质的电能供应对保障社会正常运行的重要意义。各种复杂精密的、对电能质量敏感的用电设备越来越多,对电能质量如电压中断、闪变和谐波含量等提出了严格的要求。

用户电力(Customer Power)技术,其基本概念就是供电部门针对不同的用户的需求,通过技术手段提供不同质量和形式的电力供应,是具有高度灵活性、可靠性和智能化的供电技术。

用户电力技术是美国电力科学研究院的 N. G. Hingorani 博士继提出 FACTS 技术之后,针对配电网中供电质量问题提出的新概念。该技术是将电力电子技术、微处理器技术、控制技术等高新技术运用于中、低压配、用电系统，以减小谐波畸变，消除电压跌落、电压浪涌、电压的不平衡和供电的短时中断，从而提高供电可靠性和电能质量的新型综合技术。具体参见第4章中的相关论述。

3.4.3 节电技术

节约用电是指在满足生产、生活所必需的用电条件下，采取各种措施，降低电能损耗，提高用电效率。用户方的主要节电措施如下。

(1) 选用节能产品

采用高效节能设备将带来长期生产用电成本节约，采用高效节能变压器、高效节能电机、高效节能灯等，是节电的有效途径。

在电力系统中配电变压器的损耗占输配电系统损耗的三分之一，占配电系统损耗的二分之一以上，配电变压器的节能是配电网节能的重中之重。我国配电变压器经历了SJ、SK、S7、S9、S11等几个系列的替换过程。目前S7型之前产品已被市场淘汰，S9型节能变压器成为市场主流产品，S11型节能变压器的市场规模正在不断扩大。

电动机是最大的电力消费用户，消耗了总电量的60%以上，100kW及以下电动机容量占总容量的80%～90%。高效节能电动机的效率比一般标准电动机高2%～7%，永磁电动机可提高效率4%～10%，推广高效节能电动机具有显著经济效益。

照明用电占我国总用电量的10%左右，照明节电潜力很大。推广高效节能照明器具，主要措施有：用T8型荧光灯管取代普通的T12型荧光灯管，用紧凑式荧光灯取代白炽灯，推广应用高低压钠灯、金属卤化物灯、LED灯等新型电光源，逐步取代高压汞灯，推广节能型电感镇流器和电子镇流器。

(2) 实行经济运行方式，全面降低系统损耗

采用先进的科学的生产工艺和设备管理方法，使生产流程达到高产、优质、安全，实现单位产品最低电耗。

缩小峰谷差使日负荷曲线尽可能地平滑以减少配电损耗。科学合理地调整生产作息时间、轮班时间、设备检修时间等，转移部分高峰用电负荷，既降低企业的电费成本，又能缓解电力供应紧张的局面。

合理选择电压，减少变压级次；合理选择变压器的容量，按经济运行方式确定运行台数，停用轻载变压器及采用空载自切装置；合理选择电动机容量，电动机的经济运行，应遵循国家标准GB12497—2006《三相异步电机经济运行》的有关规定。

变频调速技术有显著的节电效果、优良的调速性能及广泛的适用性、延长设备使用寿命，主要应用在风机、水泵上，节能效果明显，不足之处是会产生谐波。变频器的节电条件：有节电空间，负载经常变化，电动机和设备机机械特性匹配。

(3) 电容补偿法节电

电容补偿法可消除线路中大量的滞后无功电流，提高功率因数及线路末端的电压。这种节电技术一般有两种做法，一是在变配电低压侧集中补偿，二是就地分散电容补偿。企业用电功率因数最好保持在0.9～0.95。

3.5　电力系统计算

现代电力系统是大规模的、复杂的、非线性系统,必须借助计算机进行各种计算分析,需要掌握电力系统的数学模型,不同问题的分析计算方法和程序设计技巧这三方面的知识。

对电力系统来说,所谓数学模型是指电力系统中运行状态参数之间相互关系和变化规律的一种数学描述,它把电力系统中物理现象的分析归结为某种形式的数学问题。例如,正常运行状态下的潮流计算可以归结为非线性代数方程组的求解问题。

在建立数学模型时,必须抓住主要矛盾,正确地模拟那些对运行状态影响较大的因素,忽略一些次要的因素,否则就会导致方程组的阶数急剧增加,引起“维数灾”。

计算方法的选择应该满足基本要求:①方法可靠。要求选定的方法应能给出问题的正确解答,例如,潮流计算需要进行迭代,应选择收敛性好的算法。在暂态稳定计算中,数值积分方法本身应具备良好的数值稳定性,否则计算容易失败或导致错误的结果;②计算速度快;③占用内存少。

另外,编程技巧对计算效率也有很大影响。对电力系统计算而言,在不同条件下求解与电力网络有关的代数方程式是计算基础。对这个问题的处理在很大程度上决定了程序的计算速度和解题能力。20世纪60年代中期,由于在程序中充分利用了电力网络方程稀疏矩阵的特性,使计算机对电力系统的解题能力和计算速度大大提高。

电力系统常规的三大计算是指潮流计算,短路计算和暂态稳定计算,简要介绍如下:

(1) 潮流计算

电力系统潮流计算分为离线计算和在线计算两种,前者主要用于系统规划设计和安排系统的运行方式,后者则用于正在运行系统的监视及实时控制。

电力系统潮流计算是电力系统分析中的一种基本的计算,是对复杂电力系统正常运行状态和故障条件下的稳态运行状态的计算,根据给定的运行条件及系统接线情况确定整个电力系统各部分的运行状态:各母线的电压,各元件中流过的功率,系统的功率损耗等。

在电力系统规划设计和日常电力系统运行方式的研究中,都需要利用潮流计算来定量地分析比较供电方案或运行方式的合理性、可靠性和经济性。此外,电力系统潮流计算也是对电力系统进行故障分析、静态和暂态稳定分析的基础。

电力网络方程可以用基于节点导纳矩阵的节点电压方程 $YV=I$ 来表达:

$$\begin{bmatrix} Y_{11} & Y_{12} & \cdots & Y_{1n} \\ Y_{21} & Y_{22} & \cdots & Y_{2n} \\ \vdots & \vdots & & \vdots \\ Y_{n1} & Y_{n2} & \cdots & Y_{nn} \end{bmatrix} \begin{bmatrix} \dot{V}_1 \\ \dot{V}_2 \\ \vdots \\ \dot{V}_n \end{bmatrix} = \begin{bmatrix} \dot{I}_1 \\ \dot{I}_2 \\ \vdots \\ \dot{I}_n \end{bmatrix}$$

式中,Y 为节点导纳矩阵,由电网结构和参数而定,它是稀疏的对称矩阵;I 为节点注入电流向量,由运行条件根据 $\dot{I}_i=\left(\frac{S_i}{\dot{V}_i}\right)^*=\frac{P_i-\mathrm{j}Q_i}{\overset{*}{V}_i}$ 而定;V 为节点注入电压向量。

则对节点 i,潮流方程为

$$\sum_{k=1}^{n} Y_{ik}\dot{V}_k=\dot{I}_i=\frac{P_i-\mathrm{j}Q_i}{\overset{*}{V}_i}\quad i\in[1,n]$$

式中，P_i、Q_i分别为节点 i 向网络注入的有功功率和无功功率，当 i 为发电机节点时，$P_i>0$；当 i 为负荷节点时 $P_i<0$；当 i 为无源节点时，$P_i=0$，$Q_i=0$；$\overset{*}{V}_i$为节点 i 电压相量的共轭值。上式有 n 个非线性复数方程式，亦即潮流计算的基本方程式，对其作不同的应用和处理，就形成了不同的潮流计算方法。

在潮流计算中，由于系统的接线方式是给定的，故式中的 Y_{ik} 已知。由于表征各节点运行状态的参数是该点电压相量及复功率，即 V、θ、P、Q 这 4 个量。因此，在 n 个节点的电力系统中有 $4n$ 个运行参数。潮流计算的基本方程式有 n 个复数方程，相当于 $2n$ 个实数方程。因此，只能解出 $2n$ 个运行参数，其余 $2n$ 个应作为原始运行条件事先给定。通常给出每个节点的两个运行参数作为已知条件，另外两个则作为待求量。根据运行参数的给定方式，电力潮流计算中的节点可分为 P-Q 节点，P-V 节点和 V-θ 节点三种。

P-Q 节点：该节点已知量是有功功率 P 和无功功率 Q，待求量是节点电压相量(V,θ)。潮流计算中，系统大部分节点都可看作这类节点。变电所负荷节点，发电机有功和无功功率不变的发电厂节点等都是 P-Q 节点。

P-V 节点：该节点已知量是有功功率 P 和电压幅值 V，待求量是无功功率 Q 及电压相量的相角 θ。潮流计算中，只有少数电压控制点是 P-V 节点。这类节点必须有足够的无功电源可供调整，以维持给定的电压幅值。一般选择有一定无功储备的发电厂和具有可调无功电源设备的变电所母线作为 P-V 节点。

V-θ 节点：也称平衡节点，该节点已知量是电压幅值 V 和相角 θ，待求量是有功功率 P 和无功功率 Q。一般全系统只取一个 V-θ 点，由于它的幅值和相角是已知的，为了保持全系统的功率平衡，该点所计算出的有功功率和无功功率，实际上是全系统发电出力、负荷和损耗功率平衡的结果。

牛顿—拉夫逊法是数学中求解非线性方程式的典型方法，简称牛顿法，有较好的收敛性。解决电力系统潮流计算问题是以节点导纳矩阵为基础的，因此，只要在迭代过程中尽可能保持方程式系数矩阵的稀疏性，就可以大大提高牛顿法潮流程序的计算效率。在应用了稀疏矩阵技巧和高斯消去法求修正方程后，牛顿法成为实际电力系统解算潮流的主要方法。在牛顿法的基础上，根据电力系统的特点，抓住主要矛盾，对纯数学的牛顿法加以改造，又提出了 P-Q 分解法，在计算速度方面有显著的提高，因此迅速得到了推广。潮流算法的研究非常活跃，但是许多研究还是围绕改进牛顿法和 P-Q 分解法进行的。

(2) 故障计算

故障计算是电力系统不正常运行方式的一种计算。其任务是已知电力系统的正常运行状态，求在电力网络发生故障时，电力系统电压和电流的分布。电力系统故障是一个复杂的电磁暂态过程，在实用计算中，求出的是故障后瞬间电流和电压的周期分量。

故障分为短路、断线、跨线三大类型。短路是电力系统最常见、也是最严重的故障，是处在运行中的线路或电气设备相与相之间、或相与地之间发生的直接或经过外部阻抗的非正常连接。短路故障发生时，回路中将流过比正常方式负荷电流大得多的短路电流，可能对电力系统造成严重危害。

三相短路属于对称短路故障，单相接地、二相短路、二相短路接地、一相断线、二相断线属于不对称故障。一般采用对称分量法分析不对称故障。

短路电流计算的目的是确定短路故障电流、电压的大小和系统中正序、负序及零序电流的分布，用以选择电气设备参数，整定继电保护，研究限制短路电流的措施等。

(3) 暂态稳定计算

为了保证电力系统运行的安全性,在系统规划、设计和运行过程中都需要进行暂态稳定分析。当稳定性不满足规定要求,或者需要进一步提高系统的传输能力时,还需要研究和采取相应的提高稳定措施。另外,在系统发生稳定性破坏事故以后,往往需要进行事故分析,找出破坏稳定的原因,并研究相应的对策。

暂态稳定计算过程是,将电力系统各元件数学模型根据元件间的拓扑关系形成全系统模型——联立的微分方程和代数方程组,以稳态工况或潮流解为初值,用某种数值计算方法(如4阶龙格库塔法,隐式梯形积分法),求解扰动下的数值解,并根据发电机转子相对角摇摆曲线来判断电力系统在大扰动下能否保持同步运行。相对角中只要有一个随时间呈单调增大超过180°则是不稳定的,反之,所有相对角经过振荡衰减后都能稳定在某一值,此时电力系统是暂态稳定的。

3.6 电力系统运行与控制

3.6.1 概述

电力系统指由发电、输电、配电、用电等一次设备以及为保障其运行所需的调度自动化、电力通信、电力市场技术支持系统、继电保护、安全自动装置等二次设备组成的统一整体。

对电力系统的基本要求是:保证安全可靠供电;电能质量合格;有良好的经济性;满足环境保护和生态条件的要求;合理开发利用能源。

现代电力系统具有如下主要特征:

① 由坚强的超高压系统构成主网架;

② 各电网之间联系较强;

③ 电压等级简化;

④ 具有足够的调峰、调频、调压容量,能够实现自动发电控制;

⑤ 具有较高的供电可靠性;

⑥ 具有相应的安全稳定控制系统;

⑦ 具有高度自动化的监控系统;

⑧ 具有高度现代化的通信系统;

⑨ 具有适应电力市场运营的技术支持系统;

⑩ 有利于合理利用能源、环境友好和可持续发展。

表征电力系统的几个基本参数是:

总装机容量——系统中所有发电机组额定有功功率的总和,单位为MW。

年发电量——系统中所有发电机组全年所发电能的总和,单位为MWh。

最大负荷——指规定时间(一天、一月或一年)内电力系统总有功功率负荷最大值,单位为MW。

年电用量——接在系统上所有用户全年用电能的总和,单位为MWh。

标称频率——我国规定的电力系统的标称频率为50Hz。

最高电压等级——指电力系统中最高电压等级的电力线路的标称电压,单位为kV。

线损率——电力网(或供电企业)线损电量(或功率)与供电量(或供电功率)的百分值,是电网(或供电企业)的主要技术经济指标之一。线损是指一定时间内,电流流经电网中各电力设备(不包括用户侧的设备)时所产生的电力和电能损耗。

煤耗率——是指在一定时区内,火电厂所消耗的燃料与输出电量之比,简称煤耗,单位为g/kWh。它是发电厂主要的技术经济指标之一,反映电厂发电能源利用效率。将不同发热量的各种煤统一折算成发热量为29271.2kJ/kg的"标准煤"后算得的煤耗率,称为标准煤耗率,用于在燃用不同煤种的各个发电厂之间进行热经济性比较。供电煤耗率与电厂的热效率有关,热效率越高,供电煤耗率就越低。2013年,全国煤电机组标准煤耗率为321g/kWh,提前实现国家节能减排"十二五"规划目标,煤电机组供电煤耗继续居世界先进水平。

电力系统运行备用容量:电能的生产、输送和消费几乎同时进行,电能不能大量储存,用户的用电又具有随机性和不均衡性特点,因此,为保障电能质量和系统安全稳定运行,必须设置足够的备用容量。在电源安排时,所配置电源的装机容量必须大于最大负荷的要求,两者的差额称为备用容量。按备用容量的用途不同可分为负荷备用、检修备用和事故备用。按其所处的状态划分,又可分为热备用和冷备用。

电力系统运行接线方式:电力系统调度部门,根据电力系统安全与经济运行需要所安排的电力系统中发电厂、变电所、换流站和输配电线路等之间的连接方式。电力系统运行接线方式是在电力系统现有结构的基础上通过操作断路器和隔离开关而实现的。

接线方式按结构分类:有辐射状、环状、网状等,如图3-24所示,一般多为由这些形态组合而成的复杂环网。按功能分类有:正常运行接线方式、特殊运行接线方式、事故后运行接线方式。

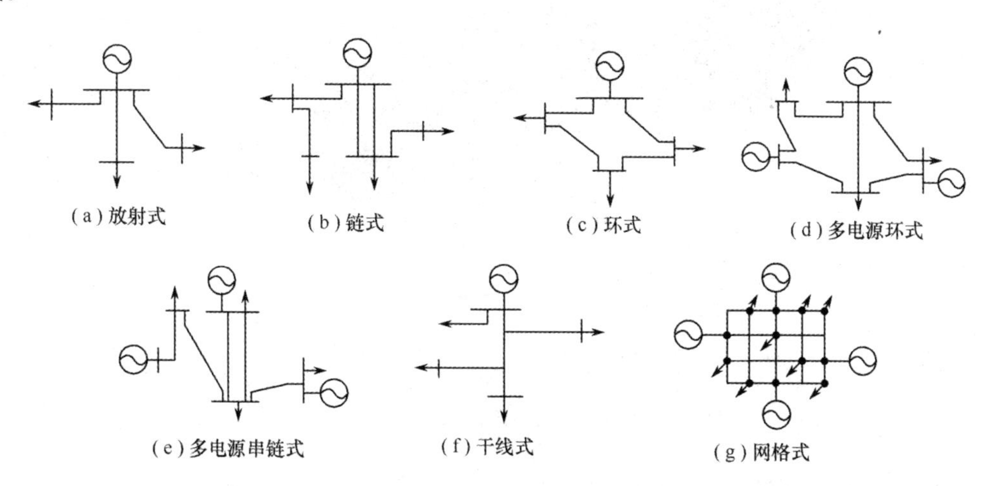

图3-24　电力网络基本结构

电力系统之间通过输电线连接,形成互联电力系统。连接两个电力系统的输电线称为联络线。

互联电力系统的优越性:

① 合理开发一次能源,解决能源资源与负荷分布在地域间的不平衡;

② 加强环境保护,有利于电力工业的可持续发展;

③ 错开负荷高峰,实现水、火电互补及水电跨流域补偿调节,减少总的负荷峰值和总装机容量及备用容量;

④ 有利于采用大机组等大型及标准化电气设备,提高投资效益,降低运行费用;

⑤ 便于故障时区域间电力的相互支援,提高系统运行的安全性;

⑥ 便于集中管理,实现经济调度与电力的合理分配。

互联电力系统带来的新问题:故障向相邻系统传播;系统短路容量增大;需要进行联络线功率控制;海量信息交换。

回顾我国电网发展的历史,电网都是从电厂直配地区负荷开始,从经济发达、人口集中的城镇供电开始,由小到大,由低电压到高电压,随着大型水、火电厂的建设而迅速扩展,逐步扩大为省区电网、跨省电网,直至跨大区联合电网。1989 年葛洲坝至上海南桥±500 kV 直流输电工程建成投运,实现了华中和华东两大区域电网互联;天生桥水电站的建设和天广 500 kV 输电工程投产,促成了南方省区联营电网。三峡水电站的建成发电将推动全国跨大区电网的互联。

我国电网已进入了大容量、远距离、超高压、跨大区输电的阶段。目前,我国已形成东北、华北、华东、华中、西北、川渝、南方共 7 个跨省电网及山东、福建、新疆、海南和西藏 5 个独立省网,如图 3-25 所示。

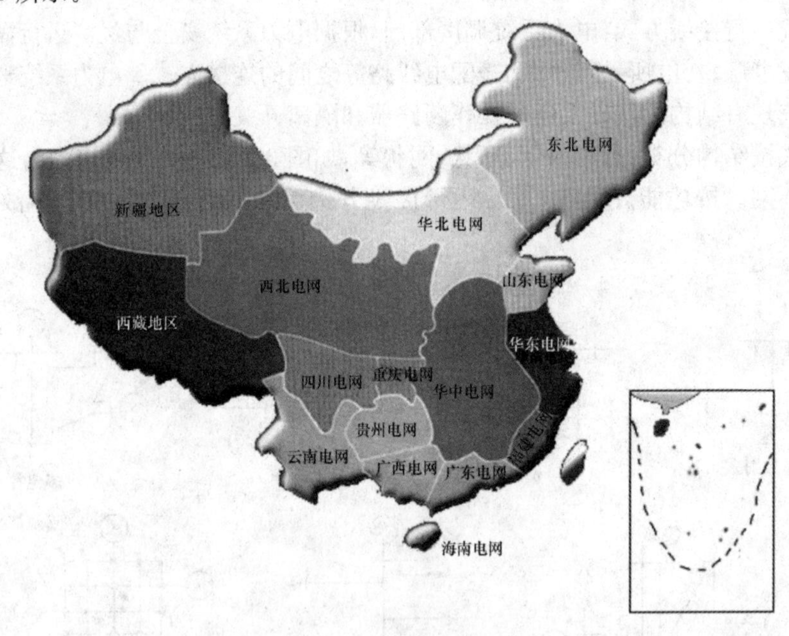

图 3-25　中国电网地理示意图

3.6.2　电力系统调度管理

电力调度,是指电力调度机构为保障电力系统安全、优质、经济运行和电力市场规范运营,促进资源的优化配置和环境保护,对电力系统运行进行的组织、指挥、指导和协调。

电力调度系统包括各级调度机构和有关运行值班单位。调度机构分为国家调度机构,跨省、自治区、直辖市调度机构,省、自治区、直辖市调度机构,省辖市级调度机构,县级调度机构。运行值班单位是指发电厂、变电站、大用户配电系统等的运行值班单位。

电力监管机构依法对电网企业及其调度机构、发电企业、电力用户以及政府部门涉及电力调度的行为进行监管。

我国电网调度的基本原则是统一调度,分级管理。

统一调度的主要内容是：电网调度机构统一组织全网调度计划的编制和执行；统一指挥全网的运行操作和事故处理；统一布置和指挥全网的调峰、调频和调压；统一协调和规定全网继电保护、安全自动装置、调度自动化系统和调度通信系统的运行；统一协调水电厂水库的合理运用；按照规章制度统一协调有关电网运行的各种关系。在形式上，统一调度表现为在调度业务上，下级调度必须服从上级调度的指挥。

分级管理是指：根据电网分层的特点，为了明确各级调度机构的责任和权限，有效地实施统一调度，由各级电网调度机构在其调度管理范围内具体实施电网调度管理的分工。

3.6.3　电力系统运行控制

电力系统运行控制包括正常情况运行下和事故情况下的运行控制。正常运行时，常规的运行控制与管理工作包括以下几个方面。

(1) 有功功率与频率控制

主要任务是保持电力系统运行频率在规定的允许偏差之内，并对电力系统及其设备进行安全经济的运行监控。主要内容有：

① 在负荷预测和设备检修计划基础上，编制电力系统运行方式及发电调度计划，使各项设备不过负荷，不超过稳定极限并满足可靠性要求，各发电机组的出力分配符合经济调度要求。

② 由电力系统调度员通过操作完成运行方式所规定的系统运行接线，并依发电调度计划和频率的变化对发电出力进行控制。

现代电力系统大多采用自动发电控制（AGC），维持发电出力与负荷实时平衡，保证电力系统频率质量，同时对潮流进行安全分析。若电厂出力、系统潮流超过允许范围或自动越限报警，调度员可及时干预调整。

(2) 无功功率与电压控制

主要任务是保持电力系统内各节点电压在允许偏差之内，主要内容有：

① 制定各电压中枢点的电压曲线和明确其最低电压极限值，作为运行控制的依据。

② 管理主变压器分接开关运行位置。

③ 系统运行电压维持高水平以利于系统稳定和经济运行，同时利用电抗器、调相机、发电机等吸收高电压电力网富余的充电无功功率，防止低谷负荷时电压过高。

④ 无功功率的电源与负荷的运行控制采取分层分区就地平衡的原则，尽可能不在不同电压等级电力网之间和地区之间输送无功功率，无功电源要有必要的备用。

(3) 经济调度控制

电力系统经济运行的目的是在保证负荷的条件下，使整个系统的燃料消耗量最少，电能成本最低。经济调度控制（EDC）用来确定最经济的发电调度以满足给定的负荷水平。

电力系统应实行经济负荷分配，包括系统内发电厂之间及电厂内机组之间的负荷分配。应使火电厂的高效率机组多带负荷，并尽量减少不必要的开停机次数。有条件时，可按机组经济特性分配负荷。在有水电厂的系统内，应充分利用水能，节省火电厂的燃料。

电力系统还应尽力降低线损，线损就是线路和变压器等的功率损耗。降低线损的主要措施有：

① 减少变压级次。

② 就地平衡无功，在受电地区装设必要数量的无功补偿设备，减少线路输送的无功功率。

③ 结合电网规划，适当改建线路，对某些不合理的送、配电线路，如负荷过重或迂回曲折及延伸很长的线路，适当进行改建或升压，必要时增建第二回线。

④ 电网按最优潮流分布运行。

电力系统要大力实施节能、环保、经济调度，以全网供电能耗最低或运行成本最低为目标，同时，兼顾实施节能、环保调度，使经济效益、环境效益更好，体现的是整个社会成本的最优化。为降低能耗，最重要的就是要改变发电计划的形成方式，在政府可控的范围内，加大不同类型机组年度发电利用小时数的级差，鼓励能耗低、污染物排放少、节水型机组多发电，优先安排风电上网。同时，要逐步解决高能耗机组挤占发电市场空间的问题，使其逐步淡出市场。

电力系统安全运行应满足以下三类条件：

① 系统负荷需求，用E表示；

② 运行约束，无潮流和电压越限，用C表示；

③ 可靠性约束，能承受预想事故冲击，用R表示。

针对这三类条件电力系统可分为5种状态，图3-26所示为电力系统的各种运行状态及其相互间的转化关系，上标“＊”为不满足约束条件。

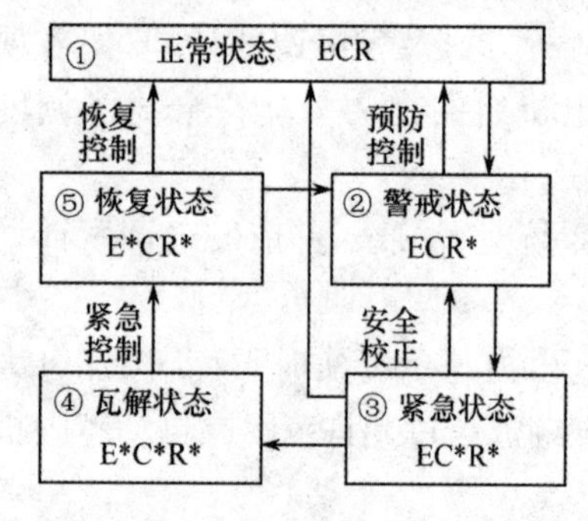

图3-26　电力系统运行状态示意图

电力系统的运行控制的内容和电力系统的运行状态是相关的。各种运行状态之间的转移，需通过控制手段来实现，如预防性控制，校正控制，稳定控制，紧急控制，恢复控制等，这些统称为安全控制。是在事故情况下，电力系统采取的主要控制手段。

(1) 正常状态：满足全部三类条件，能满足全部负荷又没有越限，而且能承受预想故障的冲击。

电力系统正常情况运行时，必须保证电能质量，且使所有运行设备的电流、电压及频率在允许的幅值与时间范围内，同时必须保持系统的稳定性。

(2) 警戒状态：能满足全部负荷又没有越限，但承受不了预想事故的冲击。若针对预想故障采取预防性控制，系统可以回到正常状态。

(3) 紧急状态：能满足全部负荷但已出现支路或电压越限。若及时采取安全校正等措施，系统可以回到警戒状态或正常状态；否则可能导致系统瓦解。

一般在遭受严重的故障时，电力系统正常运行状态将被破坏，将进入紧急状态(事故状态)。

电力系统的严重故障主要表现在以下几个方面。

① 线路、母线、变压器和发电机短路。短路有单相接地、两相和三相短路。短路又分瞬间短路和永久性短路。在实际运行中，单相短路出现的可能性比三相短路多，而三相短路对电力系统影响最严重。在雷击等情况下，有可能在电力系统中若干点同时发生短路，形成多重故障。

② 突然跳开大容量发电机或大的负荷引起电力系统的有功功率和无功功率严重不平衡。

③ 发电机失步，即不能保持同步运行。

(4) 瓦解状态：全部三类条件破坏，不能满足全部负荷需求。需采取紧急控制防止事故扩大，过渡到恢复状态。

(5) 恢复状态：借助继电保护和自动装置或人工干预，使故障隔离，事故不再扩大，网络元件越限解除，但许多用户尚未恢复供电，通过恢复控制，使系统回到正常状态或警戒状态。

电力系统稳定性是指因为负荷变化或系统故障等原因，使系统的状态发生变化时，稳定地维持系统供电能力的程度。稳定性可分为以下几种。

① 发电机同步运行的稳定性，其中，静态稳定是指电力系统受到小干扰后不发生非周期性失步，自动恢复到起始运行状态；暂态稳定是指系统在某种运行方式下突然受到大的扰动后，经过一个机电暂态过程达到新的稳定运行状态或回到原来的稳定状态；

② 电力系统无功不足引起的电压稳定性，是指电力系统维持负荷电压于某一规定的运行极限之内的能力。它与电力系统中的电源配置、网络结构及运行方式、负荷特性等因素有关。当发生电压不稳定时，将导致电压崩溃，造成大面积停电；

③ 频率稳定，是指电力系统维持系统频率于某一规定的运行极限内的能力。当频率低于某一临界频率，电源与负荷的平衡将遭到彻底破坏，一些机组相继退出运行，造成大面积停电，也就是频率崩溃。

为了提高供电可靠性，保证供电连续性，提高电能的质量和运行水平，提高电能生产和分配的经济性以及减轻运行人员的劳动强度，必须采用高度自动化设备配置现代电力系统，主要的自动装置如下。

(1) 发电机励磁系统及控制

发电机励磁系统是电力系统正常运行必不可少的重要设备，同时，在故障状态能快速调节发电机机端电压，快速抑制电压、电磁功率波动。并可附加电力系统稳定器(PSS)，既可提高静态稳定又可阻尼低频振荡，提高动态稳定性。

(2) 继电保护及重合闸装置

继电保护及重合闸装置是提高电力系统暂态稳定的重要的有效手段。由于输电线路的瞬间故障一般占全部故障的80%以上，利用自动重合闸装置，可在断路器跳开，故障点去游离熄弧后，立即再行合闸，恢复供电；如遇永久性故障，即再次跳闸后，不再重合。自动重合闸装置对提高供电可靠性有显著效果。

(3) 备用电源自动投入

在发电厂的厂用电母线，配电网的变电所母线或各分段母线，一般都装设有备用电源自动投入装置，以便当任一供电部件故障而被切除时，能使分段断路器自动投入，保证连续供电。

(4) 自动按频率减载装置

在事故情况下，系统突然出现大量功率缺额，引起频率大幅度下降，此时利用减载装置能自动断开一些二、三类负荷，防止频率进一步下降，并能使频率很快恢复到标称值。

此外，在机组正常启动和系统并列时，为保证并列操作的安全，采用了自动并列装置。为保证电力系统的电能质量，采用自动调频装置和自动调压装置；在提高电力系统运行经济性方面，采用有功功率自动分配装置；在电网安全稳定方面，有远方切机装置、汽轮机快关汽门装置、振荡解列装置、联切负荷装置、串联补偿、静止无功补偿(SVC)、超导电磁蓄能和直流调制等。

能量管理系统(EMS)：

能量管理系统(Energy Management System)是以计算机为基础的现代电力系统的综合自动化系统，主要针对发电和输电系统，用于大区级电网和省级电网的调度中心。

EMS是现代电网调度自动化系统硬件和软件的总称，它主要包括数据采集与监控系统(SCADA)、状态估计(SE)、自动发电控制和经济调度控制(AGC/EDC)、静态和动态安全分析

(SSA/DSA)、调度员模拟培训(DTS)等一系列功能。一般把状态估计及其后面的一些功能称为电网调度自动化系统的高级功能，相应的这些程序被称为高级应用软件。

根据能量管理系统的技术发展的配电管理系统(DMS)主要针对配电和用电系统，用于110kV及以下的电网。包括配网自动化(DA)、配电工作管理(DWM)、故障投诉管理(TCM)、自动作图(AM)和设备管理(FM)、负荷管理(LM)、配网分析系统(DAS)等。以实现配电网的管理自动化，优化配网运行、提高供电可靠性、为用户提供优质服务。

3.7 电力系统规划与可靠性

1. 电力系统规划

电力系统投资巨大，建设周期长，对国民经济的影响极大。制订电力系统规划必须注意其科学性、前瞻性，以保证电力系统的建设满足整个社会对电力的需求，同时合理地利用能源资源，以获得最佳的投资效果，使未来电力系统安全、可靠、经济运行。

电力系统规划的任务是:研究电力系统发展的战略目标及部署;研究电力如何与国民经济其他各部门协调发展，以及电力工业内部各环节之间如何协调发展;研究合理的发电能源结构;研究电源、电网的发展规模和合理布局;研究如何充足、可靠、优质地向用户提供电能和节能节电战略等。

电力系统规划一般可以分为近期、中期和长期三个阶段。要根据历史数据和规划期间的电力负荷增长趋势做好电力负荷预测。在此基础上按照能源布局制订好电源规划、电网规划、网络互联规划等。

电力负荷预测:负荷需求预测是电力系统运行、规划的基础，在运行调度层面，电力负荷预测可分为:超短期电力负荷预测(15～30分钟);短期电力负荷预测(24～48小时);中期电力负荷预测(一周、一月);长期电力负荷预测(一年)。在规划设计层面，电力负荷预测可分为:短期电力负荷预测(1～5年);中期电力负荷预测(5～15年);长期电力负荷预测(15～30年)。

电源规划:短期电源规划(1～5年):制订发电设备的维修计划，新机组延迟或提前投运的效益分析，联网效益分析及方案，燃料需求确定及购买、运输、存储计划。

长期电源规划(10～30年):新建、扩建发电机组的类型、容量、时间和地点;现有机组的退役及更新计划;燃料需求及解决策略;负荷管理对电力系统电力电量平衡的影响;与相邻电网交换电力的可能性;采用新发电技术的可能性。

电网规划:电网规划是以电力负荷预测和电源规划为基础，确定何时、何地建设何种类型的变电站和输电线路，才能达到规划期内所需要的输电能力，在满足各项技术指标的前提下，使投资费用最小。

电网规划可分为短期(1～5年)、中期(5～15年)及长期(15～30年)电网规划。短期规划要尽可能准确地预见规划期内逐年需要的电力、电量及峰谷差，逐年进行电力和电量平衡，及时安排各个工程项目的建设和逐年投资。电力系统中、长期规划，由于其规划期限长，不确定因素多，因而需要根据各种变化条件，以“滚动”方式，每隔2～3年重做一次，以适应变化的情况。

2. 电力系统可靠性

随着国民经济和人民生活水平的提高，对供电可靠性要求越来越高。电力系统的根本任务是尽可能经济而可靠地将电能供给用户。用户对供电的要求，一是保证供电的连续性;二是保证电能的质量。但由于系统内元件存在不可控的随机故障，实际上完全不间断的连续供电是不可能实现的。

可靠性是指一个元件、设备或系统在预定时间内，在规定条件下完成规定功能的能力。可靠率则用来作为可靠性的特性指标，表示元件可靠工作的概率。

电力系统可靠性问题的研究有两方面的目的：一是为电力系统的发展规划进行长期可靠性评估；二是为制定短期的运行调度计划进行短期可靠性预测。

电力系统可靠性评估一般由三个步骤组成：状态选择、状态估计和计算指标。解析法和蒙特卡洛模拟法是可靠性评估普遍采用方法。提高电力系统可靠性的途径，一是提高组成系统各元件的可靠性，二是增加冗余度。可靠性评估必须考虑与经济性的协调，兼顾经济效益与社会效益。

电力系统可靠性的一些专门指标如下。

电力不足时间概率 LOLP：它是在假定日尖峰负荷持续一整天的条件下，系统负荷需要超过可用发电容量的时间概率的总和。

电力不足时间期望值 LOLE：指在被研究的一段时间内，由于负荷需要超过可用发电量的时间期望值。

电力不足期望值 ELOL：指在被研究的一段时间内由于负荷需要超过可用发电容量而引起用户停电的平均值。

电量不足概率 LOEP：指在被研究的时间段内，由于供电不足引起用户停电的电量损失的期望值与该时间内用户所需全部电量的比值。

电量不足期望值 ELOE：指在被研究的时间段内，由于供电不足引起用户停电而损失的电量的平均值。

系统平均停电频率指标 SAIFI：指系统中运行的用户在一年时间里的平均停电次数。

系统平均停电持续时间指标 SAIDI：指系统中运行的用户在一年中经受的平均停电持续时间。

用户平均停电频率指标 CAIFI：指每个受停电影响的用户在一年时间里经受的平均停电次数。

用户平均停电持续时间指标 CAIDI：指在一年中被停电的用户经受的平均停电持续时间。

平均运行可用率指标 ASAI：指一年中用户的可用小时数与总的要求的用户小时数之比。

2013 年，全国 10kV 用户平均供电可靠率为 99.9147%，平均停电时间 7.47 小时/户。其中，城市(市中心＋市区＋城镇)用户平均供电可靠率为 99.958%，年平均停电时间 3.66 小时/户；全国农村用户平均供电可靠率为 99.905%，首次超过三个 9，年平均停电时间 8.30 小时/户。

3.8 电力系统继电保护

电力系统在运行中，可能会发生故障和不正常的工作情况，使电气设备和电力用户的正常工作遭到不同程度的破坏。如各种形式的短路故障，将严重危及设备的安全和电力系统的安全可靠运行；另外，电力系统还会出现不正常运行状态，如最常见的过负荷。长时间过负荷将使设备的载流部分和绝缘材料过度发热，加速绝缘的老化损坏，甚至发生故障。

为了保证电力系统的安全可靠运行，除了在设备的制造、安装、检修以及运行等环节中采取积极措施预防故障的发生以外，在一旦发生故障以后，还必须迅速地、有选择性地将故障的元件切除，以保证无故障部分正常工作和缩小事故范围。为此，电力系统中的每个元件都必须配备保护装置。

熔断器是电力系统中应用最早的保护装置,但在现代电力系统中仅采用熔断器已远不能满足快速、有选择性地切除故障的要求,因此,更需要采用性能完善的保护装置。继电保护装置正是为满足这个需要而广泛应用的自动装置。

继电保护装置,是指能反映电力系统中电气元件发生故障或不正常工作状态,并动作于断路器跳闸或发出信号的自动装置。

继电保护技术主要由电力系统故障分析、继电保护原理及实现、继电保护配置设计、继电保护装置运行及维护等技术构成。

继电保护装置基本任务是:

① 发生故障时,自动地、迅速地、有选择性地将故障元件从电力系统中切除,以保证其他无故障部分迅速恢复正常运行,并使故障元件免于继续遭到破坏;

② 反映电气元件的不正常工作状态,并根据运行维护的条件,动作于信号装置、减负荷或跳闸。此时一般不要求保护迅速动作,可以带一定的延时,以保证选择性。

根据继电保护的任务,一般应满足4个基本要求,即选择性、速动性、灵敏性和可靠性。仅作用于信号的继电保护,其中部分要求(如速动性)可适当降低。

① 可靠性:性能稳定、动作准确可靠;

② 速动性:快速切除故障;

③ 灵敏性:动作电流小、消耗功率小、动作灵敏;

④ 选择性:有选择性地仅将故障部分切除,无故障部分继续运行。

当电气设备或线路发生故障时,总是伴随有电流的增大、电压的降低。在保护安装处将测量到阻抗的减小和电压、电流间的相位变化等。利用正常运行与故障时的电气参数差别,可构成不同原理的继电保护装置:如过电流保护、低电压保护、距离保护等。利用每个电气元件在其内部故障与外部故障(包括正常运行)时,两侧电流相位或功率方向的差别,可构成各种差动原理的保护:如纵联差动保护、相差动高频保护、方向高频保护等。还有根据设备特点实现反映非电量的保护,如变压器瓦斯保护等。

输电线路保护方式主要有以下几种。

(1) 电流保护:线路发生故障,短路电流超过继电保护的整定值时即动作,保护范围受运行方式影响大。

(2) 接地保护:当出现接地故障电流时,接地继电器动作。对于中性点接地系统动作于跳闸,对于中性点不接地系统一般动作于信号。

(3) 功率方向保护:一般与电流保护配合使用。当线路发生故障时,短路电流超过整定值且功率流动方向为保护方向时动作。

(4) 距离保护:根据线路电压和电流测定是否有故障,反映保护装置安装处到故障点间的电气距离,如在整定的范围内,保护装置动作跳闸。这种保护装置的保护范围受运行方式影响较小。

(5) 高频保护:利用高频载波通道将故障时线路两端的电流流向(或相位)或功率流向,相互送到对端,经检测后,如故障在本线段内,则两端保护装置即同时动作跳闸,以加速切除故障。

变压器保护方式主要有以下几种。

(1) 瓦斯保护:防御变压器油箱内部发生的各种故障以及油面降低。浸于变压器油中的线圈或铁心过热、线圈等发生故障时,使油分解,产生气体(瓦斯),依故障严重程度,瓦斯继电器发出信号或瓦斯继电器动作切除变压器。

(2) 纵差动保护或电流速断保护:防御变压器绕组、套管以及引出线的短路故障。

(3) 过负荷保护:变压器过负荷会使线圈过热以致烧毁,当负荷电流或线圈温度超过限额时,过负荷保护经过一定时限动作于信号。对320kVA以上的变压器,为防御对称过负荷,应装设过负荷保护,过负荷保护接入一相电流即可。

(4) 变压器后备保护:变压器外部相间短路时引起变压器过电流,可采用过电流保护或复合电压启动的过电流保护。反应大接地电流系统中由于外部短路引起的过电流,当变压器中性点接地时,可装设零序电流保护。后备保护在本元件瓦斯、差动保护拒动时起后备之用。

发电机保护方式主要有以下几种。

(1) 差动保护:主要保护定子线圈,避免烧坏发电机。

(2) 定子接地保护:定子线圈任一相发生接地,应立即动作跳闸,以防定子线圈烧坏。

(3) 转子接地保护:当转子线圈发生一点接地时,动作于信号,使运行人员能及时采取措施,避免发生转子两点接地的严重事故。

(4) 后备保护:与变压器后备保护基本相同。

(5) 过电压保护:水轮发电机突然甩负荷或距发电机不远处的外部短路被有关继电器保护动作切除后,可能引起发电机定子绕组过电压,对绕组绝缘有害,保护经延时动作,跳开发电机。

(6) 失磁保护:发电机励磁突然全部消失或部分消失后,进入异步运行,对系统产生影响,保护延时动作,跳开发电机。

母线保护:母线发生故障,将使连接于母线上所有电气设备停电,危及系统稳定运行,利用母线保护迅速消除故障或缩小故障范围。

失灵保护:作为继电保护动作而断路器拒动的一种后备接线,它是防止因断路器拒动而扩大事故的一项有效措施。

3.9 电力通信与信息化

电力通信网是电力系统的重要基础设施,是实现电力系统自动化运行、市场化运营和现代化管理的基础。电力通信系统与调度自动化系统、安全稳定控制系统被人们合称为电力系统安全稳定运行的三大支柱。

由于电力通信网对通信的可靠性、保护控制信息传送的快速性和准确性有非常严格的要求,并且电力企业拥有发展通信的特殊资源优势,因此世界上大多数国家的电力公司都以自建为主的方式建立了电力系统专用通信网络。

电力通信系统包括三个子系统:调度通信子系统、数据通信子系统和交换通信子系统。

电力通信网络的主要传输方式已从20世纪70年代的电力线载波、80年代的模拟微波、90年代的数字微波,发展到了今天全国电力系统通信以光纤和数字微波为主,卫星、电力线载波、电缆、无线等多种通信方式并存,实现了除台湾省外所有省市和自治区、直辖市的网络覆盖,建成了以光纤数据网络为基础的电力专用通信网IP业务综合平台,有力保障了电力生产,为电力信息化的深层发展奠定了基础。

电力企业信息化建设更趋向于实用性、安全性、效益性、科学性,各电力企业开发了一系列与企业经济运行和管理密切联系的应用系统,办公自动化系统联网运行,建立了基于IP网络的视频办公系统和远程培训系统,实现了网络视频会议和远程移动办公。管理信息系统(MIS)、地理信息系统(GIS)等信息技术在电力企业得到广泛应用,一些电力企业还开展了企业资源计划(ERP)技术的研究和应用。信息技术在各级企业管理、生产运行等方面发挥了重要作用。

电力营销业务是供电企业核心业务之一。电网公司提出了集约型、服务型、扁平化的营销管理模式,供电用户GIS系统、电力企业与商业银行联网电费实时系统、电力营销系统和电力客户服务呼叫中心95598的建设提速。

资产设备管理(EAM)在发电厂和供电公司建设十分踊跃,电力企业通过提高资产管理,降低资产维护成本,加强了企业的科学管理。

电厂分布式监控系统(DCS)在网络环境下得到推广应用,国产DCS在30万千瓦机组的电厂广泛采用,国产化率大大提高。为消除信息“孤岛”,提高电厂监控管理水平,随着发电厂的企业网络的建成和发展,发电企业正把电厂机组的DCS应用向厂级监控系统(SIS)发展,电厂SIS实现了全厂DCS等各分系统的整合,同时与MIS实现联通。SIS系统在电力生产运行、机组运行状况监控分析、厂级性能计算、厂级能量统计、机组负荷优化分析、运行指导、综合指标查询等方面发挥了有效功能。

信息化给电力企业带来了观念的变化和更新,在电力企业的生产、管理和经济运行上发挥了重要作用,电力信息化推动着电力工业的发展。

3.10　电力体制改革与电力市场

我国原有的电力体制,发电、输电、配电实行一体化垄断经营,存在许多体制性的问题,已不适应建立社会主义市场经济体制的改革要求。为了在电力市场引入竞争机制,国务院于2002年3月正式批准了《电力体制改革方案》,开始进行新一轮的电力体制改革。

电力体制改革总体目标:打破垄断,引入竞争,提高效率,降低成本,健全电价机制,优化资源配置,促进电力发展,推进全国联网,构建政府监管下的政企分开、公平竞争、开放有序、健康发展的电力市场体系。

电力体制改革主要内容是:实施厂网分开,重组发电和电网企业;实行竞价上网,建立电力市场运行规则和政府监管体系,建立竞争、开放的区域电力市场,实行新的电价机制;制定发电排放的环境折价标准,形成激励清洁电源发展的新机制;开展发电企业向大用户直接供电的试点工作,改变电网企业独家销售电力的格局;继续推进农村电力管理体制的改革。

原国家电力公司管理的电力资产按照发电和电网两类业务进行划分,实现了厂网分开。发电环节按照现代企业制度要求,将国家电力公司管理的发电资产直接改组或重组为规模大致相当的5个全国性的独立发电公司,逐步实行“竞价上网”,开展公平竞争。电网环节分别设立国家电网公司和中国南方电网有限责任公司。由国家电网公司负责组建华北(含山东)、东北(含内蒙古东部)、西北、华东(含福建)和华中(含重庆、四川)5个区域电网有限责任公司或股份有限公司,西藏电力企业由国家电网公司代管。国家电网公司主要负责各区域电网之间的电力交易、调度,参与跨区域电网的投资与建设;区域电网公司负责经营管理电网,保证供电安全,规划区域电网发展,培育区域电力市场,管理电力调度交易中心,按市场规则进行电力调度。区域内的省级电力公司可改组为区域电网公司的分公司或子公司。

南方电网公司由广东、海南和原国家电力公司在云南、贵州、广西的电网资产组成,按各方面拥有的电网净资产比例,由控股方负责组建南方电网公司。

为了对电力企业进行有效的监管,国务院决定成立国家电力监管委员会,按照垂直管理体系,向区域电网公司电力交易调度中心派驻代表机构。国务院赋予电监会9项主要职责,包括:负责全国电力监管工作,建立统一的电力监管体系,以及参与国家电力发展规划的制定,拟订电力市场发展规划和区域电力市场设置方案，审定电力市场运营模式和电力调度交易机构设立方案等。

2002 年 12 月 29 日，中国电力 11 家新组建（改组）公司揭牌，在原国家电力公司的基础上，成立了两家电网公司，5 家发电集团公司和 4 家辅业集团公司，它们分别是国家电网公司、中国南方电网有限责任公司；中国华能集团公司、中国大唐集团公司、中国华电集团公司、中国国电集团公司和中国电力投资集团公司；中国电力工程顾问集团公司、中国水电工程顾问集团公司、中国水利水电建设集团公司和中国葛洲坝集团公司。

2011 年 9 月 29 日，中国电力建设集团有限公司、中国能源建设集团有限公司揭牌，电网主辅分离改革重组取得重大进展，标志着中央电力企业布局结构调整迈出重要步伐。

中国电力建设集团有限公司（中国电建）由中国水利水电建设集团公司、中国水电工程顾问集团公司和国家电网公司、南方电网公司河北、吉林、上海等 14 个省（区、市）公司所属勘测设计企业、施工企业、修造企业等辅业单位重组而成；中国能源建设集团有限公司（中国能建）由中国葛洲坝集团公司、中国电力工程顾问集团公司和国家电网公司、南方电网公司北京、天津、山西等 15 个省（区、市）公司所属勘测设计企业、施工企业、修造企业等辅业单位重组而成。两家新集团公司的组建，实现了规划设计、工程施工、设备制造、项目运营一体化整合，使我国电力建设行业具备了全产业链国际竞争能力，有效增强了电力建设企业的综合实力和开拓国际市场能力。

图 3-27 所示为电力体制改革后的电力系统组织结构图。

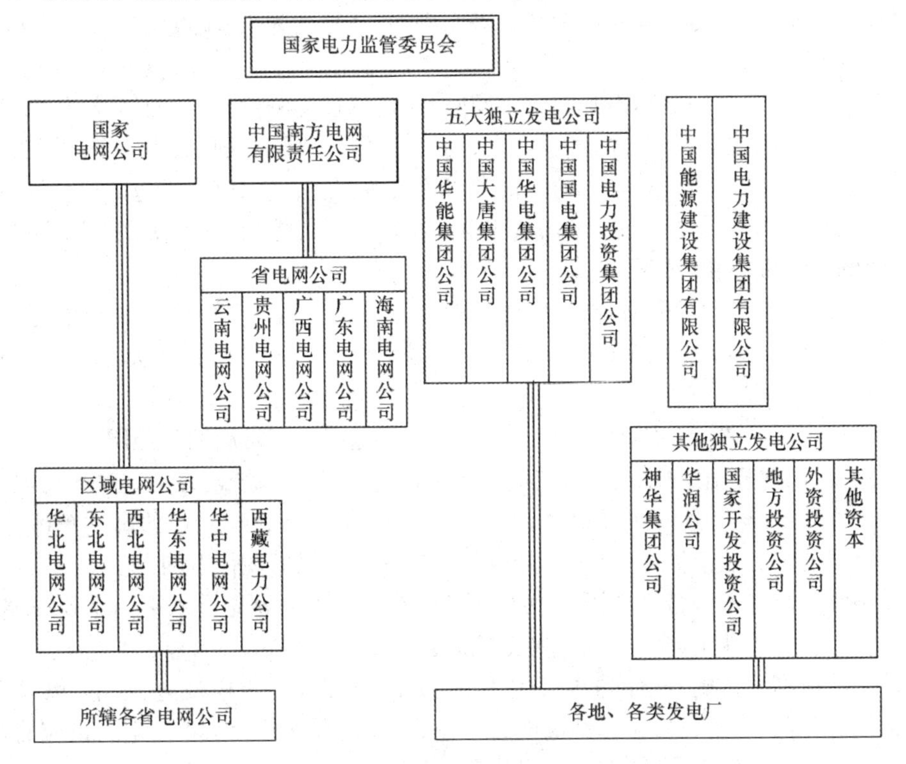

图 3-27　电力系统组织结构示意图

理顺电价机制是电力体制改革的核心内容，新的电价体系将划分为上网电价，输、配电价和终端销售电价。首先在发电环节引入竞争机制，对于仍处于垄断经营地位的电网公司的输、配电价，要在严格的效率原则、成本约束和激励机制的条件下，由政府确定定价原则，最终形成比较科学、合理的销售电价。

电力市场是应用计算机、现代化的测量和通信等设备,以电价作为控制电力交易的杠杆,进行负荷管理、电力系统运行,在电力生产者、电力消费者和输供电网络管理者之间实行平等、公正的等价交换的系统的总称。

电力市场的出现是经济规律发展的必然,是信息技术迅猛发展的结果,它的出现,必将给电力工业带来蓬勃的生机,推动电力工业的商业化和智能化运营。随着电力体制改革的进一步深化,电力各职能部门的责权会更明确,监管会更有效。电力企业的管理也会更专业化、系统化。对任何一个国家来说,没有最好的电力市场模式,只有最适合的电力市场模式。为了提高电力企业的效率和效益,在不同的阶段应当适时地引入不同的竞争模式。

电力市场化改革为电力工业带来活力,使电力工业更加适应社会主义市场经济体制的要求,必将促进电力工业又好又快地的发展。

3.11　面向未来的智能电网

随着经济的发展、社会的进步、科技和信息化水平的提高,以及全球资源和环境问题的日益突出,电网发展面临新课题和新挑战。依靠现代信息、通信和控制技术,积极发展智能电网,适应未来可持续发展的要求,已成为国际电力工业界积极应对未来挑战的共同选择。智能电网已经成为当今世界电力系统发展变革的最新动向,并被认为是21世纪电力系统的重大科技创新和发展趋势。

智能电网是指以物理电网为基础,充分利用先进的传感测量技术、通信技术、信息技术、计算机技术、自动控制技术、新能源技术,把发、输、配、用各个环节互联成为一个高度智能化的新型网络。它以充分满足用户对电力的需求和优化资源配置、确保电力供应的安全性、可靠性和经济性、满足环保约束、保证电能质量、适应电力市场化发展等为目的,实现对用户可靠、经济、清洁、互动的电力供应和增值服务。

我国于2009年启动了坚强智能电网工程,建设以智能电网为核心的高效能源体系,有利于发展低碳经济,促进节能减排,应对气候变化,是解决中国电网自身问题,以及低碳经济发展的必然选择。

坚强智能电网是以特高压电网为骨干网架、各级电网协调发展的坚强网架为基础,以通信信息平台为支撑,具有信息化、自动化、互动化特征,包含电力系统的发电、输电、变电、配电、用电和调度6大环节,覆盖所有电压等级,实现“电力流、信息流、业务流”的高度一体化融合,具有坚强可靠、经济高效、清洁环保、透明开放和友好互动内涵的现代电网。

建设坚强智能电网是带动中国电力工业同步或领先于世界先进水平的重要战略机遇,也是中国电力及相关行业走向世界的一次良好机会。

坚强智能电网通过提升电网的资源优化配置能力,促进大规模煤电、水电、风电等电源的集约化开发,实现大容量、高效、远距离电力传输,为满足我国持续增长的电力供应需求提供可靠的可持续能源资源保障。

坚强智能电网通过提升电网的智能化水平,大幅增强电网应对自然灾害等外界影响的能力,提升电网对于风电等分布式能源的适应性,提高电网的安全稳定运行水平和供电可靠性。

坚强智能电网通过提升发电利用效率、输电效率和电能在终端用户的使用效率,以及推动水电、核电、风能及太阳能等清洁能源开发利用,每年可以带来巨大的节能减排和化石能源替代效益,更充分地发挥电网在应对气候变化方面的重要作用。

第4章　电力电子技术

4.1　概述

通常我们将应用于信息处理领域的电子技术，称为信息电子技术，包括模拟电子技术、数字电子技术。将应用于电力变换领域的电子技术称为电力电子技术，它是利用电力电子器件对电能进行变换和控制的技术，又称功率电子学或电力电子学。其主要任务是研究各种电力电子器件，以及由这些电力电子器件所构成的各种电路及装置，合理、高效地完成对电能的变换、控制、传输和存储，为人类提供高质量电、磁能量服务。

信息电子电路的器件可工作在开关状态，也可工作在放大状态。为了避免功率损耗过大，电力电子电路的器件一般只工作在开关状态。电力电子电路和信息电子电路的许多分析方法是一致的，差异在于应用目的不同。电力电子技术与信息电子技术的主要不同在于效率问题，对于信息处理电路来说，效率大于15％仍可接受的，而对于电力电子技术而言，大功率装置效率低于85％则难以接受。

仅就电力电子技术本身而言，它主要包括两个方面的研究内容，即电力电子器件制造技术和电力电子变流技术。前者是电力电子技术的基础，后者是电力电子技术的核心。

电力电子技术是一门融合了电力技术、电子技术和控制技术的交叉学科，它既是强电（高电压、大电流）或电气工程领域的一个分支，也是弱电（低电压、小电流）或电子信息领域的一个分支，是强弱电相结合的新兴技术科学。

早在19世纪70年代，就有人开始尝试用开关控制电能。1904年出现了电子管，能在真空中对电子流进行控制，并应用于通信和无线电，从而开创了电子技术之先河。

水银整流器发明于1902年，其性能与晶闸管类似。经过不断改进，在20世纪20年代到50年代，是水银整流器迅速发展并大量应用的时期。它广泛用于电化学工业、电气化铁路、轧钢用直流电动机传动和直流输电系统。在直流输电系统，水银整流器直至1975年才完全退出历史舞台。这一时期，各种整流电路、逆变电路、周波变流电路的理论基础已经建立并广为应用。

20世纪40年代，随着电子技术的发展，人们开始探索用电机、变压器以外的电子器件进行电能变换的控制。1947年12月，美国贝尔实验室的肖克利、巴丁和布拉顿组成的研究小组，研制出一种点接触型的锗晶体管。晶体管的问世，是20世纪的一项重大发明，成为微电子技术革命先声。美国贝尔实验室又于1956年发明了晶闸管，1957年，美国通用电气公司开发出第一只晶闸管产品。

晶闸管因其电气性能和控制性能优越，很快取代了水银整流器和旋转变流机组，应用范围也迅速扩大。电化学工业、铁道电气机车、钢铁工业、电力系统的迅速发展也有力地推动了晶闸管的进步。

电力电子学的诞生应归功于晶闸管这类功率半导体器件，特别是具有较强逆变能力的快速和可关断晶闸管，以及大功率双极性晶体管。因为电力电子技术是一门关于功率变换的技术，只有当逆变用器件有一定的发展后，才能形成一门专门的学科。电力电子学（Power Electronics)这一名称在20世纪60年代开始出现。

由于大功率硅整流器能够高效率地把工频交流电转变为直流电,因此在20世纪60年代和70年代,大功率硅整流管和晶闸管的开发与应用得到迅速发展,这一时期可称为电力电子技术的晶闸管时代。

20世纪70年代出现了世界范围的能源危机,交流电机变频调速因其节能效果显著得以迅速发展。从20世纪70年代后期开始到80年代,随着变频调速装置的普及,大功率逆变用的晶闸管、GTO、GTR、P-MOSFET等全控型器件陆续问世,电力电子技术进入了逆变时代。以全控器件为基础的电力电子电路开始逐步得到广泛应用,这时的电力电子技术已经能够实现整流和逆变,但工作频率较低,尚局限在中低频范围内。

自20世纪80年代末,以IGBT为代表的集高频、高压和大电流于一身的功率半导体复合器件异军突起,为以低频技术处理问题为主的传统电力电子学,向以高频技术处理问题为主的现代电力电子学的转变创造了条件,表明传统电力电子技术已经进入现代电力电子时代。

这一时期,各种新型器件采用大规模集成电路技术,向复合化、模块化的方向发展,使得器件结构紧凑、体积缩小,并且能够综合不同器件的优点。在性能上,器件的容量不断增大,工作频率不断提高。

电力电子器件的应用已深入到工业生产和社会生活的各个方面,丰富多彩的实际需求必将极大地推动器件的不断创新。电力电子器件发展的目标是:大容量、高频率、易驱动、低损耗、微小化、模块化。微电子学中的超大规模集成电路技术将在电力电子器件的制作中得到更广泛的应用。具有高载流子迁移率、热电传导性能佳,以及宽带隙的新型半导体材料,如砷化镓、碳化硅、人造金刚石等的运用将有助于开发新一代高结温、高频率、高动态参数的器件。

电力电子技术的发展是从以低频技术处理问题为主的传统电力电子技术向以高频技术处理问题为主的现代电力电子技术方向发展。与此相对应,电力电子电路的控制也从最初以相位控制为手段的由分立元件组成的控制电路发展到集成控制器,再到如今的旨在实现高频开关的计算机控制,各种新的控制方法得到了广泛应用,正在朝着向更高频率、更低损耗和全数字化的方向迈进。高效、节能、小型化和智能化的新一代电力电子应用系统的推广普及必将为大幅度节约电能、降低材料消耗,以及提高生产效率提供重要手段,给现代生产和现代生活带来深远的影响。

4.2　电力电子器件及功率集成电路

电力电子技术的发展集中体现在电力电子器件的发展上,电力电子器件是指直接应用于承担电能的变换或控制任务的主电路中,实现电能变换或控制的电子器件。目前,电力电子器件一般专指电力半导体器件,以往还有汞弧整流器、闸流管等电真空器件。

同处理信息的电子器件相比,电力电子器件具有如下特点:电力电子器件一般都工作在开关状态,承受电压和电流的能力较强,处理的电功率大;本身存在功率损耗,包括通态损耗、断态损耗和开关转换损耗。器件封装应有散热设计,实际工作时一般也要安装散热器;在实际应用中往往需要信息电子电路来控制,即所谓的驱动电路。

电力电子器件一般有三个端子,也称为极,或管脚。其中两个联结在主电路中,第三端称为控制端或控制极。器件通断是通过在其控制端和一个主电路端子之间加一定的信号来控制的。这个主电路端子是驱动电路和主电路的公共端,一般是主电路电流流出器件的端子。

对电力电子器件，应掌握其基本结构、工作原理、外特性、开关特性、安全工作区及驱动电路等知识。

按照器件能够被控制的程度，电力电子器件可分为以下三类。

(1) 半控型器件：通过控制信号可以控制其导通而不能控制其关断，如晶闸管及其大部分派生器件，关断是由其在主电路中承受的电压和电流决定的。

(2) 全控型器件：又称自关断器件，通过控制信号既可以控制其导通，又可以控制其关断。如 IGBT、MOSFET、GTO。

(3) 不可控器件：不能用控制信号来控制其通或断。电力二极管只有两个端子，器件的通和断是由其在主电路中承受的电压和电流决定的，此类器件不需要驱动电路。

按照驱动电路信号的性质，电力电子器件可分为：电流驱动型——通过在控制端注入或者抽出电流来实现导通或者关断的控制，如晶闸管、GTO、GTR 等。电压驱动型——仅通过在控制端和公共端之间施加一定的电压信号就可实现导通或者关断的控制，如 IGBT 等。

按照器件内部电子和空穴两种载流子参与导电的情况，电力电子器件可分为：单极型器件——由一种载流子参与导电的器件，如场效应管；双极型器件——由电子和空穴两种载流子参与导电的器件，如晶闸管(电子与空穴)；复合型器件——由单极型器件和双极型器件集成混合而成的器件，如 IGBT。

1. 不可控器件——电力二极管(Power Diode)

电力二极管结构简单，工作可靠，也称为功率二极管或半导体整流器。自 20 世纪 50 年代初期就获得应用，逐步取代了汞弧整流器，现在仍大量应用于许多电气设备中。

电力二极管的基本结构和工作原理与信息电子电路中的二极管一样。原理是 PN 结的单向导电性，容量大是由于采用了垂直导电结构，由一个面积较大的 PN 结和两端引线及封装组成。从外形上看，主要有螺栓型和平板型两种封装。图 4-1 是电力二极管的符号和伏安特性，图 4-2 是几种电力二极管实物图片。

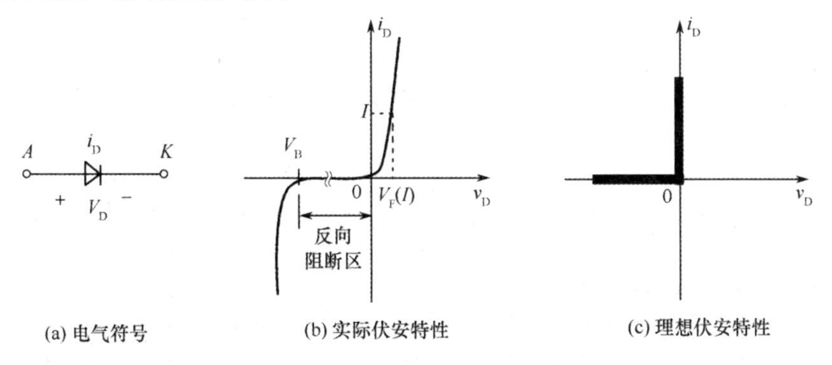

图 4-1　电力二极管符号和伏安特性

普通电力二极管又称整流二极管(Rectifier Diode)，其容量大，反向恢复时间较长，多用于开关频率不高(1kHz 以下)的整流电路。

快恢复二极管(FRD)开关特性好，反向恢复时间短，主要应用于开关电源、PWM 脉宽调制器、变频器等电子电路中，作为高频整流二极管、续流二极管或阻尼二极管使用。

肖特基二极管(SBD)反向恢复时间极短(可以小到 ns 级)，正向导通压降仅 0.4V 左右，而整流电流却可达到几千 mA，不足的是反向击穿电压比较低。适合于在低电压、大电流输出场

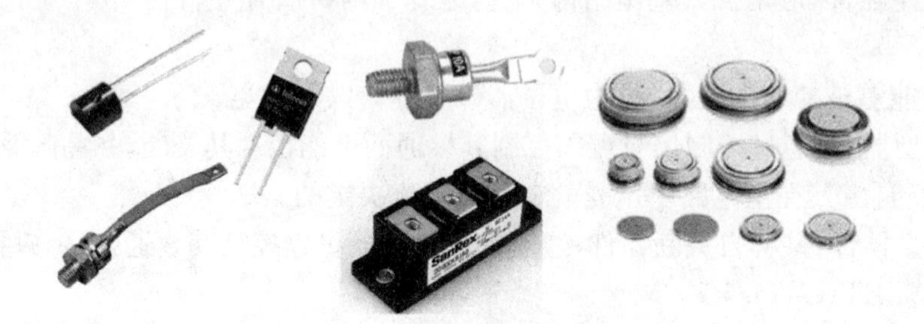

图 4-2　电力二极管及模块

合用作高频整流;在非常高的频率下用于检波和混频,在高速逻辑电路中用作钳位,在集成电路 IC 中也经常使用。

2. 半控器件——晶闸管(Thyristor)

晶闸管是硅晶体闸流管的简称,是一种具有开关作用的大功率半导体器件。它包括普通晶闸管和双向、可关断、逆导、快速等晶闸管。普通型晶闸管曾称为可控硅整流器,常用 SCR (Silicon Controlled Rectifier)表示。在实际应用中,如果没有特殊说明,皆指普通晶闸管。晶闸管主要用来组成整流、逆变、斩波、交流调压、变频等变流装置和交流开关,以及家用电器实用电路等,能承受的电压和电流量级高,工作可靠,在大功率的场合具有重要地位。由于结构所限其耐压难于超过 1500V,现今商品化的晶闸管的额定电压、电流大都不超过 1200V、800A。20 世纪 80 年代以来,晶闸管有被全控型器件取代的趋势。

普通晶闸管由三个 PN 结构成,为四层三端结构。A 为阳极,K 为阴极,G 为门极。外形有螺栓型和平板型两种封装。螺栓型封装,通常螺栓是其阳极,能与散热器紧密连接且安装方便。平板型晶闸管可由两个散热器将其夹在中间。

晶闸管的特点:当晶闸管承受反向电压时,不论门极是否有触发电流,晶闸管都不会导通;承受正向电压时,门极也加正向电压,产生足够的门极电流 I_G,则晶闸管导通,其导通过程叫触发。晶闸管一旦导通,门极就失去控制作用,仅在晶闸管电流接近于零时才关断。

图 4-3 是晶闸管的符号和伏安特性,图 4-4 是晶闸管及模块的实物图片。

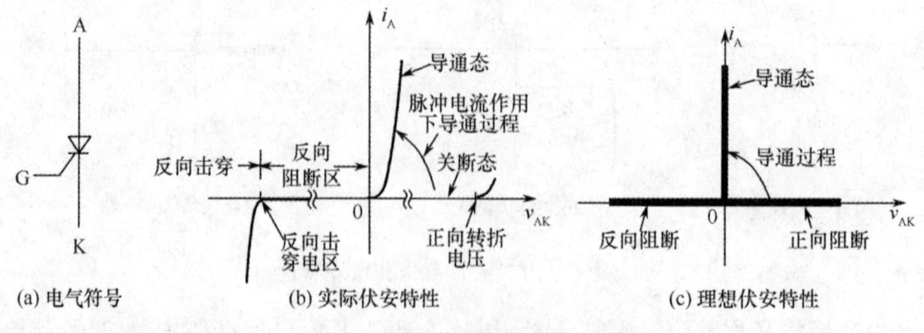

图 4-3　晶闸管的符号和伏安特性

晶闸管的派生器件主要有以下几种。

(1) 快速晶闸管(FST)

普通晶闸管关断时间为数百 μs,快速晶闸管为数十 μs,高频晶闸管为 10μs 左右。它的基本结构和伏安特性与普通晶闸管相同。目前国内已能提供最大平均电流 1200A、最高断态电压 1500 V 的快速晶闸管系列,主要应用于较高频率(400Hz 以上)的整流、逆变和变频等电路中。

图 4-4 晶闸管及模块

(2) 双向晶闸管(TRIAC)

双向晶闸管可以看成是一对反向并联的普通晶闸管。在主电极的正、反两个方向均可用交流或直流电流触发导通。

(3) 逆导晶闸管(RCT)

逆导晶闸管是将晶闸管和整流管制作在同一管芯上的集成元件。具有正向压降小、关断时间短、高温特性好等优点。不具有承受反向电压的能力,一旦承受反向电压即开通。

(4) 光控晶闸管(LTT)

光控晶闸管是利用一定波长的光照信号控制的开关器件。光触发可以保证控制电路与主电路之间的良好绝缘,并可避免电磁干扰的影响,适合应用于高压电力设备中。

3. 全控型器件

20世纪80年代以来,信息电子技术与电力电子技术在各自发展的基础上相互融合,促使高频化、全控型、采用集成电路制造工艺的电力电子器件的问世和实用化,从而将电力电子技术又带入了一个崭新时代。

(1) 门极可关断晶闸管(GTO,Gate-Turn-Off Thyristor)

GTO是一种共用阳极门极,阴极分离的结构,在晶闸管问世后不久出现。它由若干小的GTO元并联构成,GTO元与晶闸管一样都是PNPN四层三端结构;可以通过在门极施加正的脉冲电流使其导通,施加负的脉冲电流使其关断;开关频率不高,关断增益小。在大量的中小容量电力电子装置中,GTO晶闸管已基本不用,被P-MOSFET和IGBT替代。但因其工作电流大,仍是兆瓦(MW)级以上电力电子装置首选,容量水平达6000V/6000A。

(2) 电力晶体管(GTR,Giant Transistor)

GTR直译为巨型晶体管,是一种耐高电压、大电流的双极结型晶体管(BJT,Bipolar Junction Transistor),有时也称为Power BJT。在电力电子技术的范围内,GTR与BJT这两个名称是等同的。

GTR和普通双极结型晶体管的工作原理相同,是电流驱动器件,控制基极电流就可控制GTR的开通和关断,开关速度较快,饱和压降较低。曾在中、小功率范围内取代晶闸管。GTR的缺点是驱动电流较大、耐浪涌电流能力差、易受二次击穿而损坏。目前大多已被IGBT和电力MOSFET取代。

(3) 电力场效应晶体管(P-MOSFET)

MOSFET的原意是:MOS(Metal Oxide Semiconductor)——金属氧化物半导体,FET

(Field Effect Transistor)——场效应晶体管,即以金属层(M)的栅极隔离氧化层(O)利用电场的效应来控制半导体(S)的场效应晶体管。

电力场效应晶体管分为结型和绝缘栅型,两种类型,但通常主要指绝缘栅型中的MOS型场效应晶体管,简称电力MOSFET(Power MOSFET)。

电力MOSFET导电机理与小功率MOS管相同,但结构上有较大区别。小功率MOS管是横向导电器件,电力MOSFET大都采用垂直导电结构,大大提高了MOSFET器件的耐压和耐电流能力。电力MOSFET采用多单元集成结构,一个器件由成千上万个小的MOSFET组成。图4-5所示为电力MOSFET实物图和单元剖面图(N沟道增强双扩散型)及电气符号。电力场效应晶体管有三个端子:漏极D、源极S和栅极G。当漏极接电源正端,源极接电源负端时,栅极和源极之间电压为0,沟道不导电,管子处于截止状态。如果在栅极和源极之间加一正向电压U_{GS},并且使U_{GS}大于或等于管子的开启电压U_T,则管子开通,在漏极和源极间流过电流I_D。U_{GS}超过U_T越大,导电能力越强,漏极电流越大。

电力MOSFET用栅极电压来控制漏极电流,属于电压型控制器件。输入阻抗高,可以直接与数字逻辑集成电路连接,驱动电路简单,需要的驱动功率小;其开关速度快,工作频率高(可至数MHz),开关损耗小,热稳定性优于GTR,无二次击穿问题,工作可靠。但容量小,耐压低,一般只适用于功率不超过10kW的电力电子装置。

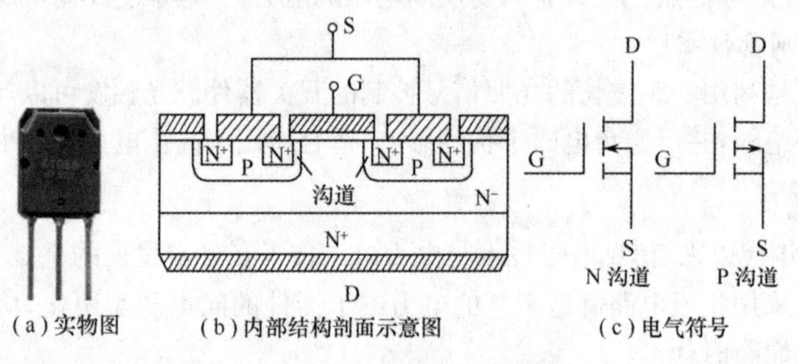

图4-5 电力MOSFET结构和符号

(4)绝缘栅型双极晶体管(IGBT)

IGBT(Insulated-gate Bipolar Transistor)是20世纪80年代中期问世的一种新型复合电力电子器件,由单极型P-MOSFET和双极型GTR复合而成。其输入极为MOSFET,输出极为PNP晶体管,融和了这两种器件的优点。由于它兼有电力MOSFET的快速响应、高输入阻抗、控制功率小、热稳定性好、易于并联和GTR的饱和压降低、电流密度大的特性,发展十分迅速。目前,IGBT的容量水平达1800A/3330V,工作频率达40kHz以上。IGBT集高频率、高电压、大电流等优点于一身,是国际上公认的电力电子技术第三次革命的最具代表性的器件,是整机系统提高性能指标和节能指标的优选产品。

IGBT的用途非常广泛,是MW级以下电力电子装置首选器件,主要用于逆变器、智能电网、新能源发电、电动机变频调速、电力机车牵引、军品随动系统、低噪音电源、UPS不间断电源,以及家用电器等领域。

IGBT与MOSFET一样也是电压控制型器件,图4-6是IGBT及模块实物图。图4-7给出了N沟道增强型IGBT结构示意图及电气符号,它的三个极分别是集电极(C)、发射极(E)和栅极(G)。若在IGBT的栅极和发射极之间加上驱动正电压,则MOSFET导通,这样PNP晶体管的集电极与基极之间成低阻状态而使得IGBT导通;若IGBT的栅极和发射极之间施加反向电压或不加信号时，则 MOS 截止，切断 PNP 晶体管基极电流的供给，IGBT 关断。

图 4-6　IGBT 及模块

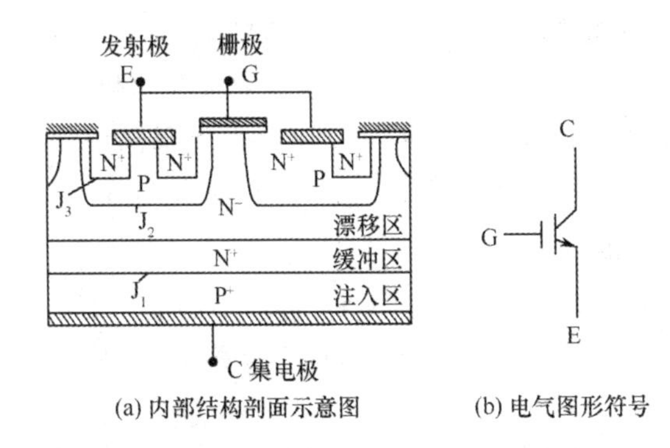

(a) 内部结构剖面示意图　(b) 电气图形符号

图 4-7　IGBT 的结构和符号

4. 其他新型电力电子器件

MOS 控制晶闸管（MCT，MOS Controlled Thyristor）是 MOSFET 与晶闸管的复合器件，结合了两者的优点，具有高电压、大电流、高载流密度、低通态压降的特点。一个 MCT 器件由数以万计的 MCT 元组成，每个元的组成为：一个 PNPN 晶闸管，一个控制该晶闸管开通的 MOSFET，和一个控制该晶闸管关断的 MOSFET。MCT 曾一度被认为是一种最有发展前途的电力电子器件，但其关键技术问题一直没有大的突破，电压和电流容量都远未达到预期的数值，未能投入实际应用。

静电感应晶体管（SIT，Static Induction Transistor）是在普通结型场效应晶体管基础上发展起来的单极型电压控制器件，将用于信息处理的小功率 SIT 器件的横向导电结构改为垂直导电结构，可制成大功率 SIT 器件。SIT 栅极不加任何信号是导通的，栅极加负偏压时关断，被称为正常导通型器件，不便使用。SIT 是多子导电器件，工作效率与电力 MOSFET 相当或更大，功率容量大于电力 MOSFET。适用于高频大功率场合，在雷达通信设备、超声波功率放大、脉冲功率放大和高频感应加热等领域获得应用。SIT 通态电阻大，通态损耗大，尚未在大多数电力电子设备中得到广泛应用。

静电感应晶闸管（SITH，Static Induction Thyristor），工作原理与 SIT 类似，在 SIT 的结构上加一 P 型层即构成 SITH。门极和阳极电压均能通过电场控制阳极电流，又称为场控晶闸管（FCT，Field Controlled Thyristor）。SITH 是两种载流子导电的双极型器件，具有电导调制效应，通态压降低、通流能力强。SITH 很多特性与 GTO 类似，但开关速度比 GTO 高得多，是大容量的快速器件，在高频大功率控制领域具有优势。SITH 一般也是正常导通型，但也有正常关断型。此外，其制造工艺比 GTO 复杂得多，电流关断增益较小，因而其应用范围还有待进一步拓展。

集成门极换流晶闸管(IGCT,Integrated Gate-Commutated Thyristor),也称门极换流晶闸管(GCT,Gate-Commutated Thyristor),是20世纪90年代后期在晶闸管技术的基础上,结合IGBT与GTO等成熟技术开发的新型器件。它不仅与GTO有相同的高阻断能力和低通态压降,而且有与IGBT相同的开关性能,兼有GTO和IGBT之所长,是一种较理想的兆瓦级、中压开关器件。它比IGBT更适合于在高电压、大功率领域中应用;同时IGCT在GTO的基础上进行了优化设计,容量与GTO相当,开关状态损耗低,开关速度快10倍,且可省去GTO庞大而复杂的缓冲电路,门极控制简单,但所需的驱动功率仍很大。目前正在与IGBT等新型器件激烈竞争,试图最终取代GTO在大功率场合的位置。

从以上介绍可见,电力电子器件的应用现状是:

以IGBT为主体,属第四代产品,制造水平2.5kV/1.8kA,MW级以下首选。仍在不断发展,试图在MW级以上取代GTO。GTO:MW级以上首选,制造水平6kV/6kA。

光控晶闸管:应用于功率更大场合,8kV/3.5kA,装置最高达300MVA,容量最大。

电力MOSFET:长足进步,中小功率领域(低压),地位牢固。

5. 功率模块与功率集成电路

将多个电力电子器件封装在一个模块中,称为功率模块。封装后可缩小装置体积,降低成本,提高可靠性。对工作频率高的电路,可大大减小线路电感,从而简化对保护和缓冲电路的要求。

将电力电子器件与逻辑、控制、保护、传感、检测、自诊断等信息电子电路集成在一个或几个芯片上,称为功率集成电路(PIC,Power Integrated Circuit)。

PIC是电力电子器件技术与微电子技术相结合的产物,实现了电能和信息的集成,是机电一体化的关键接口元件。一般认为,PIC的额定功率应大于1W。功率集成电路还可以分为高压功率集成电路(HVIC,High Voltage IC)、智能功率集成电路(SPIC,Smart Power IC)和智能功率模块(IPM,Intelligent Power Module)。

HVIC是多个高压器件与低压模拟器件或逻辑电路在单片上的集成,由于它的功率器件是横向的,电流容量较小,而控制电路的电流密度较大,故常用于小型电机驱动、平板显示驱动及长途电话通信电路等高电压、小电流场合。

SPIC是由一个或几个纵型结构的功率器件与控制和保护电路集成而成,电流容量大而耐压能力差,适合作为电机驱动、汽车功率开关及调压器等。

IPM除了集成IGBT等功率器件和驱动电路,还集成了过压、过流、过热等故障监测电路,并可将监测信号传送至CPU,以保证IPM自身在任何情况下不受损坏。具有集成度高、体积小、可靠性高、使用方便的优点。在PIC中,高、低压电路(主回路与控制电路)之间的绝缘或隔离问题以及开关器件模块的温升、散热问题一直是PIC发展的技术难点。IPM在一定程度上回避了这些难点,已在小功率电力电子变换器中得到较多的应用。较大功率的IPM也已开始应用于高速列车牵引的电力传动系统的电力变换器等领域。

功率集成电路PIC,实现了电能变换和信息处理的集成化,它与高压化、高频化、数字化及智能化一样是未来电力电子变换和控制技术的发展方向。

4.3 电力电子变流技术

电能便于传输、转换与控制,电力用户从公用电网直接得到的是交流电,从蓄电池和干电池得到的是直流电。固定频率(我国和大多数国家是50Hz)的交流电在许多精确或特定功能的电路中尚不能满足用户要求,因此必须进行电力变换,此种技术称为变流技术。所变换的电力,可大到数百MW甚至GW,也可小到数W甚至mW级。实际应用中,经常需要在交直流之间,或对同种电能的一个或多个参数(如电压,电流,频率,相数和功率因数等)进行变换。

电力电子变流技术(Power Electronic Conversion Technique)定义为用电力电子器件构成电力变换电路(Power Conversion Circuit)和对其进行控制的技术,及构成电力电子装置和电力电子系统的技术。变流技术的目标主要是节约能源、提高效率,包括减小变换器的大小和重量,提高它们的变换效率,降低谐波失真和成本。

要使电力电子变换装置获得较高的动态性能和稳态精度,必须采用相应的控制规律或控制策略。例如,PWM技术对直流调速、交流调速、开关电源的影响极大;有源功率因数校正技术,采用电压电流波形跟踪,输出电压反馈和电压前馈控制,能使普通整流装置的功率因数从0.5提高到0.99以上;软开关技术通过谐振电路使得器件在零电压或零电流的状态下进行开关,可减小电力电子器件的开关损耗。

电力电子变换电路的控制方式,通常是按照器件开关信号与控制信号间的关系分类,主要有:

① 相控式——器件开通信号的相位,即导通时刻的相位受控于控制信号幅度的变化,通过改变器件的导通相位角来改变输出电压的大小。晶闸管整流和交流调压电路均为这种控制方式。

② 频控式——用控制信号的幅值变化来改变器件开关信号的频率,以实现对器件开关工作频率的控制。这种控制方式多用于DC/AC变换电路中。

③ 斩控式——利用控制信号的幅值来改变一个开关周期中器件导通占空比,器件以远高于输入、输出电压频率的开关频率运行。主要是脉宽调制方式PWM,在全控型器件未投入使用时,这种控制方式仅用于直流电压控制器。在全控型器件投入使用后,这种控制方式可完成各种形式的电能变换和控制,以获得比前两种控制方式更好的整体性能。

电力电子变换电路在工作时,各开关器件按某一特定次序轮流导通向负载提供电能。因此,流向负载的电能一定要从一个或一组元器件向另一个或另一组元器件转移,这个过程叫作换流或换向。换流的过程总是在某个开关器件被开通的同时要关断原来导通着的开关器件,按导通开关器件的关断方式,换流方式可分为4种。

① 器件换流——利用全控型器件的自关断能力进行换流。

② 电网换流——由电网提供换流电压使其关断,这种换流方式只适用于有交流电网存在的场合,如整流电路,不适用于没有交流电网的无源逆变电路。

③ 负载换流——由负载提供换流电压或电流使其关断。凡是负载电流的相位超前于负载电压的场合,都可实现负载换流,如容性负载。

④ 强迫换流——由外部电路向导通器件强迫施加反向电压或反向电流使其关断,这种换流方式需要设置附加的换流电路。强迫换流通常利用附加电容器上所储存的能量来实现,因此也称为电容换流。

上述4种换流方式中,后3种主要是针对晶闸管而言的。器件换流和强迫换流是因为器件或变流器自身原因而实现的换流,也称为自换流;电网换流和负载换流不是依靠变流器自身的原因,而是借助于外部手段(电网电压或负载电压)来实现的换流,也称为外部换流。

电力电子系统由控制电路、驱动电路、检测电路和以电力电子器件为核心的主电路构成。

控制电路按照某种控制规律及控制方式为变换电路中的功率开关器件提供控制极驱动信号。早期的控制电路采用数字或模拟的分立元件电路，随着专用大规模集成电路和计算机技术的迅速发展，16位和32位的微处理器、DSP芯片、功率变换器的专用芯片、现场可编程器件等已大量地应用于电力电子的控制电路中，大大增强了完成复杂控制规律的能力，提高了系统的可靠性和设计的灵活性。

驱动电路和检测电路应与主电路强电部分进行电气隔离，通过其他手段如光、磁等来传递信号。比起主电路中的普通元器件，电力电子器件价格昂贵，因此在主电路和控制电路中还要加设适当的保护电路。电力电子系统及装置常称作变换器或变流器(converter)。

变流技术应用范围大致分为5个方面：整流，实现AC/DC变换；逆变，实现DC/AC变换；变频，实现AC/AC(AC/DC/AC)变换；斩波，实现DC/DC(AC/DC/DC)变换；静止式固态断路器，实现无触点的开关、断路器的功能，控制电路的通断。利用以上基本变换电路还可以组合成许多复合型电力电子电路。

在电力电子器件出现前，电能变换主要是依靠旋转电机和变压器来实现的。电力电子器件组成的静止的电能变换器则具有体积小、重量轻、无机械噪声和磨损、效率高、响应快、易于控制、使用便捷等优点。

为了尽量提高电能变换的效率，电力电子电路应采用开关控制方式实现电能变换。器件只有工作在开关状态，才能降低变换过程中的电能损耗。

电能变换电路中理想开关只有断态与通态两种状态，应满足以下条件：

① 开关处于关断状态时能承受高的端电压，并且流过开关的泄漏电流为零；

② 开关处于导通状态时能流过大电流，而且此时开关两端电压为零；

③ 导通、关断切换时所需开关时间为零；

④ 寿命长，长期反复地开关也不损坏。

实际的电力电子器件与理想器件是有一定差距的，但可近似满足以上条件。选择电力电子器件作为电能变换电路中开关，可基本满足条件①和②，较好满足条件③和④；若选择机械开关，可满足条件①和②，但不满足条件③和④。机械开关是通过机械的方式开断电路，虽然在触点上产生的损耗极小，适用于大功率电路开断。但其动作速度慢，要产生电弧，寿命短，因此不宜采用。在以功率变换和控制为目的的电力电子电路中，采用电力电子器件构成的半导体开关，其最大特点是能高速地实现电路的导通与关断，且寿命长，可精确地变换功率。

4.3.1　AC-DC变换

AC-DC变换把交流电变换成固定或可调的直流电，这种变换称为整流，对应的变换装置称为整流器。整流电路是最早应用的电力电子电路之一。

整流的基本原理如图4-8所示，利用理想开关S1～S4的导通与关断的组合，可由交流形成直流。同时，控制开关导通的时间，可控制直流电压大小。

整流电路在通用交—直—交电源系统、可调速的直流传动系统和交流传动系统、发电机励磁调节系统、高压直流输电系统、新能源发电、电解、电镀等领域得到广泛应用。

大多数整流电路通常由主电路和控制电路组成，主电路包括交流电源、整流器、滤波器和负载，如图4-9所示。20世纪70年代以后，整流器多用硅整流二极管和晶闸管组成。滤波器

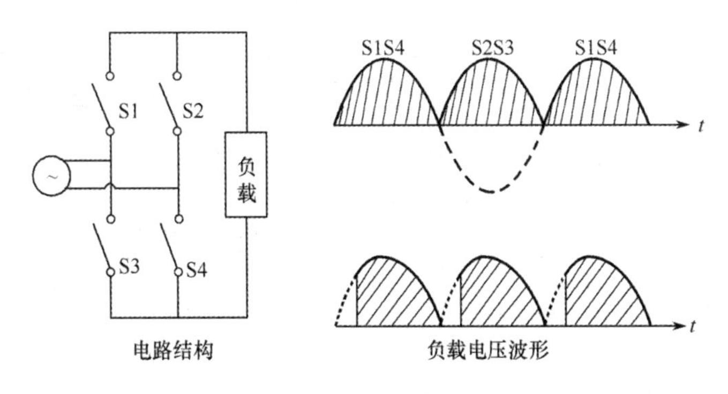

图 4-8　AC-DC 变换原理示意图

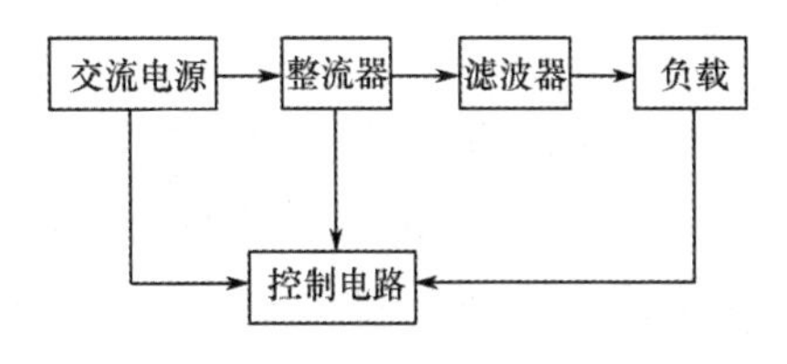

图 4-9　整流电路的基本组成

接在主电路与负载之间，用于滤除脉动直流电压中的交流成分。交流电源来自工频电网或整流变压器，变压器设置与否视具体情况而定。变压器的作用是实现交流输入电压与直流输出电压间的匹配以及交流电网与整流电路之间的电隔离。负载包括阻性负载、阻感负载、反电势负载等。

整流电路的分类有以下几种方式：

① 根据整流电路交流输入相数，可分为单相整流电路、三相整流电路和多相整流电路。

应用广泛的单相可控整流电路线路简单、造价低、维护方便。但其输出的直流电压脉动系数较大，若想改善波形，就需加入电感量较大的平波电抗器，因而增加了设备的复杂性和造价；又因为其接在电网的一相上，当容量较大时，易使三相电网不平衡，影响供电质量。因此，单相可控整流电路只用在较小容量的场合，一旦功率超过 4kW 或要求电压脉动系数小的场合一般采用三相可控整流电路。

② 根据电路结构，可分为半波整流电路、全波整流和桥式整流电路。

③ 根据所采用的器件，可分为不可控整流电路、半控整流电路和全控整流电路。对可控整流电路常采用相控整流或 PWM 整流控制方式。

不可控整流电路的整流器件全部由整流二极管组成，其整流输出电压仅取决于交流输入电压的大小而不能调控。全控整流电路的整流器件全部由晶闸管或其他可控器件组成，半控整流电路的整流器件由整流二极管和晶闸管混合组成。图 4-10 所示为常用的三种三相桥式整流电路。图 4-10(a)是不可控整流；图 4-10(b)是全控整流，将不可控整流电路中的二极管换成 SCR；图 4-10(c)是半控整流，将不可控整流电路中共阴接法的二极管换成 SCR。

传统的可控整流是利用晶闸管的相控技术实现的，晶闸管相位控制整流的优点是控制简单、运行可靠，适用于超大功率的应用场合。它的缺点是产生低次谐波，造成电网谐波污染，同时对电网呈感性负载，功率因数低。20 世纪 80 年代后期，将 PWM 技术引入整流器的控制之中，使整流器网侧电流正弦化，功率因数可控制在较高水平。

④ 根据整流电路输出电压方向、电流方向及功率流向，又可分为单象限整流电路、两象限整流电路和四象限整流电路。

对整流电路的基本技术要求是：输出电压的可调范围要大，脉动要小；交流电源功率因数要高，谐波电流要小；器件导通时间要尽可能长，承受正反向电压要低；变压器利用率要高，尽量防止直流磁化；此外整流器的效率、重量、体积、成本、电磁干扰 EMI 和电磁兼容性 EMC，以

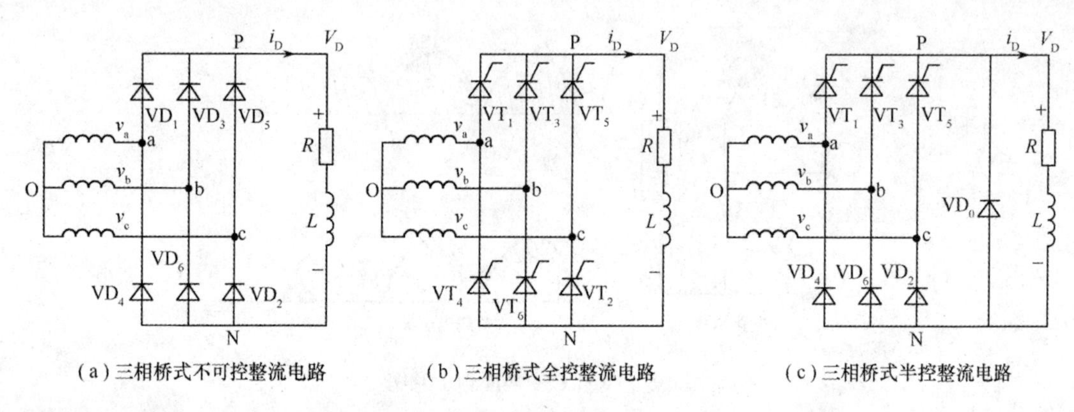

(a)三相桥式不可控整流电路　(b)三相桥式全控整流电路　(c)三相桥式半控整流电路

图 4-10　三相桥式整流电路

及对控制指令的响应特性都是评价整流器的重要指标。

衡量整流电路性能指标主要有:电压波形系数,整流输出电压有效值与平均值的比值;电压纹波系数,交流谐波分量有效值(称为纹波电压)与输出电压直流平均值的比值;电压脉动系数,n次谐波幅值与输出电压直流平均值的比值;变压器利用系数,整流输出直流功率平均值与整流变压器二次侧视在功率之比值;输入电流总畸变率,输入电流中所有谐波电流有效值与基波电流有效值之比值。

在分析实际电力电子系统时,通常在理想条件下进行研究,得到系统的主要结论,然后再将被忽略的因素考虑进来,使结论更接近于实际。研究整流电路的理想条件是:理想电力电子器件——正向导通时阻抗为零,断态时阻抗为无穷大;理想电源——整流电路的交流输入电压为对称、无畸变的正弦波;理想运行状态——分析过程中假设电路已经达到稳态工作阶段。

整流电路分析的要点是:

(1) 根据开关器件的导通/关断条件,确定其导通时刻、关断时刻,绘出整流输出电压和电流波形,由此可进一步绘出有关器件上的电压和电流波形;

(2) 应用电路理论中的平均值、有效值概念,推导出上述波形随控制角变化的数学表达式。

4.3.2　DC-AC 变换

逆变电路是与整流电路相对应的,把直流电变换成频率和电压均可调的交流电的电路称为逆变电路,对应的变换装置称为逆变器。当交流输出接电网时,称为有源逆变;当交流输出直接接负载时,称为无源逆变。无源逆变是电力电子技术中最为活跃的部分,通常所讲的逆变电路,一般多指无源逆变电路。当无源逆变装置输出频率可变的交流电时,也称为变频器,用于各种变频电源和中、高频感应加热电源等场合。

逆变电路可用于构成各种交流电源,在国民经济各部门、国防和社会生活中得到广泛应用。由公共电网向交流负载供电是最普通的供电方式,但随着生产的发展和高新技术的应用,相当多的用电设备对电源质量和参数有特殊要求,以至难于由公共电网直接供电。诸如蓄电池、干电池、太阳能光伏电池等各种直流电源当需要向交流负载供电时必须先进行逆变;变频器、不间断电源、感应加热电源、风力发电、电解电镀电源、高频直流焊机、电子镇流器等,它们的核心部分都是逆变电路,其基本作用是在控制电路的控制下,将中间直流电路输出的直流电源转换为频率和电压都可任意调节的交流电源。为了满足这些要求,各种形式的逆变器应运而生。

逆变的基本原理如图 4-11 所示，理想开关 S1～S4 是逆变电路的 4 个桥臂。当开关 S1、S4 闭合，S2 、S3 断开时，负载电压为正；当开关 S1、S4 断开，S2 、S3 闭合时，负载电压为负。利用 S1～S4 的导通与关断的组合，将负载电压值控制在正负范围。同时，也可控制负载上交流电压的频率。逆变电路的输出可以是任意多相，实际应用中多数采用单相或三相，单相逆变电路适用小功率，三相逆变电路适用于中、大功率。

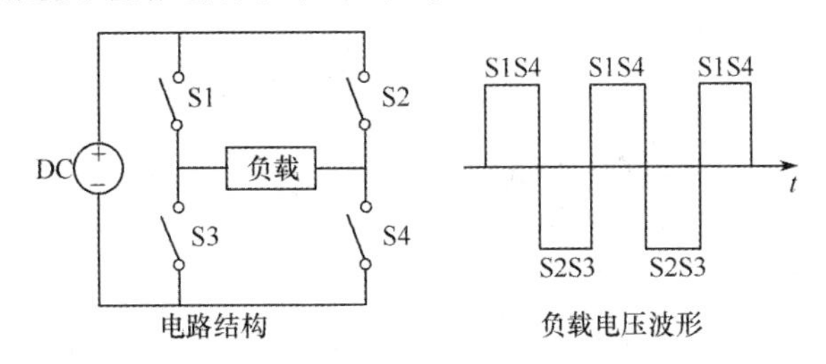

图 4-11　DC-AC 变换原理示意图

逆变电路的核心是主逆变电路，此外还要有驱动与控制电路、输入电路、输出电路和辅助与保护电路等，如图 4-12 所示。各部分电路的主要功能如下：

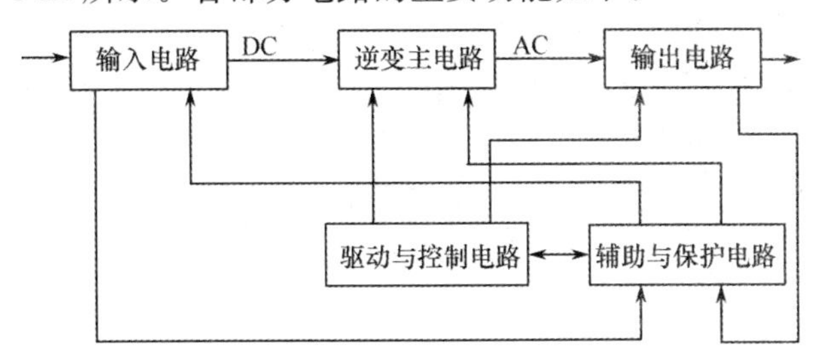

图 4-12　逆变电路的基本组成

（1）逆变主电路：由电力电子开关器件组成的变换电路，是能量变换的主体，分为隔离式和非隔离式两大类。如变频器、能量回馈等都是非隔离式逆变电路；UPS、通信基础开关电源等是隔离式逆变电路。

（2）输入电路：逆变主电路的输入为直流电，输入电路为了保证直流电源为恒压源或恒流源，必须设置储能元件。采用电容元件可保证电压稳定，采用电感元件可保证电流稳定。

（3）输出电路：对主逆变电路输出的交流电的质量（包括电压或电流的波形、频率、幅值、相位等）进行修正、补偿、调整，使之满足用户要求。主要部分是滤波电路，对于隔离式逆变电路，输出电路还包含逆变变压器；对于闭环控制的逆变电路还应包括输出量检测电路，使输出量反馈到控制电路。

（4）驱动与控制电路：为主逆变电路提供一系列的控制脉冲来控制逆变开关管的导通和关断，配合主逆变电路完成逆变功能；完成逆变电路的调压、调频或稳压、稳频等功能；在逆变电路中，控制电路与主逆变电路同样重要。

（5）辅助与保护电路：辅助电源部分将输入电压变换成适合控制电路工作的直流电压，包括多种检测电路。保护电路用于防止在故障或非正常情况下电路受到破坏，根据需要可实现输入过压、欠压保护；输出过压、欠压保护；过流和短路保护；过热保护等。

逆变电路的分类有以下几种：

(1) 根据输入直流侧电源的性质可分为电压源型逆变电路(VSI,Voltage Source Type Inverter)和电流源型逆变电路(CSI,Current Source Type Inverter)。

电压源型逆变电路的直流侧为电压源或并联大电容器,如图4-13所示。直流侧电压基本无脉动;输出电压为矩形波,输出电流因负载阻抗不同而不同。

电流源型逆变电路的直流侧为电流源或串联大电感器,如图4-14所示。直流侧电流基本无脉动;交流输出电流为矩形波,输出电压因负载不同而不同。电流型逆变电路中,采用半控型器件的电路仍应用较多。

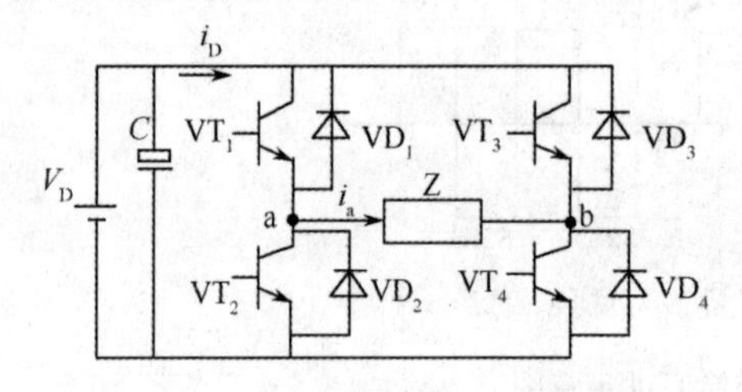

图4-13　电压源型逆变电路

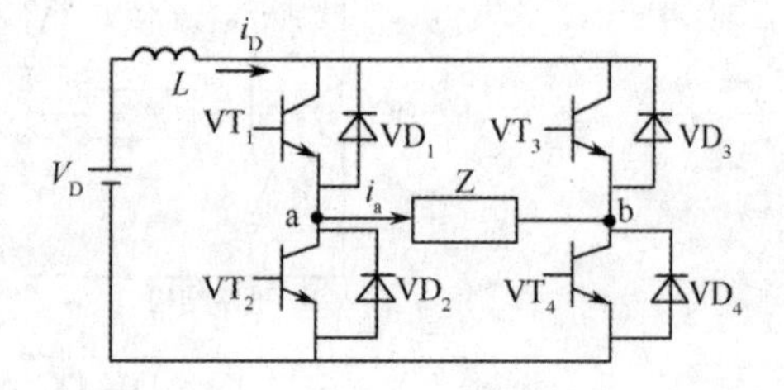

图4-14　电流源型逆变电路

(2) 根据输出交流电压的性质可分为恒频恒压正弦波逆变电路和方波逆变电路、变频变压逆变电路、高频脉冲电压(电流)逆变电路。

(3) 根据逆变电路结构的不同可分为单端式、半桥式、全桥式和推挽式逆变电路。图4-15所示是电压型三相桥式逆变电路。

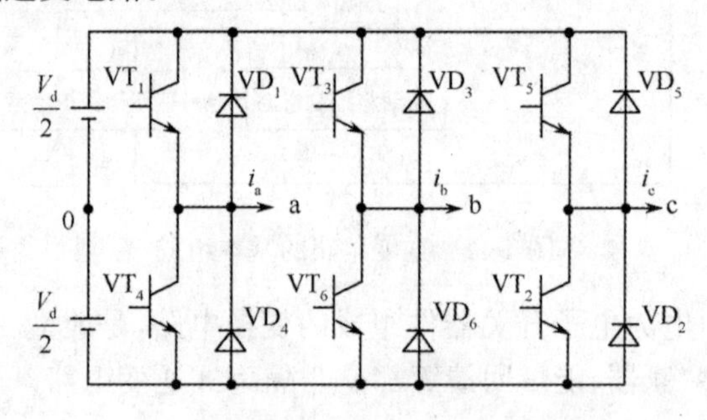

图4-15　电压型三相桥式逆变电路

(4) 根据所用电力电子器件的换流方式不同,可分为自关断、强迫关断、电网换流(有源逆变电路)、负载谐振换流逆变电路等。

(5) 按输入与输出的电气隔离类型,可分为非隔离型、工频隔离型、高频隔离型逆变电路。图4-16所示是一种光伏发电系统的并网逆变器拓扑结构,光伏电池阵列产生的直流电经逆变后,送入公用电网,采用工频隔离方式。

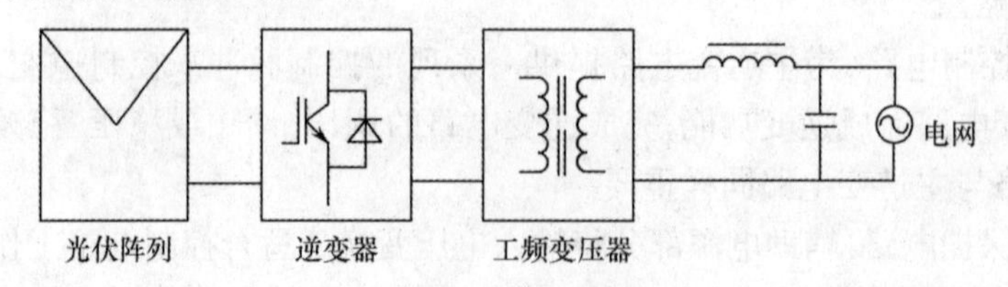

图4-16　并网逆变器拓扑结构

(6) 按输出交流频率的不同,可分为:工频(50或60Hz)逆变电路,用于大多数应用场合;

中频(400Hz～几十 kHz)逆变电路,用于工业、军品领域;高频(几十 kHz～几 MHz)逆变电路,用于特殊应用领域。

逆变电路最重要的特性是要输出电压大小可调,输出电压波形质量好,频率的调节则相对简单。衡量逆变电路性能指标主要有:谐波系数,第 n 次谐波系数定义为第 n 次谐波分量有效值与基波分量有效值之比。总谐波系数,表征一个实际波形同其基波分量接近的程度。该系数越小,说明它越接近基波。畸变系数,电压或电流谐波分量的均方根值与基波分量的均方根值之比,有时也定义为电压或电流谐波分量的均方根值与畸变波形的总均方根值之比。最低次谐波,定义为与基波频率最接近的谐波。还有逆变效率、单位重量(或体积)输出功率、可靠性指标、电磁兼容性等。

在逆变电路的许多应用领域中,除了要求逆变电路输出电压和频率能同时、连续、平滑调节,还要求输出电压的基波分量尽可能大,谐波含量尽可能小。因此 ,在实际应用中绝大多数采用脉宽调制(PWM,Pulse Width Modulation)型逆变电路,即把 PWM 控制技术运用到由全控型器件所构成的逆变电路中。PWM 控制技术就是对脉冲宽度进行调制的技术,通过对逆变电路中的开关器件进行高频通、断控制,使逆变电路输出一系列等幅不等宽的脉冲。按照一定的规则调制脉冲的宽度,不仅可实现逆变电路输出电压和频率的同时调节,而且能消除输出电压的低次谐波,只剩下幅值很小、易于抑制的高次谐波,从而极大地改善逆变电路的输出性能。PWM 逆变电路的主要特点是:电路结构简单、动态响应快、控制灵活、调节性能好、成本低,可以得到相当接近正弦波的输出电压和电流。

PWM 技术在电力变换电路中的应用十分广泛,它使电力电子装置的性能大大提高。1964 年,德国的 A. Schonung 等人率先提出了脉宽调制变频的思想,把通信系统的调制技术推广于交流变频调速系统。这种调速控制系统的核心部件是逆变器。随着电力电子技术与微处理器技术的发展,逆变器的功率不断增大,功能日益强大,性价比越来越高。正是通过在逆变电路中的出色表现,PWM 控制技术才确立了它在电力电子技术中的重要地位。40 多年来,PWM 技术日臻完善,不断创新与发展。

4.3.3　DC-DC 变换

将一个不受控制的输入直流电压变换成为另一个受控的输出直流电压称之为 DC-DC 变换。DC-DC 变换电路也称为直流斩波电路,对应的变换装置称为斩波器。斩波器一词来源于英文的“chopper”,意思是指以高频率控制直流通、断的装置。用斩波器斩切直流的基本思想是:如果改变开关的动作频率,或改变直流电流接通和断开的时间比例,就可以改变加到负载上的电压、电流平均值。

斩波器具有效率高、体积小、重量轻、成本低等优点,用途广泛。例如:直流斩波常用于直流牵引变速拖动系统、可调整直流开关电源、无轨电车、地铁列车、蓄电池供电的机动车辆的无级变速以及电动汽车的控制等方面。

直流斩波的基本原理如图 4-17 所示,利用开关 S 的导通和关断,控制负载上的直流电压。当开关交替地通断时,负载上就得到脉冲列,负载平均电压为

$$U_O = \frac{t_{on}}{T}U_S = \alpha U_S \tag{4-1}$$

式中,T 为斩波周期;t_{on}为开关导通时间;α 为导通比。改变 α 可改变输出电压的平均值。

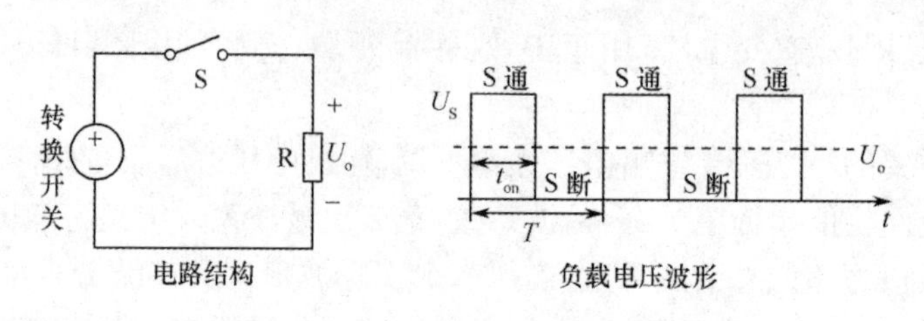

图 4-17　DC-DC 变换原理示意图

由式(4-1)可知,斩波器的控制方式有三种:

(1) 定频调宽控制法。保持斩波周期不变,即频率不变,改变开关导通时间。此即 PWM 调制。

(2) 定宽调频控制法。保持开关导通时间不变,改变斩波周期即开关频率可变。

(3) 调频调宽混合调制法。同时改变导通时间和斩波周期。

实际电路大多采用 PWM 控制方式,这是因为频率调制控制方式容易产生谐波干扰,而且滤波器设计也比较困难。

直流斩波电路的最常见功能就是调节电压,它还可以控制负载上获得的电功率,即具有功率控制功能。在某些场合,它可被用来调节阻抗等。依直流斩波电路的功能可以将其分为功率控制型、调压型、调阻型等。

直流斩波电路还可以按斩波开关所用的器件分类,有晶闸管斩波电路、BJT 斩波电路、MOSFET 斩波电路和 IGBT 斩波电路等。由于晶闸管没有自关断能力,采用晶闸管构成斩波电路时,必须设置专门的强迫换流电路来实现关断,因此电路结构比较复杂。由全控型器件构成的斩波器,其主电路的结构则相对简单。

按照输出电压、电流的极性,直流斩波电路可分为:单象限斩波电路——输出电压和电流均不可逆;两象限斩波电路——仅输出电流或输出电压可逆;四象限斩波电路——输出电流和电压均可逆。

直流斩波电路还有无变压器隔离和有变压器隔离之分。无变压器隔离的直流斩波基本电路有降压斩波电路(Buck 电路)、升压斩波电路(Boost 电路)、升降压斩波电路(Buck-Boost 电路)、Cuk 斩波电路、Sepic 斩波电路、Zeta 斩波电路等,其中降压斩波电路和升压斩波电路是二种最基本的斩波电路。

在降压斩波电路、升压斩波电路等基本的斩波电路中引入隔离变压器,使输入电源与负载之间实现电气隔离,可提高装置运行的安全可靠性和电磁兼容性。

带隔离变压器的直流斩波电路主要应用于电子仪器的电源部分、电力电子系统或装置的控制电源、计算机电源、通信电源与电力操作电源等领域。带隔离变压器的多管直流斩波电路常用于大功率场合。

有变压器隔离的直流斩波电路常用的有单端反激变换电路、单端正激变换电路、推挽变换电路、半桥变换电路、全桥变换电路。

目前存在多种变压器隔离直流斩波电路方式:正激、推挽、半桥、全桥变换电路通常是 Buck 斩波电路的隔离方案,反激式变换电路是 Buck-Boost 斩波电路的隔离方案。

将不同的基本斩波电路加以组合,可构成复合斩波电路。将几个相同结构的基本变换电路组合可以构成多相多重直流斩波电路。

图 4-18 是降压斩波电路的基本原理图,由全控型开关管和续流二极管构成了一个最基本的 DC-DC 降压变换电路,L 是储能电感器,C 是滤波电容器。这种变换电路被称为 Buck 变换

电路，又称为串联开关稳压电路。视 i_L 是否连续，它有两种基本工作模式，即连续导电模式和不连续导电模式。典型用途之一是拖动直流电动机，也可带蓄电池负载。

Buck 变换电路是一种输出电压平均值 U_o 小于或等于输入电压 U_S 的单开关管非隔离型的直流电压变换电路。在连续导电模式下，U_o 与 U_S 的关系式与式(4-1)相同。

图 4-19 是升压斩波电路的基本原理图，也称为 Boost 电路。用于将直流电源电压变换为高于其值的直流电压，实现能量从低压向高压侧负载的传递，可用于电池供电设备中的升压电路、单相功率因数校正电路、液晶背光电源等。同 Buck 变换器一样，Boost 变换器也有电感电流连续和断续两种工作方式。在连续导电模式下，输出电压平均值 U_o 的表达式为

$$U_o = \frac{1}{1-\alpha} U_S \tag{4-2}$$

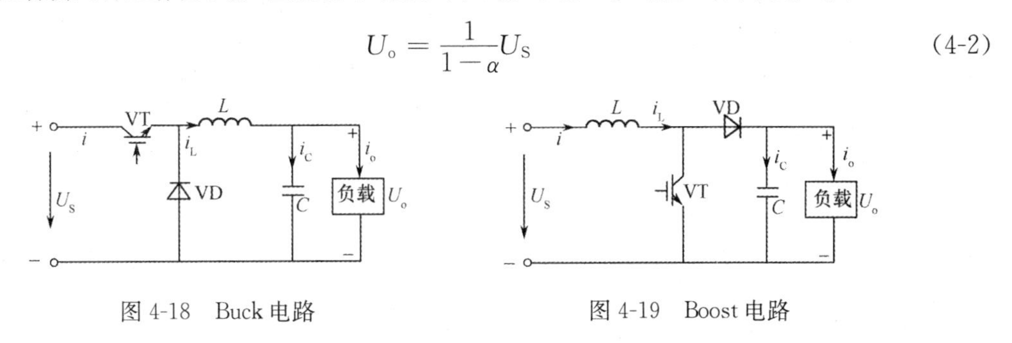

图 4-18　Buck 电路　　　　图 4-19　Boost 电路

由式(4-2)可知，输出电压值高于电源电压，所以称此电路为升压斩波电路。电压升高的原因是电感器 L 储能使电压泵升，电容器 C 又有维持输出电压作用。

图 4-20 是升降压斩波电路的基本原理图，它的输出电压平均值可以大于或小于输入直流电压值，也称为 Buck-Boost 电路。它是由 Buck 电路与 Boost 电路串接而成，当斩波开关 VT 导通时，输入端向电感器 L 提供能量，续流二极管 VD 反偏，电容器 C 向负载提供能量。当斩波开关 VT 断开时，储存在电感器中的能量传递给输出端负载。它的输入电压极性与输出电压极性相反，输入为正时输出为负，也称作反极性斩波电路。

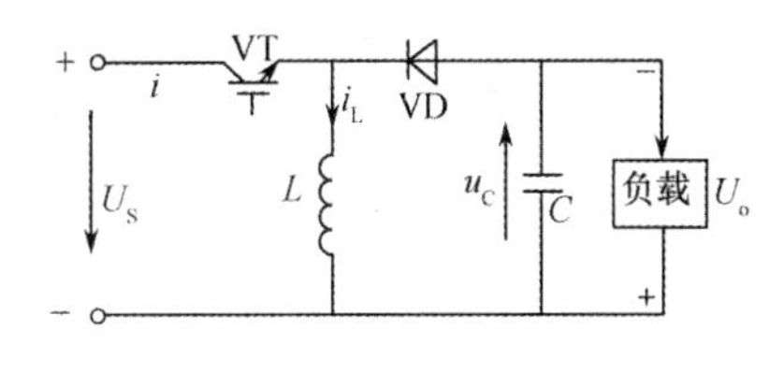

图 4-20　Buck-Boost 电路

Buck-Boost 电路同样有电感电流连续和断续两种工作方式。在连续导电模式下，输出电压平均值 U_o 的表达式为

$$U_o = \frac{\alpha}{1-\alpha} U_S \tag{4-3}$$

当 $\alpha<1/2$ 时它是降压斩波器，当 $\alpha>1/2$ 时它是升压斩波器。注意输出电压的极性已经改变。

Buck-Boost 电路可以灵活改变电压的高低，还能改变电压的极性，常用于电池供电设备中产生负电源的设备和各种开关稳压器等。

4.3.4　AC-AC 变换

将一种形式的交流电变换为另一种形式的交流电的电路称为交流变换电路，在很多场合需要采用 AC-AC 变换来控制交流电。

只改变电压大小或仅对电路实现通断控制，而不改变频率的交流变换电路称为交流电力控制电路，对应的变换装置称为交流电压控制器。根据控制方式可分为交流调压电路、交流调功电路和交流无触点开关三种形式。

单相电压控制器常用于小功率单相电动机、照明和电加热控制等，三相交流—交流电压控制器的输出是三相恒频变压交流电源，通常给三相交流异步电动机供电，实现异步电动机的变压调速，或作为异步电动机的启动器使用等。

而将工频交流电直接转变成其他频率的交流电，称为交—交直接变频，对应装置称为交—交变频器或周波变换器(Cycloconvertor)。交—交直接变频方式分为传统电网换相(相控)与高速自关断PWM两种，后者也称矩阵变换器(Matrix Converter)。

交—交间接变频通过中间环节，即AC-DC-AC，即要进行AC-DC变换和DC-AC变换。开关器件一般采用可关断器件，如P-MOSFET和IGBT等，其输出频率可以大于或小于输入频率，最小频率可接近于零，最大频率只受开关器件工作频率限制。这种变换器又称逆变器，通常在中等功率范围内应用，其工作原理在DC-AC变换中已有讲述。

(1) 交流调压电路

AC-AC电压变换基本原理如图4-21所示，控制S1、S2开关导通的时间，可控制交流电压大小。

实际电路中，将两个晶闸管反并联后，再串联在交流电路中，通过对晶闸管的控制就可实现控制交流电力。图4-22是单相交流调压电路，图4-23是几种三相交流调压电路。负载电压、负载功率的大小由触发角 α 确定，每半个周波内通过对晶闸管开通相位的控制，调节输出电压有效值。交流调压电路常见的负载有电阻性负载和电阻电感负载，两种负载的工作特性和波形有较大区别，需分别加以分析。

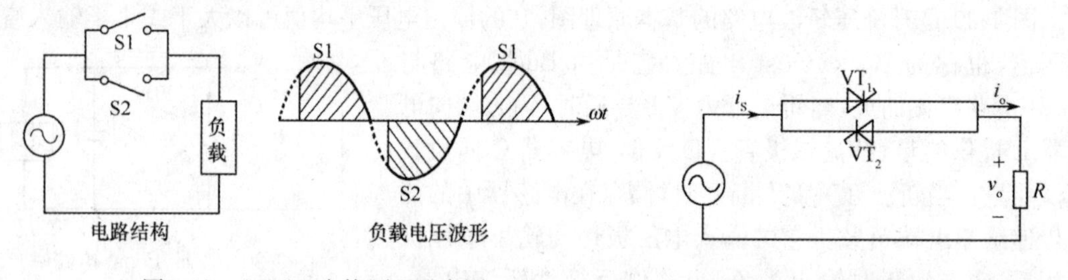

图4-21 AC-AC变换原理示意图

图4-22 单相交流调压电路

另一种交流调压电路是运用全控型开关器件在电源的一个周期内接通和断开若干次，把正弦波电压变成若干个脉冲电压，通过改变开关器件的占空比来实现交流调压，这种电路称为交流斩波调压电路。具有功率因数高，谐波含量小，输出电压的大小可连续可调，响应速度快等特点，基本上克服了相控方式的缺点。

(2) 交流调功电路

交流调功电路的直接调节对象是电路的平均输出功率，其电路形式与交流调压电路相同，但控制方式不同。交流调压电路在每个电源周期都对输出电压波形进行控制。交流调功电路不是在每个交流电源周期都对输出电压波形进行控制，而是将负载与交流电源接通几个整周波，再断开几个整周波，通过改变通断周波数的比值来调节负载所消耗的平均功率。

(3) 交流无触点开关

交流无触点开关又称为交流电力电子开关，把晶闸管反并联后再串入交流电路中，代替电路中的机械开关或电磁式的开关，根据负载或电源的需要接通或断开电路。

与交流调功电路的区别在于它并不控制电路的平均输出功率。没有明确的控制周期，只是根据需要控制电路的开断，控制频度通常比交流调功电路低得多。

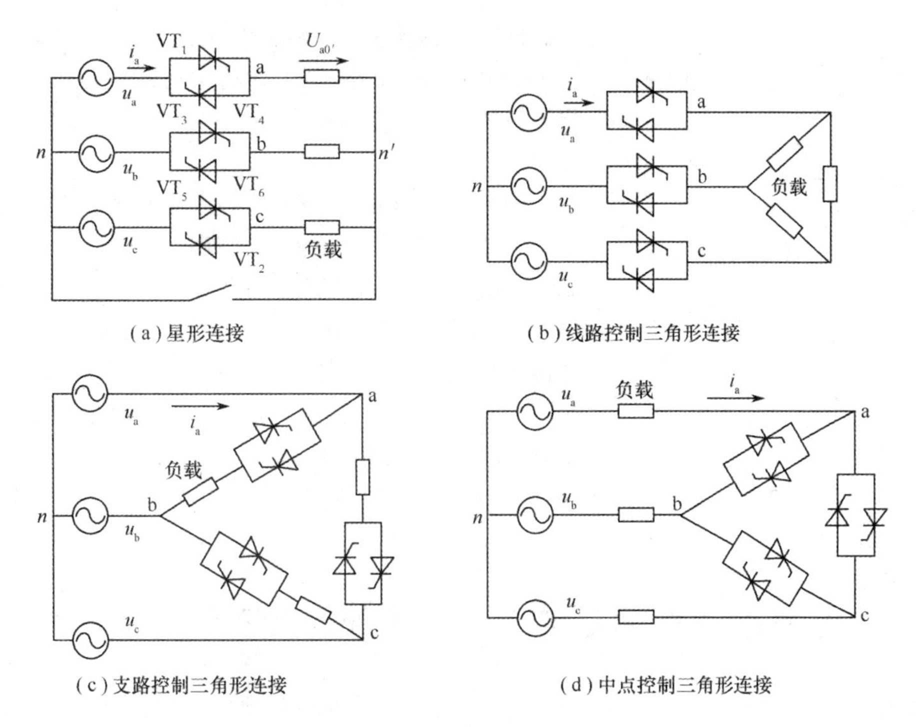

图 4-23　三相交流调压电路

与有触点的开关相比它具有响应速度快、无触点、寿命长、控制功率小、可频繁控制通断、灵敏度高等优点。因此，通常用来控制交流电动机的正反转、频繁启动、间歇运行；变压器抽头切换；固态继电器等。由于不存在火花及拉弧等现象，更适用于化工、冶金、煤炭、纺织、石油等要求无火花防爆场合。

(4) 交—交直接变频电路

相控直接变频电路的开关器件是晶闸管，它直接将一种频率的交流电变换成另一种频率的交流电，没有中间直流环节，只用一次变换就实现了变频，比间接变频电路的变换效率高。其基本原理仍是相控整流和有源逆变原理，图 4-24 给出了单相 AC-AC 变频器基本结构图。将两组整流器反并联后给一个负载供电，正、反两组相控整流器可以在无环流方式或有环流方式下工作。调节控制角 α，就可以调节输出电压的大小。改变两组整流器的切换频率，就可以改变输出交流的频率。正组整流器工作时，负载电压为正；反组整流器供电时，负载电压为负。若正、反组电压对称，在负载上便获得交流电压。这样三相交流就变换成了单相交流电压。如果在一个周期中让控制角 α 按正弦规律变化，就可以得到近似正弦的输出电压波形。AC-AC 变频器可方便实现四象限运行，低频时可输出一个高质量的正弦波。缺点是输出频率低，不能高于输入频率的 1/3～1/2，交流输入电流谐波严重，输入功率因数低，且控制复杂。适用于高压、大容量、低速的交流传动系统。

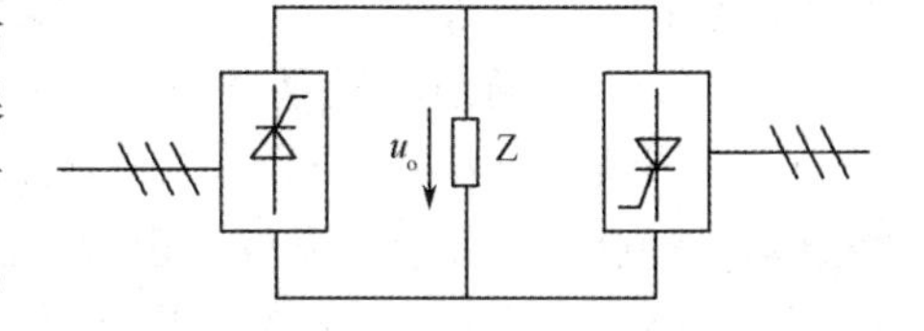

图 4-24　单相 AC-AC 变频电路原理图

采用由全控型器件组成的双向交流开关构成的矩阵式变频电路，可以实现交流电诸参数（相数、相位、幅值、频率）的变换。它是近年来发展起来的一种很有应用前景的直接变频电路，控制方式为斩波控制。它能克服晶闸管相控变频电路的缺点，具有优良的输入输出特性，允许频率单级变换，无须大容量的贮能元件，其输入电流正弦，输入功率因数高并可自由调节，且与

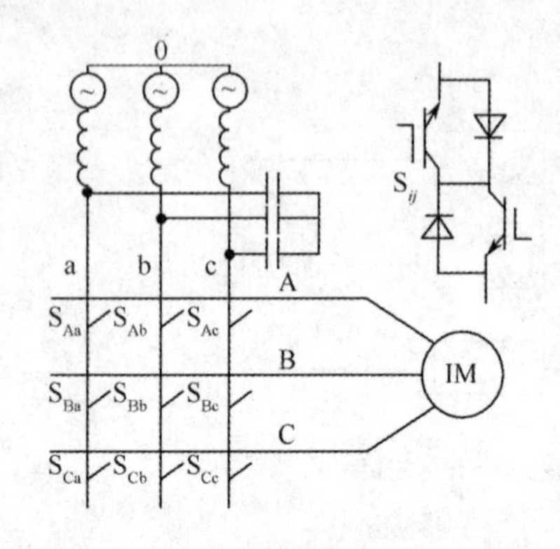

图4-25　矩阵变换器电路拓扑结构

负载的功率因数无关,输出电压正弦、大小可调,输出频率不受电网频率的限制。其功率可双向流动,具有四象限运行能力。加之体积小、效率高,符合今后模块化发展方向。

图4-25所示是一种单级矩阵变换器的拓扑结构,三相—三相矩阵式变换器由9个双向开关 S_{ij}($i=a,b,c;j=a,b,c$)组成,每个双向开关均具有双向导通和双向关断的功能,可由两个带反并联二极管的可关断功率半导体器件连接构成。9个双向开关按照3×3的矩阵进行排列,三相输入电压为 u_a、u_b、u_c,通过控制双向开关的导通与关断就可获得频率、电压均可调控的三相对称的交流输出电压 u_A、u_B、u_C。矩阵变换器的输入侧还需要三相LC滤波器以滤除输入电流中由开关动作引起的高频谐波,IM表示异步电动机负载。

4.4　电力电子技术在电气工程领域的应用

电力电子技术被广泛应用于工农业生产、国防、交通等各个领域,尤其是在电气工程中的应用更加突出。电力电子技术以实现功率变换为主,传递的是电能,利用电力电子器件构成的变换电路,广泛应用于电能的获取、传输、变换和利用的每个环节。电力电子技术就是在采用电力半导体器件实现各种频率变换的基础上,完成运动控制和功率变换,提供各种变频器和功率控制电源。这些应用中综合了电力电子的4种基本变换,运用了基本的控制方法,即相位控制和PWM控制等,实际的电力电子装置是由若干基本功能变换电路组合而成的。

4.4.1　电力电子技术在电源领域中的应用

电源技术是一种融合功率半导体器件,综合电力变换技术、微电子技术、自动控制技术、材料科学等多学科的边缘交叉技术,它对现代通信、电子仪器、计算机、工业自动化、电力工程、国防、航空航天、交通运输及某些高新技术提供高质量、高效率、高可靠性的电源起着关键的作用。这些领域迅速发展的同时,对电源的品质提出了更多、更高的要求。如节能节电、小型化、轻型化、绿色环保、安全可靠等。电源产品多种多样,电子电源的主要产品有各种线性稳压电源、开关电源、UPS电源、感应加热电源、电解电镀电源、蓄电池充电电源、直流焊机电源、交流恒压恒频电源、交流稳压电源、交流调压电源、电力操作电源、正弦波逆变电源、直流高压电源、工频高压电源、高频高压电源、高压脉冲电源、绿色照明电源等。下面摘要介绍几种常用电源。

1. 开关电源

随着生产技术的发展,直流电源的应用日益增多,几乎所有的信息电子电路都要用到各种不同电压、容量等级的高效直流电源。如数字电路需要5V、3.3V、2.5V等,模拟电路需要±12V、±15V等,这就需要专门设计电源装置来提供这些电压,通常要求电源装置能达到一定的稳压精度,还要能够提供足够大的电流。

现代电源技术一般可以分为线性电源技术与开关电源技术两大类。传统的线性稳压电源非常适合为低功耗设备供电,比如说无绳电话、PlayStation、Xbox等游戏机等,但是对于高功耗设备而言,线性电源由于效率低、过载能力差、体积大等缺点,将会力不从心,无法适应需要。

随着全控型器件的广泛应用，以及PWM技术的成熟，高频开关稳压电源获得迅速的发展，在效率、体积和重量等方面都远远优于线性电源，因此已经基本取代了线性电源，成为电子设备供电的主要电源形式。自20世纪80年代，计算机电源全面实现了开关电源化，率先完成计算机的电源换代，图4-26是一款计算电源的内部结构。进入20世纪90年代，体积小、重量轻、效率高的各种开关电源已经从电视机、计算机、各种仪器仪表上的小功率应用，扩展到通信电源、电焊电源、X光电源和CT电源、加速器磁铁电源、军用电源等中功率应用，促进了开关电源技术的迅速发展。通过适度提高开关频率，电源的体积、重量会成数十倍地降下来。开关电源的发展方向是高频、高可靠、低耗、低噪声、抗干扰和模块化。

图4-26 计算机电源内部结构

开关电源按开关管的连接方式分有串联式、并联式、变压器式三种。激励方式有它激控制式和自激控制式。按稳压控制方式可分为：PWM控制——保持开关脉冲的频率不变，通过改变开关管导通时间的方式来调节输出电压达到稳压；频率控制——通过控制开关脉冲频率（周期），相应调节脉冲占空比使输出电压达到稳定。

图4-27是脉冲变压器耦合并联型开关稳压电源工作原理框图。其工作原理是首先将交流电经EMI防电磁干扰电源滤波器后直接整流滤波，然后经过变换电路变换为数十kHz或数百kHz的高频方波或准方波电压，通过脉冲变压器隔离并变压后，再经过高频整流滤波电路，最后输出直流电压。调压稳压的基本原理是：当开关电源由于负载减小或交流输入电压升高而引起输出直流电压升高时，由PWM环节控制，使逆变器中开关器件的导通时间缩短，逆变器输出脉宽变窄，从而使输出电压下降；反之，使逆变器输出脉宽变宽，使输出电压上升。

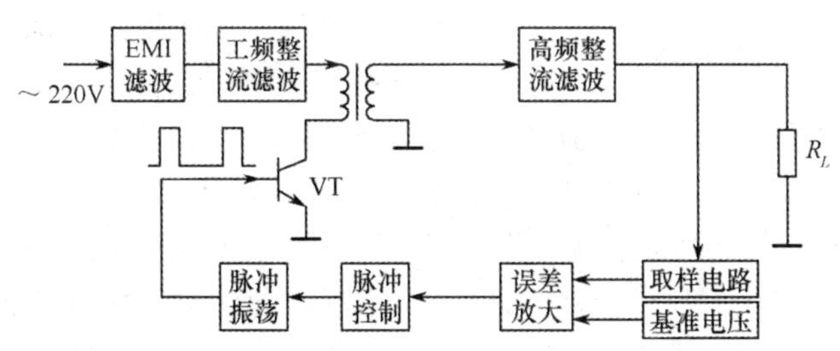

图4-27 开关电源稳压工作原理框图

开关稳压电源的特点：

(1) 功耗小，效率高。其效率通常可达80%～90%左右。

(2) 体积小，重量轻。省去了体积庞大的电源变压器。

(3) 稳压范围宽。

(4) 电路形式灵活多样，满足不同需求。

(5) 机内温升低，因晶闸管工作在开关状态。

开关电源的缺点主要是存在开关噪声干扰，需要采取一定的措施进行抑制、消除和屏蔽，否则会影响整机正常工作。此外，这些干扰还会串入公用电网使附近的其他电子仪器、设备等受到干扰。

2. 不间断电源(UPS)

UPS(Uninterruptible Power Systems)是一种含有储能装置，以逆变器为主要元件，稳压稳频输出的电源保护设备。当市电正常输入时，UPS就将市电稳压后供给负载使用，同时对机内电池充电，把能量储存在电池中；当市电中断或输入故障时，UPS将机内电池的能量转换为220V交流电继续供负载使用，使负载维持正常工作并保护负载软、硬件不受损坏。

作为电源的保护神，UPS的产生与发展和计算机技术并驾齐驱。UPS最初用途是，在电网供电中断后继续维持对计算机供电一段时间，避免重要数据丢失。随着高新技术的发展和推广，UPS也从单一为计算机供电发展到今天几乎遍及国防、通信、电力、交通、石化、钢铁、航空、航天、科研、金融、医疗卫生、银行证券、现代化办公等领域，成为必不可少的电源稳定设备。

UPS从最初的机械飞轮式发展到今天的使用全控型功率元件的智能化产品，使得UPS电源朝着小型化、高频化，智能化、网络化方向迈进，效率与可靠性大大提高，性能更加完备。

目前市场上供应的UPS电源设备种类较多，输出功率为500VA～3000kVA。UPS按工作模式可分为后备式、在线式和在线互动式三大类，按其输出波形又可分为方波输出和正弦波输出两种。

UPS按输入输出方式可分为三类：单相输入/单相输出、三相输入/单相输出、三相输入/三相输出。中、大功率UPS多采用三相输入/单相输出或三相输入/三相输出的供电方式。

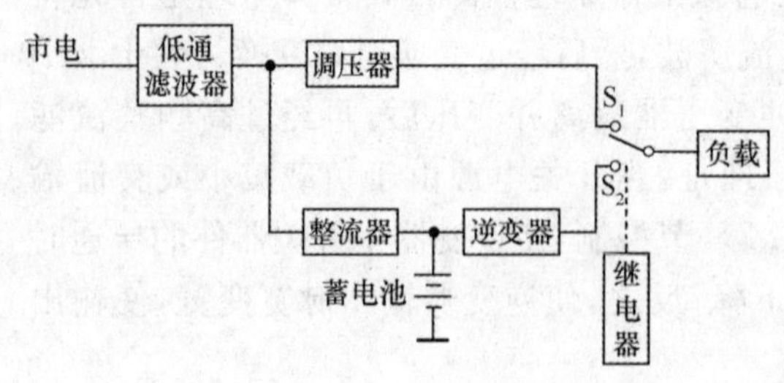

图4-28　后备式UPS结构示意图

(1) 后备式UPS

后备式UPS的又称离线式UPS，结构简单、造价低、噪声小、输出电压稳定精度差。当市电电源电压在正常范围内，它向用户提供经变压器抽头调压的市电电源，当市电电源的电压异常时，提供具有稳压输出特性的50Hz方波电源或正弦波电源。图4-28是后备式UPS的结构示意图。

在市电正常供电时，市电通过交流旁路通道再经转换开关直接向负载提供电源。机内的逆变器处于停止工作状态，这时的UPS电源实质上相当于一台性能较差的市电稳压器。它除了对市电电压的幅度波动有所改善，对电压的频率不稳、波形畸变，以及从电网侵入的干扰等不良影响基本上没有任何改善。只有当市电供电中断或超出允许的极限时，控制电路立即将转换开关倒向S_2的位置，切断交流旁路供电通道。同时将负载和逆变器连接起来，由逆变器向负载供电，充电器也停止工作。

(2) 在线互动式 UPS

市电供电正常时,负载得到的是一路稳压精度较差的市电电源,当电压偏低或偏高时,利用升压绕组或降压绕组对市电经过处理后给负载供电;市电不正常时,逆变器/充电器模块将从原来的充电工作方式转入逆变工作方式。这时蓄电池才对 UPS 逆变器供电,经逆变、正弦波脉宽调制向负载送出稳定的正弦波交变电源。图 4-29 是在线互动式 UPS 的结构示意图。

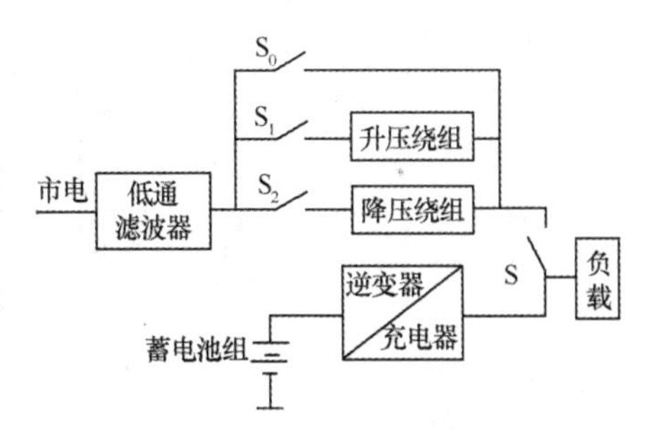

图 4-29 在线互动式 UPS 结构示意图

在线互动式 UPS 效率高,电路结构简单,成本低,可靠性高。但输出电能质量差,市电中断供电时,负载有一定时间的中断供电。

(3) 双变换在线式 UPS

图 4-30 是双变换在线式 UPS 结构示意图,在市电正常供电时,它首先将市电交流电源经整流变成直流电源,然后进行脉宽调制、滤波,再将直流电经逆变器重新转换成正弦波交流电源向负载供电。一旦市电中断,立即改由蓄电池提供的直流电经逆变器,通过转换开关向负载提供正弦波交流电源。因此,对双变换在线式 UPS 而言,在正常情况下,无论有无市电,它都是由 UPS 电源的逆变器对负载供电,这样就避免了所有由市电电网电压波动及干扰而带来的影响。显而易见,其供电质量明显优于后备式 UPS 电源。

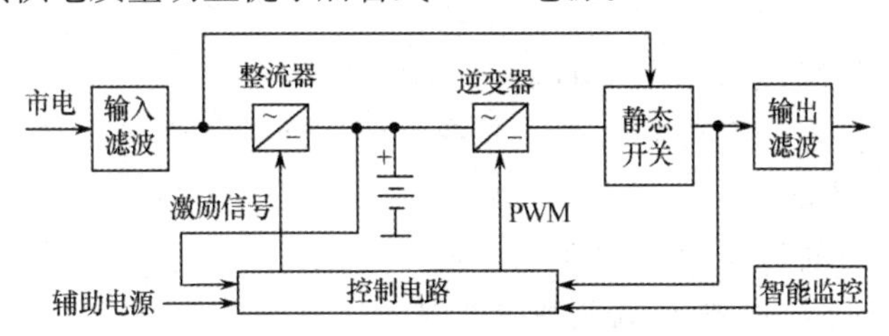

图 4-30 双变换在线式 UPS 结构示意图

双变换在线式 UPS 的优点:供电质量好,供给负载的都是纯净的正弦波,输出电压无三次谐波;市电到电池的零切换时间;对市电和负载两个方向上的电压变化都有缓冲作用;允许逆变器在很宽的直流电压范围工作;中线上无电流等。然而传统的双变换在线式 UPS 的局限性也很明显:电路复杂、系统效率低、成本高,大功率 UPS 产品采用的相控整流还会出现对电网的干扰。

(4) Delta 变换式 UPS

Delta 变换式 UPS 又称为串并联补偿式 UPS,它的构成是基于在线互动式 UPS 的基础上,加入串联补偿器。

图 4-31 是 Delta 变换式 UPS 结构示意图,两个功率变换器连接到公共的蓄电池上,其中一个变换器称为 Delta 变换器,其容量约为系统的容量的 20%左右。它通过一个补偿变压器串联连接在市电电源和负载之间,相当于一个大电感器,起串联有源滤波器作用。另一个变换器称为主变换器,通过正弦脉宽调制,向外输出恒压恒频、波形畸变率小、与电网输入电压同步的高质量的电压源。主变换器容量等于 UPS 系统容量,并连接在系统输出端。这两个变换器都是四象限 PWM 逆变器,可以工作在逆变和整流方式。直流电容跨接在蓄电池组两端,起滤除高频纹波的作用。

当市电电压正常时,市电经 Delta 变换器向负载供电,主变换器稳定系统输出电压。市电

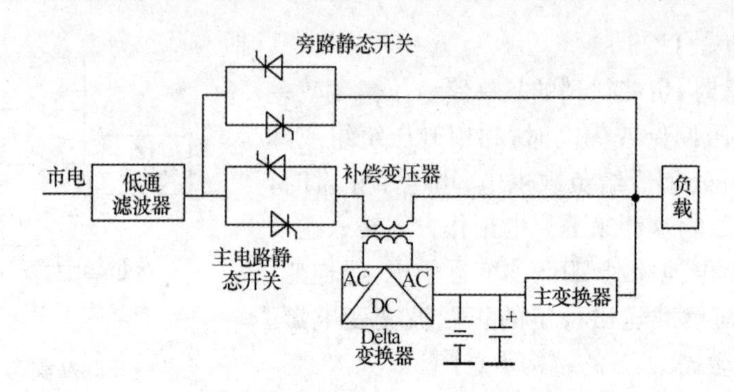

图 4-31　Delta 变换式 UPS 结构示意图

电压变动时,市电和系统输出间的电压差由 Delta 变换器补偿。它向用户提供的电源是由普通市电电源和 Delta 逆变器所产生电源叠加而形成的交流稳压电源。

市电故障或市电电压超出允许的极限时,系统转入蓄电池供电方式。此时主电路和旁路静态开关都处于关闭状态,停止 Delta 变换器工作,主变换器在蓄电池提供的直流电能的支持下,以逆变器的形式向负载供电。

因为主逆变器始终连接在系统输出端,在从市电供电向蓄电池供电的转换过程中不会产生供电中断。

Delta 变换式 UPS 的特点是:

(1) 输出电能质量高,谐波小,对电网污染小。

(2) 输入电流与输入电压同相位,输入功率因数高,可接近于 1。对电网相当于电阻性负载,节能,供电系统容量减小。

(3) 断电时转换时间为零,为在线工作方式。

(4) 功率裕度大,系统过载能力强,整机效率高。

(5) 但主电路和控制电路相对复杂,可靠性差。

3. 感应加热电源

电磁感应加热来源于法拉第发现的电磁感应现象,也就是交变的电流会在导体中产生感应电流,从而导致导体发热。电磁感应加热技术具有快速、清洁、节能、易于实现自动化和在线生产、生产效率高等特点,是内部热源,属非接触加热方式,能提供高的功率密度,在加热表面及深度上有高度灵活的选择性,能在各种载气中工作(空气、保护气、真空),损耗极低,不产生任何物理污染,是绿色环保型加热工艺之一。电磁感应加热电源在 10kHz 以下的中频频段主要采用晶闸管,超音频频段(10～100kHz)主要采用 IGBT,而在高于 100kHz 的高频频段,由于 SIT 存在高导通损耗等缺陷,国际上主要发展 MOSFET 电源。感应加热电源虽采用谐振逆变器,有利于功率器件实现软开关,但是感应加热电源通常功率较大,对功率器件、无源器件、电缆、布线、接地和屏蔽等均有许多特殊要求。因此,实现感应加热电源高频化仍有许多应用基础技术需要进一步探讨。新型高频大功率器件的问世,将进一步促进高频感应加热电源的发展。

4.4.2　电力电子技术在电力系统中的应用

先进的电力电子技术、现代控制技术、计算机技术等与传统电力系统技术的有机融合,已经成为高压直流输电、灵活交流输电、新能源发电、大容量抽水蓄能电站、短路电流限制、节能降耗等现代电网技术和装备的核心。它主要包括直流输电(HVDC)技术、灵活交流输电(FACTS)技术和用户电力(CusPow)技术。可以预期,电力电子技术的进一步发展将会导致电力系统发生革命性的变化,大幅度提高输电线路的输送能力和电力系统的安全稳定水平,大大提高系统的可靠性、运行灵活性,甚至可以用大功率的电子开关取代传统的机械断路器,使传统的电力系统变得像电子线路一样便于控制。

1. 发电领域中的电力电子技术

电力系统的发电环节涉及发电机组的多种设备,电力电子技术的应用以改善这些设备的运行特性为主要目的。

(1) 同步发电机的励磁系统

发电机的励磁调节是发电机控制的重要环节,良好的励磁系统可以保证发电机的运行性能,有效提高发电机及电力系统运行的稳定性。

静止励磁采用晶闸管整流自并励方式,具有结构简单、可靠性高及造价低等优点,广泛用于20世纪70年代以后的水电机组,以及20世纪90年代以后的大中小型火电机组。由于省去了励磁机这个中间惯性环节,因而具有快速调节特性,给先进的控制规律提供了充分发挥作用并产生良好控制效果的有利条件。

(2) 水轮发电机的变速恒频励磁

水力发电的有效功率取决于水头压力和流量,当水头的变化幅度较大时(尤其是抽水蓄能机组),机组的最佳转速亦随之发生变化。水电站在枯水期水流量明显减少,发电机的转速下降,发电机组频率无法调节到额定值,只好放弃发电,浪费了许多水能。采用电力电子技术,把直流励磁转变为低频交流变频励磁。当水流量减少时,提高励磁频率,可以把发电频率补偿到额定频率50Hz,使水轮发电机的发电周期大大延长。对大型水电站来说,将带来巨大的经济效益。

(3) 发电厂风机、水泵的变频调速

火力发电厂中,风机和水泵是最主要的电气设备,且容量大、耗电多,耗电量约占厂用电气设备总耗电量的65%。这些设备都是长期连续运行和常常处于低负荷及变负荷运行状态,其节能潜力巨大。变频调速因其调速效率高,功率因数高,调速范围宽,调速精度高等优势,又可以实现软启动,减少电网的电流冲击及设备的机械冲击,延长设备使用寿命,对于大部分采用笼形异步电动机拖动的电厂风机水泵,不失为理想的调速方案。

(4) 新能源发电中的电力电子技术

传统的发电方式是火力发电、水力发电及核能发电。能源危机后,各种新能源、可再生能源及新型发电方式越来越受到重视。

太阳能发电和风力发电受环境的制约,发出的电能质量较差,常需要储能装置缓冲,需要改善电能质量。通过电力电子变换装置,可使这些波动的电能以恒压、恒频方式输出,实现这些新能源的实用化。

当需要和电力系统连网时,更需要电力电子技术。大规模、分散性的可再生能源所固有的间歇性、不确定性等问题,对电网的安全稳定运行提出了更高的要求。通过使用先进的电力电子技术,来保证可再生能源发电的大规模、分布式接入电网和远距离送出,使电网对可再生能源具有容纳性和适应性,从而为提高清洁能源比重、有效应对全球气候变化带来的挑战打下坚强基础。

为了合理地利用水力发电资源,近年来抽水蓄能发电站受到重视,电站中的大型电动机的启动和调速都需要电力电子技术。

超导储能是未来的一种储能方式,它需要强大的直流电源供电,数十万安的直流电流在超导体线圈中无损耗地流动,这种储能器体积大为缩小,转换效率很高。但是,如何实现常规交流电能同这种低电压超大电流的直流电能的互相转换,给电力电子技术提出了新的课题。

核聚变反应堆在产生强大磁场和注入能量时,需要大容量的脉冲电源,这种电源本身也是电力电子装置。

目前风力发电的主流机型是基于双馈感应发电机的变速风电机组和基于永磁同步发电机的变速风电机组。

双馈风电机组的定子直接接入电网,转子通过部分功率变频器接入电网,根据风力机转速的变化,在转子中通以变频交流的励磁电流,实现发电机组的有功和无功的解耦控制,使风电机组具有变速运行的特性,提高风电机组的风能转换效率。

基于永磁同步发电机的变速风电机组通过全功率变频器接入电网,由于变频器的解耦控制,使变速同步风电机组与电网完全解耦,其特性完全取决于变频器的控制系统和控制策略。

太阳能光伏发电,一般由光伏阵列、控制器、逆变器、蓄电池组等部分组成。无论是独立系统还是并网系统,通常需要将太阳能电池阵列发出的直流电转换为交流电,所以具有最大功率跟踪功能的逆变器成为系统的核心。为了弥补光伏发电功率的波动,还需要通过控制器实现蓄电池组的双向充放电控制,以保证向负荷实现平稳供电。

为适应大规模光伏发电接入电网的需要,并网逆变器技术发展十分迅速,研究主要集中在空间矢量 PWM 技术、数字锁相控制技术、数字 DSP 控制技术、最大功率点跟踪和孤岛检出技术以及综合考虑以上方面的系统总体设计等,有些并网逆变器还同时具有独立运行和并网运行功能。图 4-32 是几款并网逆变器实物图。

图 4-32　光伏并网逆变器

2. 输配电领域中的电力电子技术

(1) 高压直流输电技术

高压直流输电是电力电子技术应用最为重要、最为传统,也是发展最为活跃的领域之一。在远距离输电、跨海输电、非同期(非同步)的电力系统实现连网方面,高压直流输电优于高压交流输电。直流输电是把发电机发出的交流电通过变压器升压,经过整流器使之变为直流,远距离输送后,再通过逆变器变换为工频交流电,供终端使用。这将需要几十、乃至数百万 kVA 的超大功率电力电子装置。

1970年世界上第一项晶闸管换流阀试验工程在瑞典建成，取代了原有的汞弧阀换流器，标志着电力电子技术正式应用于直流输电。从此以后，作为直流输电的核心技术和设备，换流技术和换流阀得以迅速发展，世界上新建的直流输电工程均采用晶闸管换流阀，图4-33是用于三峡—上海500kV直流输电工程晶闸管换流阀。目前，全世界已建成的直流输电工程超过60项，2010年，向家坝至上海±800 kV特高压直流示范工程建成投运，这是世界上第一条基于6英寸晶闸管换流阀的特高压直流工程。

近年来，直流输电技术又有新的发展，轻型直流输电采用GTO、IGBT等可关断电力电子器件组成换流器，应用PWM技术进行无源逆变，解决了用直流输电向无交流电源的负荷点送电的问题；同时可大幅度简化设备，降低造价。世界上第一个采用IGBT构成电压源换流器的轻型直流输电工业性试验工程于1997年投入运行。由于采用了可关断的电力电子器件，可避免换相失败，对受端系统的容量没有要求，可用于向孤立小系统（海上石油钻井平台、海岛）供电，还可用于城市配电系统，并可用于风力发电、光伏发电等分布式电源接入电力系统。

图4-33　三峡—上海500kV直流输电工程晶闸管换流阀

(2) FACTS技术

FACTS技术是通过利用大功率电力电子器件的快速响应能力，实现对电压、有功潮流、无功潮流等的平滑控制，在不影响电力系统稳定性的前提下，提高系统传输功率能力，改善电压质量，达到最大可用性、最小损耗、最小环境压力、最小投资和最短的建设周期的目标。传统的调节电力潮流的措施，如机械控制的移相器、带负荷调变压器抽头、开关投切电容和电感、固定串联补偿装置等，只能实现部分稳态潮流的调节功能。由于机械开关动作时间长、响应慢，无法适应在暂态过程中快速灵活连续调节电力潮流、阻尼系统振荡的要求。

现代大规模远距离超高压输电系统的发展和需求，促进了灵活交流输电这项新技术的出现和广泛应用。自20世纪80年代后期开始，FACTS技术经历了3个发展阶段，第一代FACTS技术，如可控串补(TCSC)、静止无功补偿器(SVC)等是基于自换相的半控器件的FACTS装置；第二代、第三代FACTS装置都是基于可关断器件GTO、IGBT、IGCT等组成的变流器，包括静止同步补偿器(STATCOM)、静止同步串联补偿器(SSSC)、统一潮流控制器(UPFC)、超导蓄能器(SMES)、转换静止补偿器(CSC)和相间功率控制器(IPFC)等。我国能源的资源与需求呈逆向分布，客观上需要实现能源的大范围转移，这就需要大幅提高线路的输送能力；同时需要解决由此而带来的潮流调控、系统振荡、电压不稳定等问题。而FACTS技术以其快速的控制调节能力及其与现有系统良好的兼容能力,为其在我国的研究和应用提供了广阔的空间。

20世纪90年代以来,国内外在研究开发的基础上开始将FACTS技术用于实际电力系统工程。其中SVC是通过晶闸管控制电容器组的投切来调节输出无功的大小,设备结构简单,控制方便,成本较低,所以较早得到应用。其他的如STATCOM、TCSC、UPFC和CSC等也都有实际的工程应用。

SVC是在机械投切式并联电容和电感的基础上,采用大容量晶闸管代替断路器而发展起来的。实现快速、频繁地以控制电抗器和电容器的方式改变输电系统的导纳,从而提高电网输电能力和稳定性,降低网损,改善电能质量。

SVC可以有不同的回路结构,按控制的对象及控制的方式不同分别称为晶闸管投切电容器(TSC)、晶闸管投切电抗器(TSR)或晶闸管控制电抗器(TCR)。

以TSC为例,说明无功补偿基本原理。在电力系统中,TSC动态无功补偿是采用晶闸管作为开关,投切电力电容器组、实现无功补偿的装置。该装置能有效改善用电负荷的功率因数,具有显著的节能效果;同时在TSC系统中采用特定的电感器,可有效防止谐波放大、有效吸收大部分谐波电流,达到谐波治理的目的。性能优于机械开关投切的电容器。

TSC无功补偿装置由若干组电容器构成,图4-34所示是两种常用的电容器组主电路方案。方案中的无触点投切开关由两只反并联的晶闸管构成,也可选用双向晶闸管。当晶闸管为正向电压,且门极上有触发信号时,晶闸管导通,电容器投入;当去掉触发脉冲信号后,电流过零时,晶闸管截止,电容器从电网上切除。实际常用三相电路,可三角形连接,也可星形连接。星形接线,也可用于三相负荷不平衡的电路中作为分相补偿。

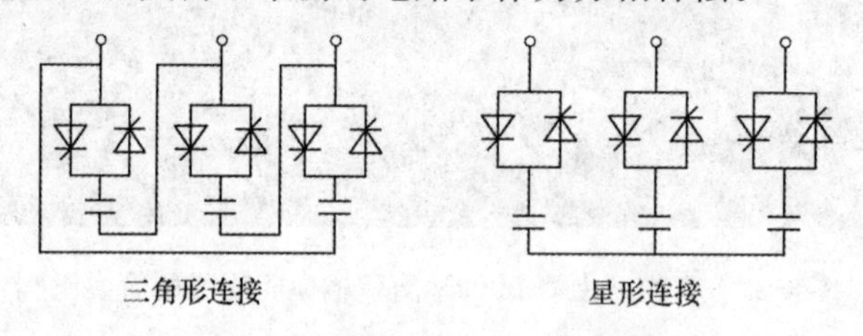

图4-34　TSC无功补偿基本原理图

SVC具有无功补偿和潮流优化功能,能够提高电网的输电能力和电能输送效率、改善电网的安全稳定性和电能质量,并且适用于各等级电网。2004年,国内自主技术总成的辽宁鞍山红一变100MVar SVC示范工程投运,图4-35所示SVC装置的晶闸管阀体及控制屏。截至2009年,我国高压电网总计投运近20套SVC,单套最大容量达180 Mvar。低压380V配电系统更有大量各类国产SVC设备在运行,这些装置发挥了巨大的经济和社会效益,为我国电网向着坚强、安全、智能化发展发挥了重要作用。

串联补偿技术是一项十分成熟的技术,在电力系统应用已有70多年的历史。我国从1954年开始研究和采用串补技术,曾在220kV和330kV系统采用过串补技术,后因设备质量问题和系统条件变化相继退出运行。

串补,即"串联补偿电容器"的简称。输电线路在输送电能时相当于一个电感器,线路电抗主要为感抗,在线路两侧系统电势、电压及功角不变的情况下,线路输送的功率与电抗成反比。电容器的阻抗特性为容抗,与感抗的特性相反,若在线路中间串入电容器,其容抗就可以与线路感抗相互抵消,使线路总的电抗变小,从而提高输电能力。同时串补能使线路总电抗值减

SVC 装置的控制屏

SVC 装置阀体

图 4-35　100MVar SVC 装置的晶闸管阀体及控制屏

小，所以线路加装串补后使电力系统有更高的静态和动态稳定性。

20 世纪 90 年代后，随着电力电子技术的发展，在常规串补技术的基础上，又发展了可控串补（TCSC）技术。TCSC 通过对半导体晶闸管阀的触发控制来实现对串联补偿电容的平滑调节和动态响应的控制，可在很多方面改善电力系统的性能。

对于长距离输电线，其输电能力主要取决于线路的稳定极限，采用串补、可控串补可使系统稳定极限大幅度提高从而提高线路的输电能力，如瑞典、加拿大和巴西等国采用串联补偿技术提高输电能力、降低输电工程投资。我国第一套 TCSC 项目是南方电网平果变电站 500kV 串补工程，于 2002 年投运，是全套引进国外设备。2004 年底投运的甘肃成碧线 220kV TCSC 科技示范项目，是第一个国产化 TCSC 工程，成为当时世界上串联容抗最大的全可控串补工程。

甘肃成碧 220kV TCSC 装置包括串联电容器、旁路断路器、晶闸管阀组件、测量和控制系统、避雷器、保护间隙、阻尼回路等，如图 4-36 所示。

图 4-36　甘肃成碧 220kV TCSC 装置

成碧 TCSC 装置的晶闸管阀由 26 层晶闸管阀层组成，每层晶闸管阀层由反并联的晶闸管对、触发和检测板、阻容吸收回路、直流均压电阻等组成。三相相控晶闸管阀容量达 100MVar，每相相控阀的额定连续电压为 26.3kV，10s 过电压达 47.4kV，额定连续电流为

920A,10s过电流达1683A。晶闸管阀采用电触发晶闸管(ETT),其触发系统基于多模星型耦合器,采用冗余的光纤触发通道,提高了晶闸管阀触发信号的可靠性。

作为FACTS最典型的设备,静止同步补偿器(STATCOM ,Static Synchronous Compensator)代表着FACTS技术发展方向。在此之前,又称ASVG、SVG、STATCON、ASVC,直至1995年国际高压大电网会议与电力、电子工程师学会建议采用STATCOM这一术语。STATCOM是一种基于大功率电力电子技术的新型动态无功补偿装置,其在电力系统中的作用是提供动态无功支持,维持系统电压,提高系统电压稳定性,改善系统性能。与传统的无功补偿装置相比,STATCOM具有调节连续,谐波小,损耗低,运行范围宽,可靠性高,调节速度快等优点,响应时间一般小于20ms,对提高电力系统稳定性、增加系统阻尼和抑制系统震荡可起到显著作用。STATCOM可用于输电系统、钢厂、电气化铁路等大型工业配电系统。其核心技术也可以应用于其他FACTS设备以及各类新能源发电设备上。随着我国跨区电网建设的迅速发展,电力系统的无功问题及动态电压稳定问题日益突出,装设高压大容量STATCOM已成为解决这一问题的有效手段。

2002年,以GTO为开关器件,通过变压器连接到配电系统的多重化结构的±20MVar STATCOM装置在河南电网并网成功,这是国内首套投入应用的大容量柔性交流输电装置。我国拥有自主知识产权的±50MVar STATCOM科技示范工程,于2006年在上海电网投入运行。装置由基于IGCT的三相链式单相逆变器、6台连接电抗器、高压开关柜、升压变压器、控制/监测单元/保护单元、水冷却系统、中央控制台及远程控制台等组成,主体部分如图4-37所示。

SMES由电力电子器件控制一个大容量超导蓄能器组成(图4-38),充放电的效率在95%以上,释能速度快,可实现快速的有功、无功功率补偿,对于提高电力系统稳定性、抑制低频振荡、改善电能质量都有良好的应用前景,也可应用于太阳能光伏发电、风力发电等功率输出不稳定的系统以提高其并网性能。

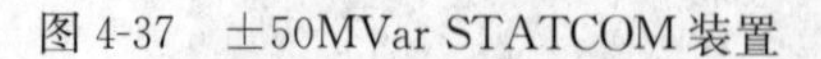

图4-37　±50MVar STATCOM装置

图4-38　超导蓄能器

配电系统迫切需要解决的问题是如何加强供电可靠性和提高电能质量,电能质量控制既要满足对电压、频率、谐波和不对称度的要求,还要抑制各种瞬态的波动和干扰。为解决日益突出的电能质量问题,1995年,N. G. Hingorani博士提出了用户电力(CusPow-Custom Power)技术的概念,又称为定制电力技术,即把电力电子技术用在配电领域。CusPow是将大功率电力电子技术和配电自动化技术综合起来,以用户对电力可靠性和电能质量要求为依据,为用户提供其特定要求的电力供应技术。CusPow技术是FACTS技术在配电网中的延伸,采用FACTS技术的目的是加强交流输电系统的可控性和增大其电力传输能力,发展CusPow技术的目的是在配电系统中加强供电的可靠性和提高供电质量。CusPow 技术和 FACTS 的共同基础技术是电力电子技术，各自的控制器在结构和功能上也相同，其差别仅是额定电气值不同。目前二者已逐渐融合为一体，即所谓的配电灵活交流输电(DFACTS)技术。

目前 DFACTS 技术所要解决的问题主要是电网中普遍存在的电压跌落现象，电能质量调查显示，在所有配电系统事故中，电压跌落约占 70%～80%。电能质量问题主要源于电力系统故障和扰动，其受影响的用户往往对电能质量和供电可靠性较一般用户有更高的要求，一次电能质量事故将导致严重的经济损失或重大的社会影响。目前在欧美各国对电压跌落的关注程度比其他有关电能质量问题的关注程度要大得多。在我国，随着社会经济的发展，电压跌落和短时断电的影响也逐渐引起了供电公司、有关用户及高新技术厂商的关注，许多高科技园区、大型医院、电信、金融、军工和重要的政府部门等迫切需要应用 DFACTS 装置保障供电可靠性和良好的电能质量。

表 4-1 列出了主要的 DFACTS 设备及其功能，它们用于 1kV～35kV 的配电系统，可以根据用户的需求，实现平抑系统谐波、消除电压跌落、消除电压闪变和不对称、补偿功率因数和抵偿供电的短时中断等功能。具有代表性的用户电力技术产品有：动态电压恢复器(DVR)、有源滤波器(APF)、固态断路器(SSCB)、统一电能质量调节器(UPQC)等。其中 APF 是补偿谐波的有效工具；而 DVR 通过自身的储能单元，能够在毫秒级内向系统注入正常电压与故障电压之差，因此是抑制电压跌落的有效装置。

表 4-1　DFACTS 设备种类和功能

设备名称	接入方式	换流方式	主要功能
静止无功补偿器(DSVC)	并联	自然	抑制负荷所产生的无功对系统的影响
静止同步补偿器(DSTATCOM)	并联	自然	抑制负荷所产生的高次谐波、不对称、无功和闪变等对系统的影响
动态电压恢复器(DVR)	串联	强迫	抑制系统的电压波动、不平衡、高次谐波等对负荷的影响
统一电能质量补偿器(UPQC)	串联 并联	强迫	同时具备 DSTATCOM 和 DVR 的功能
有源滤波器(APF)	串联	强迫	补偿系统的谐波电压
	并联		补偿负荷的谐波电流
固态转换开关(SSTS)	并联	自然	实现快速无弧投切避免操作过电压
固态断路器(SSCB)	串联	自然	
超导蓄能器(SMES)	并联	强迫	抑制负荷波动和电压波动、改善功率因数
电池蓄能器(BESS)	并联	强迫	

4.4.3　电力电子技术在电力传动中的应用

电气自动化系统基本上可以分为两大类：过程控制系统和运动控制系统。以控制连续生产过程(如发电、化工、冶金等)为主的系统称为过程控制系统，并在连续生产过程中伴随着物质和能量的储存、转换、传递及输送，遵循着物理和化学的基本规律。这类控制系统的执行机构主要是各种电动、气动、液动阀门和泵，被控量是温度、压力，流量、物位(液位)，成分和物性等。以控制机械运动为主的系统称为运动控制系统。这类控制系统的控制对象主要是以各种电动机拖动的机械、液动机械、气动机械,被控量主要是转矩、转速、位置(角度)等,其中以电动机拖动为主的运动控制系统称电气传动自动化系统或电力传动自动化系统。过程控制系统和运动控制系统的理论基础均为自动控制理论,控制系统的分层体系结构也类同。电力电子控制技术是控制理论、微电子技术和计算机技术与电力电子相结合的产物。

现代电力传动是电机学、电磁学、电力电子技术、微电子和计算机技术、控制理论、检测技术、信号处理等多学科交叉的综合性学科,对改造国民经济中的有关产业或建立现代化新兴产业均具有十分重要的作用。图4-39是电力传动控制系统基本结构示意图,并给出了各环节所涉及的知识体系。电力传动系统是电力电子技术最重要的应用领域之一。电力传动系统的应用范围十分广泛,小至机器人中高精度的位置控制,大至流量可调的大型水泵、风机的调速系统,功率的范围从数W到数千kW。电力电子装置作为电能与电动机之间的接口设备,控制电动机的转速和位置,以满足生产机械的需要。电力传动系统的发展趋势是:驱动的交流化,功率变换的高频化和集成化,控制的数字化、智能化和网络化。

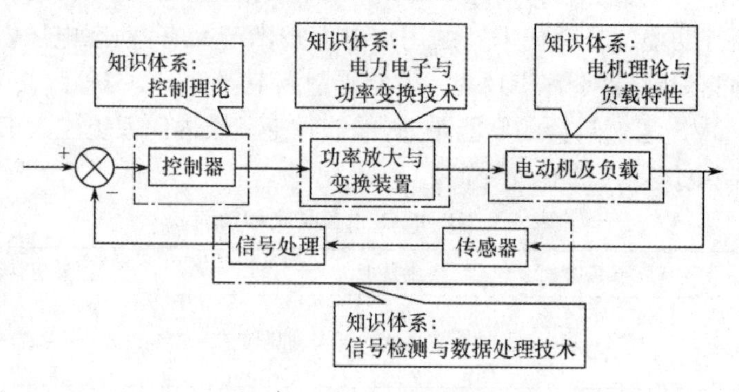

图4-39　电力传动控制系统基本结构

在电气传动技术出现以前,机械式传动调速占主导地位,如蒸汽机。其优点是启动转矩大,正反转容易;缺点是热效率低,单位输出功率耗能大。其后汽轮机发展起来,能量转换效率提高,容易获得高速,但需用锅炉和大量附属设备;在交通方面不便于应用,因此进一步发展为内燃机,广泛用于汽车、船舶等领域。

电气传动技术诞生于20世纪初的第二次工业革命时期,电气传动技术大大推动了人类社会的现代化进步。当人类进入电气时代后,开始用电动机传动机械,起初都是恒速转动,为调速的需要,在电动机的轴上安装可调速的联轴节,称为联轴节调速。有机械式、液力式、电气式3种。机械式主要用变间距带轮,圆锥及球面摩擦轮,金属环,行星锥与环,这种调速响应慢,精确度差,范围窄,效率低;液力式通过改变液量调速容易实现无级调速,但效率低,损耗大,无制动,应急加减速困难;电气式电磁转差离合器可实现速度与转矩的控制,缺点是总效率低。

电动机调速是在电动机轴上加联轴节,为满足不要求高精确度调速的场合而发展起来的,起初是改变笼型异步电动机的极数;当工业高度发展出现升降机、轧机和铁路车辆等机械设备后,要求调速响应快、精确度高、停位准确及制动等,于是出现了直流电动机调速。1970年以后,因直流调速不能满足单机容量要求又有换向火花,维修困难又不能节能、节材等,逐渐开始采用交流异步、同步电动机变频调速,到20世纪90年代末已可取代直流调速,21世纪将是交流调速占统治地位。

电力传动装置由拖动机械的电动机及其控制装置组成,把电能变成期望的运动能量,是电力传动自动化的基础。

电动机可拖动生产机械和各种负载运转，从而实现生产的自动化和家用电器及办公设备的智能化。电动机从类型上分为直流电动机、交流感应电动机（交流异步电动机）和交流同步电动机。从用途上分为用于调速系统的拖动电动机和用于伺服系统的伺服电动机。

直流电动机通过改变施加到电枢和/或励磁绕组上直流电压的大小来实现起停和调速。交流电动机过改变施加到电动机定子或转子绕组上交流电的电压和频率来实现起停和调速。

电力传动系统可分为以下 4 大类：

（1）工艺调速传动。指生产工艺要求必须调速的传动。轧钢、有色金属压延、造纸、榨糖、大型机床等，基于工艺需要，其拖动电动机需要调速。采用变频调速，高效节能，有助于产品产量增加，质量提高。

（2）节能调速传动。指一般采用风机、泵、压缩机等调节流量和压力的场合。应用变频调速系统，比以往用挡板、阀门之类来调节，可节电 20%～70%。

（3）电力牵引调速传动。指用于电气机车、内燃机车、地铁、轻轨机车、无轨电车，乃至磁悬浮列车和各种电动车，工矿牵引、矿井卷扬及电梯等场合实现运输、牵引的传动。

（4）精密及特种调速传动。是指用于现代数控机床、机器人、雷达等场合对伺服、运动控制要求特别高的传动。例如，采用永磁无刷电动机达到 1∶50000～1∶100000 的宽域高精度调速已经实现。

直流电动机具有调速范围广，易于平滑调速，启动、制动和过载转矩大，易于控制，可靠性较高等优点。但直流电机有一个突出的缺点——换流问题，它限制了直流电机的极限容量，又增加了维护的工作量。尽管如此，直流调速系统由于运行特性良好及运行经验丰富，对于某些应用来说，直流电动机驱动仍然是重负荷机械驱动的合适选择。

直流调速系统是电力电子技术应用最早的领域。用于控制直流电动机的主要手段是由全控型电力电子器件组成的斩波器或 PWM 变换器，以及晶闸管相控整流器。在晶闸管-直流调速系统中，电流连续和电流断续的机械特性截然不同，为保证在最小电流下电流仍能连续，在电动机回路内串联平波电抗器。在不同的调速系统中，变换电路的工作状态也有所不同。晶闸管无换向器电动机是晶闸管采用负载自然换流的典型范例，必须要满足相应的条件。

交流调速方式有多种，诸如降电压调速、转差离合器调速、转子串电阻调速、绕线电机串级调速或双馈电机调速、变极对数调速、变压变频调速等。在异步电动机的各种调速方式中，效率最高、性能最好、应用最广泛的是变压变频调速方式。它是一种转差功率不变型调速，可以实现大范围平滑调速。同步电动机没有转差，当然也没有转差功率，所以同步电动机调速只能是转差功率不变型调速。而同步电动机转子极对数固定，因此只能采用变压变频调速方式。

随着变频技术的进步，以及诸如矢量控制、直接转矩控制等新型控制原理的出现，交流调速技术的发展非常迅速。数字技术的发展，使复杂的矢量控制技术实用化得以实现，交流调速系统的调速性能已达到和超过直流调速水平。现在无论大容量电机或中小容量电机都可以使用同步电机或异步电机实现可逆平滑调速。由于电力电子技术的飞速发展，交流变频调速已上升为电气传动的主流。而从性价比的角度来看，交流变频调速装置已经优于直流调速装置。随着交流调速的发展、装置成本的降低，许多原来不调速的交流传动设备，例如泵和风机等，也纷纷改用调速，取得节约电能、提高效率、改善工艺过程、减少维护等显著效果。

异步电动机的串级调速系统可将转差功率回馈电网，在风机、泵类负载方面获得广泛的应用。异步电动机的变频调速系统是典型的 AC-DC、DC-AC 变换的组合，是具有高动态性能的调速系统。它的控制方式也较多,对于异步电动机的定子频率控制方式,有恒压频比(U/f)控制、转差频率控制、矢量控制和直接转矩控制等,这些方式可以获得各具特长的控制性能。恒压频比控制和矢量控制是两种基本的控制方式。

异步电机的变频调速不仅可以实现平滑调节,还有着许多其他交流调速系统不可比拟的优点:交流变频调速在频率范围、动态响应、调速精度、低频转矩、转差补偿、通信功能、智能控制、功率因数、工作效率、使用方便性等方面的优势是其他的交流调速方式难以达到的,并以体积小、重量轻、通用性强、保护功能完善、可靠性高、操作简便等优点,深受钢铁、冶金、矿山、石油、化工、医药、纺织、机械、电力、轻工、造纸、印刷、卷烟、自来水等行业的欢迎,社会效益非常显著。图4-40是几款变频调速器实物图。

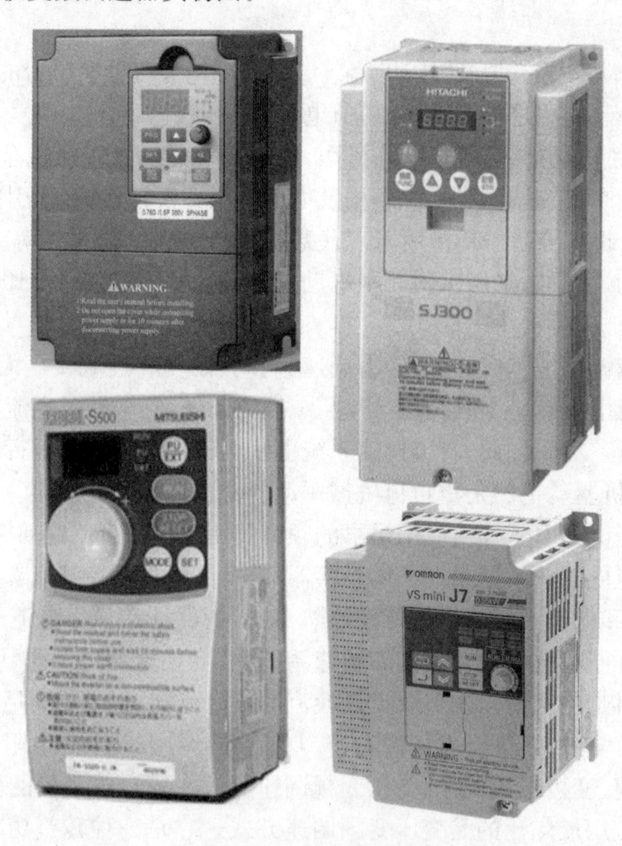

图4-40　变频调速器

第5章　高电压与绝缘技术

5.1　概述

高电压技术的发展始于20世纪初期，它主要研究高电压、强电场下的各种电气物理问题，是以试验研究为基础的应用技术，对电力工业、电气装备制造业及近代物理的发展都产生过重大影响，已成为电气工程学科的一个重要分支。高电压技术广泛应用于输变电技术、大功率脉冲技术、激光技术、核物理、等离子体物理、环境保护、生物学、医学、高压静电应用等众多领域。

工程上一般把1kV及以上的交流供电电压称为高电压。高电压技术所涉及的高电压类型有直流电压、工频交流电压和持续时间为ms级的操作过电压、μs级的雷电过电压、ns级的核致电磁脉冲(NEMP)等。

高电压技术的发展始终与大功率远距离输电密切相关，是随着高电压远距离输电的发展而发展起来的。输电电压一般分高压、超高压和特高压，对于交流输电而言，35～220kV的电压等级称为高压(HV)，330～750kV的电压等级称为超高压(EHV)，1000kV及以上称为特高压(UHV)。对于直流输电而言，±600kV及以下称为高压直流(HVDC)，±600kV以上(包括±750kV和±800kV)称为特高压直流(UHVDC)。

1908年，美国建成了世界第一条110kV输电线路；1952年，瑞典建成世界上第一条380kV超高压线路；1965年，加拿大建成世界第一条735kV超高压线路；1985年，前苏联建成世界上第一条1150kV特高压输电线路。

2009年1月6日，我国建成具有自主知识产权的1000kV晋东南－南阳－荆门特高压交流试验示范工程，其起于山西晋东南(长治)变电站，经河南南阳开关站，止于湖北荆门变电站。全长640km，跨越黄河和汉江。系统额定电压1000kV，最高运行电压1100kV。这条特高压线路是世界上第一条投入商业化运行的1000kV输电线路，标志着我国在远距离、大容量、低损耗的特高压输电核心技术和设备国产化上取得重大突破，是世界电力发展史上的重要里程碑。工程的成功建设对保障国家能源安全和电力可靠供应具有重要意义。

2010年7月8日，我国又建成四川向家坝—上海±800kV特高压直流输电示范工程，这是目前世界上电压等级最高、输送距离最远、输送容量最大、技术水平最先进的高压直流输电工程，它的成功建设和投入运行，标志着我国电网全面进入特高压交直流混合电网时代。

输电电压等级的提高可以带来显著的经济效益，主要体现在降低线路损耗和线路造价，节省线路走廊，提高输送容量，增大送电距离。此外，长距离输电可联络区域电网，有利于电力系统调度。

例如，输送750万kVA容量的电力，如果采用345kV电压等级，需要7条双回线，走廊宽度为221.5m；如果采用1200kV电压等级，仅需一条单回线，走廊宽度为91.5m。

绝缘技术是与高电压技术伴随而生的，绝缘是电气设备结构中的重要组成部分，其作用是将电位不相等的导体分开。绝缘常常是电气设备中的薄弱环节，为保证设备安全可靠运行，必须对设备的绝缘进行监测与维修。

高电压与绝缘技术主要研究以下几个方面的内容：

① 绝缘材料电特性。主要包括各种绝缘材料(气体、液体、固体)电气特性；各种绝缘结构在各种电压作用下的击穿特性；电气设备绝缘老化和缺陷的特性、发展过程及规律；研发新材料；设计更合理的设备结构、绝缘结构等。

② 过电压限制与保护。主要包括雷电波过程概念；避雷器、避雷针、接地装置的作用及配置；输电线路防雷保护；发电厂和变电所防雷保护；内部过电压及限制措施、绝缘配合等。

③ 电气设备绝缘试验及监测。主要包括电气设备绝缘预防性试验；电气设备在线检测和监测与故障诊断技术等。

对于电气工程专业的学生而言，学习高电压与绝缘技术主要是学会正确处理电力系统中过电压与绝缘这一对矛盾。电力系统的设计、建设与运行都要求工程技术人员在各种电介质和绝缘结构的电气特性、电力系统过电压及其防护、绝缘的高电压试验等方面具备必要的知识。为说明电力系统与高电压技术的密切关系，以高压架空输电线路的设计为例，图5-1给出了种种与高电压技术直接相关的工程问题。

图5-1　高压架空输电线路设计中涉及的高电压技术问题

5.2　电介质的电气强度

高压电气设备的绝缘应能承受各种高电压的作用，研究电介质在各种作用电压下的绝缘特性、介电强度和放电机理，以便合理解决电气设备的绝缘结构问题是高电压技术的重要内容。

绝缘就是不导电的意思。没有可靠的绝缘，高电压甚至无法出现，这是高电压技术中的关键的问题。高电压下绝缘问题之所以突出，就是因为高电压对绝缘的要求非常高，导致为绝缘所花的代价太高，而且还有可靠性问题。

不导电的材料称为绝缘材料，又称电介质，它们的电阻率极高，其作用是在电气设备中把电位不同的带电部分隔离开来。电介质按其物质形态可分为气体介质、液体介质和固体介质。在实际绝缘结构中所采用的往往是几种电介质联合构成的组合绝缘。如电气设备的外绝缘往往由气体介质（空气）和固体介质（绝缘子）联合组成，而内绝缘则较多地由固体介质和液体介质联合组成。

电介质与导体、半导体、磁体等一起作为材料，在电气及电子工程领域中占有重要的地位。

一切电介质的电气强度都是有限的，超过某种限度，电介质就会逐步丧失其原有的绝缘性能，甚至演变成导体。

在电场的作用下，电介质中出现的电气现象可以分为两大类：

① 在弱电场下，主要是极化、电导、介质损耗等；

② 在强电场下，主要有放电、闪络、击穿等。

5.2.1　气体放电的物理过程

绝大多数电气设备都在不同程度上、以不同的形式利用气体介质作为绝缘材料。如架空输电线路各相导线之间、导线与地线之间、导线与杆塔之间的绝缘都利用了空气；高压电气设备的外绝缘也利用了空气。在空气断路器中，压缩空气被用作绝缘介质和灭弧介质；六氟化硫气体更是一种性能优良的绝缘介质。

气体中流过电流的各种形式，统称为气体放电。气体的分子间距很大，极化率很小，因此，介电常数都接近于1。纯净的、中性状态的气体是不导电的。只有气体中出现了带电质点（电子、正离子、负离子）以后，游离出来的自由电子、正离子和负离子在电场作用下移动，从而形成气体电介质的电导层。产生带电粒子的物理过程称为电离，是气体放电的首要前提。

气体带电质点的来源：一是气体分子本身发生游离（包括碰撞游离、光游离、热游离等多种形式）；二是气体中的金属电极发生表面游离。

气体放电中，碰撞电离主要是电子和气体分子碰撞而引起的。有时电子和气体分子碰撞非但没有电离出新电子，反而是碰撞电子附着分子，形成了负离子。有些气体形成负离子时可释放出能量。氧、氟、氯等容易形成负离子的气体，称为电负性气体，负离子的形成起着阻碍放电的作用。

短波射线的光子具有很大能量，当它射到中性原子或分子上时，所产生的游离称为光游离，在气体放电中起着重要作用。

因气体分子热运动状态引起的游离称为热游离。其实质仍是碰撞游离和光游离，只是其能量来源于气体分子本身的热能。

放在气体中的金属电极表面游离出自由电子的现象称为表面游离。表面游离所需能量的获得途径有：正离子碰撞阴极、光电效应、强场发射、热电子发射。

当气体中的电场强度达到一定数值后，气体中电流剧增，在气体间隙中形成一条导电性能高的通道，气体失去绝缘能力，气体这种由绝缘状态突变为良导电状态的过程，称为击穿。

根据气体压强、电源功率、电极形状等因素的不同，击穿后气体放电可具有多种不同形式。利用放电管可以观察放电现象的变化，主要包括辉光放电、电弧放电、火花放电、电晕放电、刷状放电等。

辉光放电：当气体压强不大，电源功率很小（放电回路中串入很大阻抗）时，外施电压增到一定值后，回路中电流突增至明显数值，管内阴极和阳极间整个空间忽然出现发光现象。其特点是放电电流密度较小,放电区域通常占据了整个电极间的空间。辉光放电的主要应用是利用其发光效应(如霓虹灯、日光灯)以及正常辉光放电的稳压效应(如氖稳压管)。

电弧放电:减小外回路中的阻抗,则电流增大,电流增大到一定值后,放电通道收缩变细,且越来越明亮,管端电压则更加降低,说明通道的电导越来越大。此时电弧通道和电极的温度都很高,电流密度极大,电路具有短路的特征。电弧放电应用场合:各种高气压放电灯如高气压汞灯、氙灯、钠灯,是在管泡内进行电弧放电的光源;电弧焊接、电弧切割在工业上有广泛应用;电弧的高温可作为电炉的热源。

火花放电:因发电通道似火花而得名。在大气压或高气压下,击穿后总是形成收细的发光放电通道,而不再扩散于间隙中的整个空间。当外回路中阻抗很大,限制了放电电流时,电极间出现贯通两极的断续的明亮细火花,并且放电过程不稳定。雷电是自然界中大规模的火花放电现象。电火花放电可用于金属加工等。

电晕放电:电晕放电的特征是伴有“嘶嘶”的响声,有时有淡蓝色的晕光。电极曲率半径很小或电极间距离很远,即电场极不均匀,则当电压升高到一定值后,首先紧贴电极在电场最强处出现发光层,回路中出现用一般仪表即可察觉的电流。随着电压升高,发光层扩大,放电电流也逐渐增大。发生电晕放电时,气体间隙的大部分尚未丧失绝缘性能,放电电流很小,间隙仍能耐受电压的作用。

高压输电线路导线上发生电晕,会引起电晕功率损耗、无线电干扰、电视干扰以及噪声干扰。应选择足够的导线截面积,或采用分裂导线降低导线表面电场的方式,避免电晕产生。

利用电晕放电可以进行静电除尘、污水处理、空气净化等。

刷状放电:电场极不均匀情况下,如电压继续升高,从电晕电极伸展出许多较明亮的细放电通道,称为刷状放电。电压再升高,根据电源功率而转入火花放电或电弧放电,最后整个间隙被击穿。如电场稍不均匀,则可能不出现刷状放电,而由电晕放电直接转入击穿。

气体中存在游离过程,也就存在复合过程。

气体放电的经典理论主要有汤逊放电理论和流注放电理论等,汤逊理论与流注理论相互补充,说明不同的放电现象。前者适用于均匀电场、低气压、短间隙的情形;后者适用于均匀电场、高气压、长间隙的情形。两个理论都是假说,还不完备,无法精确计算具体绝缘材料的击穿电压,要通过实验方法获取。

1903年,为了解释低气压下的气体放电现象,英国物理学家汤逊(J. S. Townsend)提出了气体击穿理论,引入了三个系数来描述气体放电的机理,并给出了气体击穿判据。它的适用条件为均匀电场、低气压、短间隙。汤逊放电理论可以解释气体放电中的许多现象,如击穿电压与放电间距及气压之间的关系,二次电子发射的作用等。但是汤逊放电解释某些现象也有困难,如击穿形成的时延现象等;另外汤逊放电理论没有考虑放电过程中空间电荷作用,而这一点对于放电的发展是非常重要的。

汤逊理论的实质是:

① 气体间隙中发生的电子碰撞电离是气体放电的主要原因(电子崩);

② 二次电子来源于正离子撞击阴极表面逸出电子,逸出电子是维持气体放电的必要条件;

③ 所逸出的电子能否接替起始电子的作用是自持放电的判据。

在高气压、长气隙情况下,有两个不容忽视的因素对气体放电过程产生了影响。一个因素是空间电荷对原有电场的影响,另一个因素是空间光电离的作用。针对汤逊放电理论的不足,1940年前后,H. Raether及Loeb、Meek等人提出了流注(Streamer)击穿理论。该理论认为在气体击穿的过程中，除了汤逊放电理论中所阐述的电离现象之外，空间电荷引起的电场畸变，以及间隙中的光电离也是很重要的影响因素。从而弥补了汤逊放电理论中的一些缺陷，使得放电理论得到进一步的完善。

流注理论的实质：流注的特点是电离强度大、传播速度快，流注一旦形成，放电由自身产生的空间光电离维持，进入自持放电阶段，均匀电场间隙被击穿。可见这时出现流注的条件就是自持放电的条件，也等同于均匀电场间隙击穿条件。

流注形成的主要因素是电子碰撞电离及空间光电离，只有电子崩头部电荷达到一定数量，空间电荷畸变电场达到一定程度，造成足够的空间光电离，才能转入流注。

近年来，随着新的气体放电工业应用的不断涌现，以及实验观测技术的进一步发展，将放电理论与非线性动力学相结合，利用非线性动力学的方法来研究气体放电中的各种现象，也成为气体放电研究中的重要内容。

5.2.2　液体和固体介质的电气特性

液体介质和固体介质广泛用作电气设备的内绝缘。应用最多的液体介质是变压器油，品质更高的电容器油和电缆油也分别用于电力电容器和电力电缆中。用于内绝缘的固体介质最常见的有绝缘纸、纸板、云母、塑料等。

电介质的电气特性，主要表现为它们在电场作用下的导电性能、介电性能和电气强度。它们分别以4个主要参数来表示，即电导率γ、介电常数ε、介质损耗角正切值$\tan\delta$和击穿电场强度E_b来表示。电介质其他性能还包括热性能、机械性能、吸湿性能、化学稳定性及抗生物特性。

液体和固体介质的电气特性大致相似，但与气体介质差别较大。液体和固体介质的介电常数比空气大，绝缘强度高，液体介质在10^5 V/cm数量级，固体介质在10^6 V/cm数量级；液体和固体介质存在老化现象，液体介质自恢复性能差，固体介质绝缘损伤是永久性的。

电介质在电场作用下都会出现极化、电导和损耗等电气物理现象。气体介质的极化、电导和损耗一般可忽略不计，需要关注的是液体和固体介质在这方面的特性。

电介质的极化：电介质在电场作用下，其束缚电荷相应于电场方向产生弹性位移现象和偶极子的取向现象。这时电荷的偏移大都是在原子或分子的范围内作微观位移，并产生电矩。电介质极化的强弱可以用介电常数的大小来表示，它与该电介质分子的极性强弱有关，还受到温度、外加电场频率等因素的影响。

具有极性分子的电介质称为极性电介质，而由中性分子构成的电介质称为中性电介质。中性电介质的介电常数一般小于10，而极性电介质的介电常数一般大于10，甚至达数千。

讨论极化的意义在于合理选择绝缘材料、有助于多层介质的合理配合，为研究介质损耗和电气预防性试验提供理论指引，研发驻极体、铁电体、压电体、热电体等新型材料。

电介质的电导：任何电介质都不同程度地具有一定的导电性，只不过电导率很小而已，而表征电介质导电性能的主要物理量即为电导率γ。影响电介质的电导率的因素主要是温度和杂质。表5-1给出了一些常用电介质的介电常数和电导率。

讨论电介质电导的意义体现在以下三个方面。

① 绝缘预防性试验：利用绝缘电阻、泄漏电流及吸收比可判断设备的绝缘状况。

② 多层介质绝缘配合：直流电压下分层绝缘时，各层电压分布与电阻成正比，应使材料合理使用，实现各层之间的合理分压。

③ 电气设备运行维护:注意环境湿度对固体介质表面电阻的影响,注意亲水性材料的表面防水处理。

电介质的损耗:在电场作用下没有能量损耗的理想电介质是不存在的。实际电介质中总有一定的能量损耗,包括由电导引起的损耗和某些有损极化引起的损耗。

在直流电压作用下,电介质中没有周期性变化的极化过程,损耗仅由电导引起,因此用电导率即可说明问题。

在交变电场作用下,电介质的能量损耗包括电导损耗和极化损耗,统称电介质的损耗,简称介质损耗。此时流过电介质的电流包括有功分量和无功分量,根据电介质的等值电路图可推导出电介质的功率损耗 P 为

$$P=Q\tan\delta=U^2\omega_c\tan\delta \tag{5-1}$$

由于 $\tan\delta$ 仅取决于材料的损耗特性,因此通常用它作为综合反映电介质损耗特性优劣的指标。测量和监控各种电力设备绝缘的 $\tan\delta$ 值已经成为电力系统绝缘预防性试验的重要项目之一。

单位时间内消耗的能量称为介质损耗功率。介质损耗是绝缘材料的重要品质指标之一,特别是用作电容器的介质,不容许有大量的能量损耗,否则会降低整个电路的工作质量,损耗严重时甚至会引起介质的过热而损坏绝缘。介质损耗与材料的化学组成、显微结构、工作频率、环境温度和湿度、负荷大小和作用时间等许多因素有关。

表 5-1　几种电介质的相对介电常数和电导率

材料类别		名称	相对介电常数 ε_r(工频,20℃)	电导率(20℃,$S\cdot cm^{-1}$)
气体介质(标准大气条件)		空气	1.00059	
液体介质	弱极性	变压器油	2.2	$10^{-15}\sim10^{-12}$
		硅有机油类	2.8	$10^{-15}\sim10^{-14}$
	极性	蓖麻油	4.5	$10^{-13}\sim10^{-12}$
		氯化联苯	4.6~5.2	$10^{-12}\sim10^{-10}$
固体介质	中性	石蜡	1.9~2.2	10^{-16}
		聚苯乙烯	2.4~2.6	$10^{-18}\sim10^{-17}$
		聚四氟乙烯	2	$10^{-18}\sim10^{-17}$
	极性	松香	2.5~2.6	$10^{-16}\sim10^{-15}$
		纤维素	6.5	10^{-14}
		胶木	4.5	$10^{-14}\sim10^{-13}$
		聚氟乙烯	3.3	$10^{-16}\sim10^{-15}$
		沥青	2.6~2.7	$10^{-16}\sim10^{-15}$
	离子性	云母	5~7	$10^{-16}\sim10^{-15}$
		电瓷	6~7	$10^{-15}\sim10^{-14}$

电介质的击穿:与气体介质相似,液体和固体介质在强电场的作用下,也会出现由介质转变为导体的击穿过程。

1. 液体电介质击穿

纯净液体介质击穿场强高，但其提纯并非易事。工程中实际使用的液体介质往往含有水分、气体、固体微粒和纤维等杂质，它们对液体介质的击穿过程有很大的影响。

关于纯净液体电介质的击穿，主要有电击穿理论和气泡击穿理论。

电击穿理论认为液体中因强电场发射等原因产生的电子，在电场中被加速，与液体分子发生碰撞电离。击穿特点与长空气间隙的放电过程相似。

气泡击穿理论认为当外加电场较高时，液体介质内由于各种原因产生气泡。由于串联介质中，场强的分布与介质的介电常数成反比，电离首先在气泡中发生。如果许多电离的气泡在电场中排列形成气体小桥，击穿就可能在此小桥通道中发生。这个击穿理论也称为"小桥理论"。

对于非纯净液体介质而言，液体中的杂质在电场力的作用下，在电场方向定向，并逐渐沿电力线方向排列成杂质的"小桥"。由于杂质中水分及纤维等的电导大，引起泄漏电流增大、发热增多，促使水分汽化、气泡扩大。最后，液体电介质最后在气体通道中发生击穿。

绝缘油中杂质对油的工频击穿电压有很大的影响，所以对于工程用油来说，应设法减少杂质的影响，提高油的品质。通常可以采用过滤、防潮、去气等方法来提高油的品质。

2. 固体电介质击穿

气体、液体和固体三种电介质中，固体密度最大，耐电强度最高。但在电场作用下，固体介质也可能发生电击穿、热击穿、电化学击穿。固体电介质的击穿过程最复杂，击穿后永久丧失绝缘性能，是唯一不可恢复的绝缘。

电击穿：电击穿理论建立在固体电介质中发生碰撞电离基础上，固体电介质中存在少量传导电子，在电场加速下与晶格结点上的原子碰撞，从而击穿。

热击穿：由于介质损耗的存在，固体电介质在电场中会逐渐发热升温，温度升高导致固体电介质电阻下降，电流进一步增大，损耗发热也随之增大。在电介质不断发热升温的同时，也存在一个通过电极及其他介质向外不断散热的过程。如果同一时间内发热超过散热，则介质温度会不断上升，以致引起电介质分解炭化，最终击穿，这一过程称为电介质的热击穿过程。

电化学击穿：在电场的长时间作用下逐渐使介质的物理、化学性能发生不可逆的劣化，最终导致击穿。电老化的类型有电离性老化、电导性老化和电解性老化。前两种主要在交流电压下产生，后一种主要在直流电压下产生。

与气体介质和液体介质不同，固体介质的击穿具有累积效应。固体介质在不均匀电场中，或在幅值不很高的过电压、特别是雷电冲击电压下，介质内部可能出现局部灼伤，并留下局部炭、烧焦或裂缝等痕迹。多次加电压时，局部损伤会逐步发展，称为累积效应。

主要以固体介质作为绝缘材料的电气设备，随着施加冲击或工频试验电压次数的增多，很可能因累积效应而使其击穿电压下降。因此，在确定这类电气设备耐压试验，并在加电压的次数和试验电压值时，应考虑累积效应，而在设计固体绝缘结构时，应保证一定的绝缘裕度。

5.2.3　常用的绝缘材料

绝缘材料按其化学性质不同，可分为无机绝缘材料、有机绝缘材料和混合绝缘材料。按物质形态又可分为：

① 气体绝缘材料，如空气、氮气、SF_6等；

② 液体绝缘材料,如电容油、变压器油、开关油等;

③ 固体绝缘材料,如电容器纸、聚苯乙烯、云母、陶瓷、玻璃等。

我国电工绝缘材料产品按应用或工艺特征分为8大类,并以数字代表:1—漆、树脂和胶类;2—浸渍纤维制品类;3—层压制品类;4—塑料类;5—云母制品类;6—薄膜、黏带和复合制品类;7—纤维制品类;8—绝缘液体类。

研究高电压绝缘有关的问题,首先要选择性能优良的绝缘材料,要研究各种绝缘材料在高电压下的各种性能,各种现象以及相应的过程、理论,尤其是绝缘击穿破坏的过程及理论。在此基础上也可以开发新材料,进而大幅度提高性能。

其次,要研究绝缘结构(电场结构)和电压结构,材料的性能并不能代表结构的性能,绝缘结构的性能才是实际的使用性能,同一种材料在不同的绝缘结构下其外在表现是不同的,对绝缘结构的研究是为了更好地利用材料的性能。研究绝缘问题也不能离开电压形式,如交流电压、直流电压、冲击电压等,同样的材料、结构,在不同形式电压下,绝缘性能不尽相同。

绝缘材料中通常只有微量的自由电子,在未被击穿前参加导电的带电粒子主要是由热运动而离解出来的本征离子和杂质粒子。绝缘材料的电学性质反映在电导、极化、损耗和击穿等过程中。

绝缘材料都或多或少地具有从周围媒质中吸潮的能力,称为绝缘材料的吸湿性。如受到空气湿度的影响,将引起电介质的介电常数增加、绝缘电阻下降、损耗增大和承受电场作用的能力降低。因此,提高电介质的防潮性能很重要。

当温度升高时,绝缘材料的电性能显著恶化以致不能工作,即当温度升高超出其允许的承受值时,将产生热击穿而造成电介质的损坏,绝缘材料承受高温作用的能力称为耐热性。绝缘材料在正常运行条件下允许的最高工作温度分级称为耐热等级,在此温度以下,可以长期安全地使用,超过这个温度就会迅速老化。按照耐热程度,把绝缘材料分为Y、A、E、B、F、H、C等级别。例如A级绝缘材料的最高允许工作温度为105℃,一般使用的配电变压器、电动机中的绝缘材料大多属于A级。

绝缘材料的老化:绝缘材料在运行过程中,由于各种因素的作用而发生一系列不可恢复的物理、化学变化导致绝缘材料的电气性能与机械性能的劣化,通称为老化。热、电、光照、氧化、机械作用、辐射、微生物等的作用,均可导致绝缘材料老化。绝缘老化的主要形式有环境老化、热老化与电老化三种。

抑制绝缘老化的措施:改进制造工艺(清除杂质气泡等);改进绝缘设计(改善电极形状,消除接触气隙等);改善运行条件(防潮防污,加强散热等)。

常用绝缘材料的性能和作用如下。

(1) 六氟化硫气体:分子式为SF_6,具有卓越的绝缘性能和熄灭电弧的性能,其击穿电压为空气的2~3倍。常温常压下为无色、无味、无毒、无腐蚀性、不燃、不爆炸的惰性气体,密度约为空气的5倍。它具有优异的热稳定性和化学稳定性,在150℃以下,不与水、酸、碱、卤素、氧、银和其他绝缘材料发生化学反应。在500℃时,成分仍很稳定而不分解。但是,当温度超过600℃时,如在弧光的高温作用下,六氟化硫因高温而分解,产生低分子量的氟化物。其中氟化氢、二氟化硫有剧毒。

氟原子在电弧区域内能与金属蒸气化合,生成氟化铜、氟化铝等粉末。这些粉末在有水介入的情况下又易与含硅、钙、碳的材料作用而影响这些材料的电气性能和使用寿命。所以工程上对六氟化硫内其他杂质,如空气、水、矿物油等的含量有严格的限量。

六氟化硫是一种优于空气和绝缘油的新一代超高压绝缘介质材料，被广泛用于电气设备的断路器、变压器、大容器电缆、避雷器、X光机、离子加速器、示踪分析和有色冶炼等方面。高纯六氟化硫在半导体工业中，用作等离子刻蚀剂。在光纤制备中用作生产掺氟玻璃的氟源，在制造低损耗优质单模光纤中用作隔离层的掺杂剂。还可用做氮准分子激光器的掺加气体。在环境检测及其他部门用作标准气或配制标准混合气。

(2) 绝缘油：分为矿物油和合成油两大类，要求具有电气性能好、闪点高、凝固点低、无毒、无腐蚀性、黏度低、流动性好、灭弧性能好和介电系数高的特点。其中矿物油使用广泛，具有很好的化学稳定性和电气稳定性，合成油和天然植物油一般常用在电容器做浸渍剂。在正常运行维护中，必须经常检查油的温度和介质损耗等。

(3) 绝缘漆：是以高分子聚合物为基础，能在一定的条件下固化成绝缘硬膜或一个绝缘整体的绝缘材料。主要以合成树脂或天然树脂为漆基，与溶剂、稀释剂、填充料等组成。按用途可分为：①浸渍漆：主要用于浸渍电机、电器的线圈，以填充其间隙，且固化后能在被浸渍物的表面形成连续平整的绝缘膜，并使之黏成一个坚硬的整体；②漆包线漆：使得漆包线具有良好的涂覆性，表面光滑，有一定的耐磨性和弹性，电气性能好、耐热、耐溶剂，对导体无腐蚀；③覆盖漆：用于覆盖经浸渍处理后的线圈和绝缘零部件，在其表面形成厚度均匀的绝缘保护层，以防止设备绝缘受机械损伤和空气、化学药品的侵蚀，并提高表面绝缘强度；④硅钢片漆和防电晕漆等。

(4) 绝缘薄膜、黏带：绝缘薄膜是由若干高分子材料聚合而成的，其特点是厚度薄，大致在0.006～0.5mm，柔软，耐潮，电气性能、机械性能好，化学稳定性高。主要用做电机、电器线圈和电线电缆绕包绝缘等。常用的绝缘薄膜有：聚乙烯薄膜，一般在通信电缆、高频电缆和水底电缆中作导体绝缘。聚四氟乙烯薄膜，常用在高温或腐蚀性环境下工作的电气设备中。聚酯薄膜一般和青壳纸复合使用，作为低压电机的槽绝缘、相间绝缘和端部层间绝缘。电工用黏带有薄膜黏带、织物黏带和无底材黏带三种。

(5) 云母：云母种类很多，在绝缘材料中主要应用的是白云母和金云母两种，是属于铝代硅酸盐类的一种天然矿物。两种云母均具有良好的电气性能和机械性能，耐热性好，化学特性稳定，耐电晕。云母制品是以天然云母片用虫胶、甘油树脂等强力胶黏剂黏合而成，可制成很多形状，结构紧密。

5.3　高电压试验技术

高电压与绝缘技术是一门以试验研究为基础、理论与实验紧密结合的学科，由于其依赖的电介质理论尚不够完善，高电压与电气绝缘的很多问题必须通过试验来解释；电气设备绝缘设计、故障检测与诊断等也都必须借助试验来完成。

高电压试验面临的问题首先就是如何产生各种高电压，而且所产生的高电压的波形和幅值都方便可调，这就需要研究各种经济、灵活的高电压发生装置。有了人工产生的高电压，如何对电气设备进行各类高电压试验也是值得研究的。另外，还有高电压测量问题，低电压下各种电量的测量方法手段和仪器很多，但高电压下的测量则困难许多。高强量、微弱量、快速量都难于测量，而高电压试验中这三类信号都存在，微弱量受到高电压、大电流下的强电磁干扰也是普通干扰所不能比拟的。

电气设备绝缘试验目的是判断设备能否投入运行，是否存在缺陷，预防设备损坏，以保证安全运行。试验分两大类:预防性试验,也称为检查性试验或非破坏性试验,检测绝缘除电气强度以外的其他电气性能,一般在较低电压下进行,通常不会导致绝缘的击穿破坏;耐压试验,也称破坏性试验,试验所加电压等于或高于设备运行中可能受到的各种电压。其结果最有效和最可信,但可能导致绝缘的破坏。

两类试验相互补充,而不能相互代替,先作检查性试验,再确定耐压试验的时间和条件。

绝缘试验以外的试验称为特性试验,表征电气设备的电气和机械的某些特性,不同电气设备有各自的特性试验。如变压器和互感器的变比试验、极性试验;线圈的直流电阻测量;断路器的导电回路电阻;分合闸时间和速度试验等。

5.3.1 电气设备绝缘的预防性试验

基本项目包括测量绝缘电阻、吸收比、泄漏电流、介质损耗、等效电容 C、等效电阻 R、局部放电测试、电压分布测试、油气色谱分析等。各项目反映绝缘缺陷的性质不同,对不同绝缘材料和绝缘结构的有效性也不同。

新电气设备投入运行前在交接、安装、调试等环节要进行预防性试验,运行中的各种电气设备要定期进行预防性试验检查,以便及早发现绝缘缺陷,及时更换或修复,防患于未然。

1. 绝缘电阻、吸收比与泄漏电流的测量

绝缘电阻是电介质和绝缘结构的绝缘状态最基本的综合性特性参数,绝缘电阻高,表示电气设备绝缘良好。测量绝缘电阻能有效发现的缺陷:总体绝缘质量欠佳,绝缘受潮,两极间有贯穿性的导电通道。测量绝缘电阻不能发现的缺陷:绝缘中的局部缺陷,绝缘的老化,绝缘表面情况不良。

吸收比定义为加压 60s 时的绝缘电阻与 15s 时绝缘电阻的比值。一般认为如吸收比小于 1.3,就可判断为绝缘可能受潮。

目前测量绝缘电阻与吸收比,数字兆欧表已经基本上取代了手摇式的兆欧表。数字兆欧表由高压发生器、测量桥路和自动量程切换显示电路等三大部分组成。图 5-2 是几款常用数字兆欧表面板外观。

图 5-2 几款数字兆欧表

测量时的注意事项：试验前后将试品接地放电一定时间；高压测试连线保持架空；测吸收比，应待电源电压稳定后再接入试品；防止试品向兆欧表反向放电；带有绕组的被试品，应先将被测绕组首尾短接，再接到 L 端子，其他非被测绕组也应先首尾短接后再接到应接端子；绝缘电阻与温度的关系明显。

测量泄漏电流与测量绝缘电阻的原理是相似的，但所加的直流电压要高得多，能发现用兆欧表所不能显示的某些缺陷。

2. 介质损耗角正切值的测量

介质损耗角正切值又称介质损耗因数或简称介损。测量介质损耗因数是一项灵敏度很高的试验项目，它可以发现电力设备绝缘整体受潮、劣化变质以及小体积被试设备贯通和未贯通的局部缺陷。例如：某台变压器的套管，正常 $\tan\delta$ 值为 0.5%，而当受潮后 $\tan\delta$ 值为 3.5%，两个数据相差 7 倍；而用测量绝缘电阻检测，受潮前后的数值相差不大。

$\tan\delta$ 值的测量，最常用的是西林电桥。图 5-3 是西林电桥的基本电路，图中，高压臂：C_x，R_x 为被测试品的等效电容与电阻，用阻抗 Z_1 表示，无损耗的标准电容 C_0，用阻抗 Z_2 表示；低压臂：处在桥箱体内的可调无感电阻 R_3，用 Z_3 表示，无感电阻 R_4 和平衡损耗角正切的可调电容 C_4 的并联，用 Z_4 表示。放电管 P 起保护作用，检流计 G 过零时，电桥平衡。

高压引线与低压臂之间有电场的影响，可看作其间有杂散电容 C_S。由于低压臂的电位很低，C_x 和 C_0 的电容量很小，杂散电容 C_S 的引入，会产生测量误差。若附近另有高压源，其间的杂散电容 C_{S1} 会引入干扰电流，也会造成测量误差。杂散电容的影响，需要屏蔽，用金属屏蔽罩或网把试品与干扰源隔开。

电桥的平衡条件：$Z_1Z_4=Z_2Z_3$，解方程，得

$$C_x=\frac{R_4}{R_3}C_0\times\frac{1}{1+\tan^2\delta} \qquad (5\text{-}2)$$

$$\tan\delta=\omega R_4C_4$$

当 $\tan\delta<0.1$ 时，试样电容可近似地按下式计算

$$C_x=\frac{R_4}{R_3}C_0 \qquad (5\text{-}3)$$

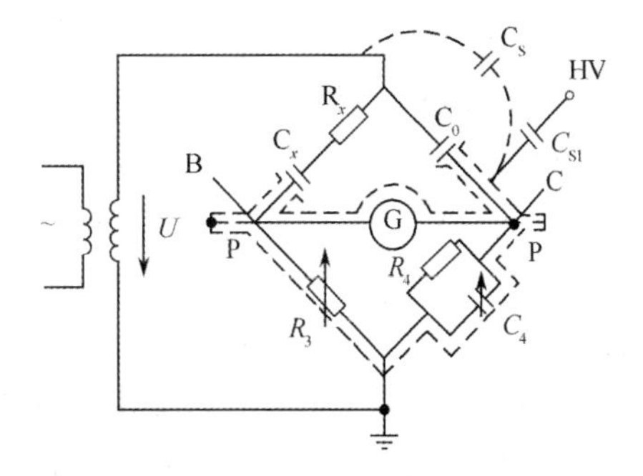

图 5-3　西林电桥的基本电路

因此，若桥臂电阻 R_3，R_4 和电容 C_0，C_4 已知，就可以求得试品电容和损耗角正切值，计算出 C_x 后，根据试品与电极的尺寸可计算其相对介电常数。

测量时的注意事项：一定要使电桥测量部分可靠接地；特别要注意的是，正接法测量时（图 5-3），标准电容器高压电极、试品高压端和升压变压器高压电极都带危险电压！各端之间连线都要架空，试验人员要远离！在接近测量系统、接线、拆线和对测量单元电源充电前，应确保所有测量电源已被切断！还应注意低压电源的安全。

3. 局部放电的测量

局部放电指在一定外加电压作用下，电气设备内部绝缘薄弱点处发生的局部重复击穿和熄灭现象。发生局部放电时，将伴随着出现许多现象。有些属于电的，例如电脉冲、介质损耗的增大和电磁波辐射；有些属于非电的，如光、热、噪音、气体压力的变化和化学变化。这些现象都可以用来判断局部放电是否存在，因此检测的方法也可以分为电的和非电的两类。

局部放电的危害在于，局部放电发生在一个或几个绝缘内部缺陷中，在这个小空间内电场

强度很大。虽然其放电能量很小,短期内对设备的绝缘强度并不造成影响,但在工作电压的长期影响下,局部放电会逐步扩大,并产生不良化合物,使绝缘慢慢损坏,导致整个绝缘被击穿,发生突发性故障。

局部放电试验内容包括测量视在放电量、放电重复率、局部放电起始电压和熄灭电压、放电的具体部位。

目前得到广泛应用是电的方法,即脉冲电流法:将被试品两端的电压突变转化为检测回路中的电流。又分为直接法与平衡法。它不仅可以判断局部放电的有无,还可以判定放电的强弱。

非电量法检测方法主要有三种。

绝缘油的气相色谱分析法:通过检查电气设备油样内所含的气体组成含量来判断设备内部的隐藏缺陷。

绝缘油的液相色谱法:是以液体作为流动相的一种色谱分析法,与气相色谱相比较,同样具有高灵敏、高效能和高速度的特点,但它的应用范围更加广泛。在电力变压器中,油色谱分析是一种简单、经济、有效的变压器在线监测方法。

超声波探测法:在电气设备外壁放上由压电元件和前置放大器组成的超声波探测器,用以探测局部放电所形成的超声波,了解有无局部放电的发生,粗测其强度和发生部位。

5.3.2　电气设备绝缘的耐压试验

电气设备的绝缘在运行中除了长期受到工作电压的作用外,还会受到各种过电压的侵袭。为了检验电气设备的绝缘强度,在出厂时、安装调试时或大修后,需要进行各种高电压试验。

1. 工频耐压试验

交流高压的产生通常采用工频试验变压器或其串级装置来实现,但对于一些特殊试品,如变压器的感应试验,采用频率不超过500Hz交流电压;对于大容量高电压设备的试验,采用串联谐振方法产生30～300Hz交流电压;固体绝缘的加速老化试验则采用约几kHz的高频交流电压等。

工频试验变压器与电力变压器相比主要特点是:变比较大,容量较小,工作时间短。试验变压器的电压必须从零调节到指定值,要靠连到变压器初级绕组电路中的调压器来进行。图5-4是运行中的1000kV工频试验变压器。

图5-4　1000kV工频试验变压器

试品上工频高压的测量目前最常用的测量方法有：用测量球隙或峰值电压表测量交流电压的峰值，用静电电压表测量交流电压的有效值；为了观察被测电压的波形，也可从分压器低压侧将输出的被测信号送至示波器显示波形。在被测电压高于200kV时，直接用指示仪表测量高压比较困难，通常采用电容分压器配用低压仪表测量高压。图5-5是一种水平式放电球隙测压器。

图5-6是工频高压试验的一般接线方式，其中，AV—调压器，T—试验变压器，R_1—限流限压保护电阻，R_2—测量球隙保护电阻，TO—被测试品，Q—测量球隙。

工频交流耐压试验是判断电气设备能否继续运行，避免其在运行中发生绝缘事故的重要手段。实施方法如下：按规定的升压速度升高作用在被测试品TO上的电压，直到等于所需的试验电压为止，这时开始计算时间。为了让有缺陷的试品绝缘来得及发展局部放电或完全击穿，在该电压下还要保持一段时间，一般取一分钟即可。如果在此期间没有发现绝缘击穿或局部损伤的情况，即可认为该试品的工频耐压试验合格通过。

图5-5　水平式放电球隙测压器

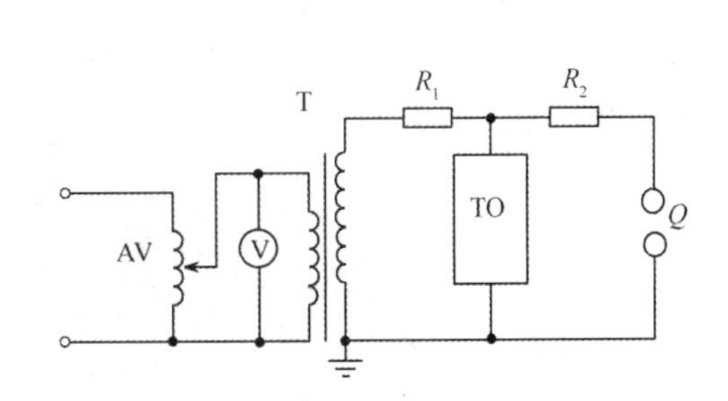

图5-6　工频高压试验接线图

2. **直流耐压试验**

获得直流高电压，最常用的途径就是变压器和半波整流回路或倍压整流回路的组合，另外还可通过静电方式产生直流高压。

直流电压的特性由极性、平均值、脉动等来表示。高压试验的直流电源在提供负载电流时，脉动电压要非常小，要求直流电源必须具有一定的负载能力。

直流高电压的测量方法主要有：高压高阻法，高阻可作为放大器或分压器来使用；旋转电位计，测量精度高；静电电压表，可测量直流电压的平均值；标准棒—棒间隙；标准球间隙。直流电压的测量，要求电压算术平均值总不确定度不超过3%，直流电压的纹波幅值总不确定度不超过10%，或脉动系数测量不确定度应小于1%。

直流耐压是直流电力设备的基本耐压方式。对于交流电网中的长电力电缆等，在现场进行交流耐压试验常出现困难，因为长电缆的电容量较大。为了减小试验电源的试验容量，规程采用直流耐压来检查电缆绝缘的质量。直流耐压基本上不会对绝缘造成残留性损伤。

直流耐压试验能反映设备受潮、劣化和局部缺陷等多方面的问题。它和交流耐压试验相比主要有以下一些特点：试验设备的容量较小，可以做得比较轻巧，适合于现场进行试验；在试验时可以同时测量泄漏电流；直流耐压试验比之交流耐压试验更能发现电机端部的绝缘缺陷；在直流高压下，局部放电较弱。

3. **冲击耐压试验**

冲击电压是指持续短、电压上升速度快，缓慢下降的暂态电压，如雷电冲击电压、操作冲击电压。由波头时间、波尾时间、峰值和极性来表示。

获得冲击高电压的方法有单级冲击电压发生器和多级冲击电压发生器。冲击高电压有两种测量方法,分压器与数字记录仪和标准球间隙测压。

冲击电压的测定包括:幅值测量和波形记录。对于标准全波、波尾截断波以及1/5s短波,幅值的测量不确定度不超过±3%,1s以内波头截断波,其幅值的测量误差不超过±5%,波头及波长时间的测量不确定度不超过10%。

图5-7是国产7200kV/480kJ户外型冲击电压发生器成套试验装备,冲击电压发生器成功产生4845kV操作冲击电压,表明我国特高压直流试验基地完全具备进行±1000kV及以上电压等级特高压直流和1000kV及以上电压等级特高压交流输电技术研究需进行的冲击电压试验能力,可为更高电压等级的特高压交直流输电工程设计提供宝贵的试验依据和技术支持。

电气设备内绝缘的雷电冲击耐压试验采用三次冲击法,即对被测试品施加三次正极性和三次负极性雷电冲击试验电压,对变压器和电抗器类设备的内绝缘,还要再进行雷电冲击截波耐压试验,它对绕组绝缘,特别是纵绝缘的考验往往比雷电冲击全波试验更加严格。

电气设备外绝缘的冲击高压试验可采用15次冲击法,即对被测试品施加正、负极性冲击全波试验电压各15次,相邻两次冲击的时间间隔应不小于1min。在每组15次冲击的试验中,如果击穿或闪络的闪数不超过两次,即可认为该外绝缘试验合格。

图5-7　7200kV/480kJ户外型冲击电压发生器成套试验装备

5.4　电力系统过电压防护与绝缘配合

过电压指电力系统中出现的对绝缘有危险的电压升高和电位差升高。电气设备的绝缘长期耐受着工作电压,同时还必须能够承受一定幅度的过电压,这样才能保证电力系统安全可靠运行。研究各种过电压的起因,预测其幅值,并采取措施加以限制和消除,是确定电力系统绝缘配合的前提,对于电气设备制造和电力系统运行都具有重要意义。异常过电压可能是外来的,也可能是设备、装置内部自生的。过电压的侵入途径,可以通过导线、电路传导进入,也可以通过静电感应、电磁感应侵入。过电压的出现可能是有规律的、周期性的,但更多则是随机的。因此在大多数情况下,很难准确地把握它。依据其成因的不同,电力系统过电压主要类型如图5-8所示。

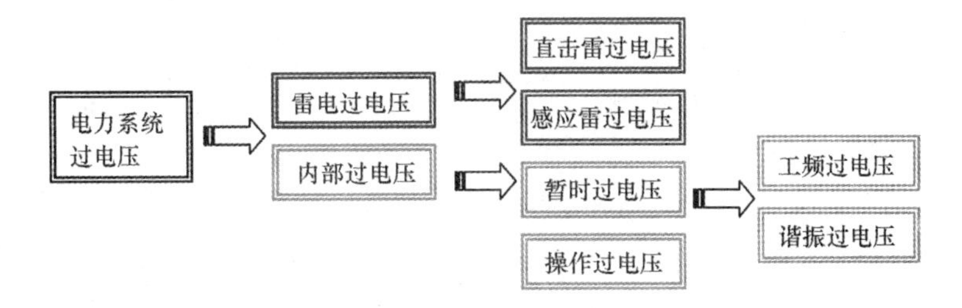

图5-8　电力系统过电压分类

5.4.1　雷电过电压及防护

1. 雷电放电过程

雷电放电由带电荷的雷云引起(见图5-9),闪电的平均电流约30kA,目前记录的最大值是300kA。90%以上的放电发生在雷云之间,主要对飞行器有危害,对地面上的建筑物和人、畜没有很大影响。少数的放电发生在雷云和大地之间,对建筑物、电气电子设备和人、畜危害极大。实测表明,对地放电的雷云大多数带负电荷。雷云对地放电的实质是雷云电荷向大地的突然释放,被击物体的电位取决于雷电流和被击物体阻抗的乘积,从电源性质看,相当于一个电流源的作用过程。能够测量的电量,主要是流过被击物体的电流。雷电流测量一般采用磁钢棒,罗戈夫斯基线圈,以及雷电定位系统。

图5-9　自然界的闪电现象

雷击除了会威胁输电线路和电气设备的绝缘外,还会危害高建筑物、通信线路、天线、飞机、船舶、油库等设备的安全。因此,这些方面的防雷也属于高电压技术的研究对象。

在电气工程领域,我们最关注两个方面是:雷电放电在电力系统中引起很高的雷电过电压,它是造成电力系统绝缘故障和停电事故的主要原因之一;雷电放电产生巨大电流,使被击电气设备炸毁、燃烧、使导体熔断或通过电动力引起机械损坏。

肉眼看到的一次闪电,其过程是很复杂的,图5-10是雷电放电的三个阶段示意图。当天空中有雷云的时候,因雷云带有大量电荷,由于静电感应作用,雷云下方的地面和地面上的物体都带上与雷云相反的电荷。雷云与其下方的地面就成为一个已充电的电容器,当雷云与地面之间的电压高到一定的时候,地面上突出的物体比较明显地放电。同时,天空带电的雷云在电场的作用下,少数带电的云粒(或水成物)向地面靠拢形成电离气柱,称之先驱注流或电流先

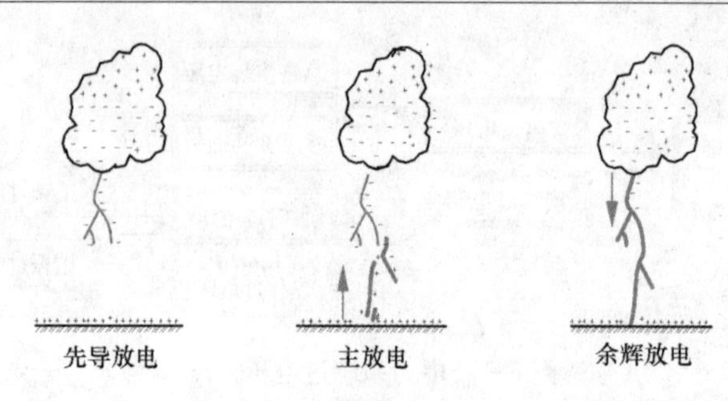

图 5-10　雷电放电的三个阶段

导,先驱注流的延续将形成电离的微弱导通,这一阶段称为先导放电。

开始产生的先导放电是不连续的,是一个一个脉冲地相继向前发展。电离气柱逐级向地面延伸,每级梯级先导是直径约 5m、长 50m、电流约 100A 左右的暗淡光柱。它发展的平均速度为 1.5×10^5 m/s,各脉冲间隔约 30～90μs,每阶段推进约 50m。先导放电常常表现为分支状,这是由于放电是沿着空气电离最强、最容易导电的路径发展的。这些分支状的先导放电通常只有一条放电分支达到大地。

当先导放电到达大地,或与大地放电迎面会合以后,就开始主放电阶段,这就是雷击。在离地面 5～50m 左右时,地面便突然向上回击,回击的通道是从地面到云底,沿着上述梯级先导开辟出的电离通道。回击以平均 2×10^7～1.5×10^8 m/s 的速度从地面驰向云底,发出光亮无比的光柱,历时约 40μs,在主放电中雷云与大地之间所聚集的大量电荷,通过先导放电所开辟的狭小电离通道发生猛烈的电荷中和,放出能量,发出强烈的闪光和震耳的轰鸣。大多数雷电流峰值为几十 kA,也有少数超过上百 kA。雷电流峰值的大小与土壤电阻率有关,土壤电阻率高,则雷电流峰值小。主放电完成后,云中残余电荷继续沿着主放电通道流入地面,这一阶段称为余辉放电阶段,余辉放电电流一般约数百安,持续时间约为 0.03～0.15μs。

雷电流大多数是重复的,通常一次雷电包括 3～4 次放电,多重放电间隔约为 0.6ms。重复放电都是沿着第一次放电通路发展的。雷电之所以重复发生,是由于雷云非常大,它各部分密度不完全相同,导电性能也不一样,所以它所包含的电荷不可能一次放完,第一次放电是由雷云最底层发出的,随后的放电是从较高云层或相邻区发出的。一次闪电全过程历时约 0.25s。

2. 雷电参数的统计数据

雷电放电受气象条件、地形和地质等许多自然因素影响,带有很大的随机性,表征雷电特性的各种参数具有统计的性质。

雷电流波形与陡度:雷电流波形示意如图 5-11 所示,90%左右雷电流为负极性,波形参数:波头时间 τ_t:1～5μs,平均 2.6μs;波长时间 τ:20～100μs,平均 50μs。雷电流陡度是指雷电流随时间上升的速度。我国在防雷保护设计中取:$\tau_t/\tau=2.6/50$ μs,陡度 $a=I/\tau_t=I/2.6$kA /μs 。

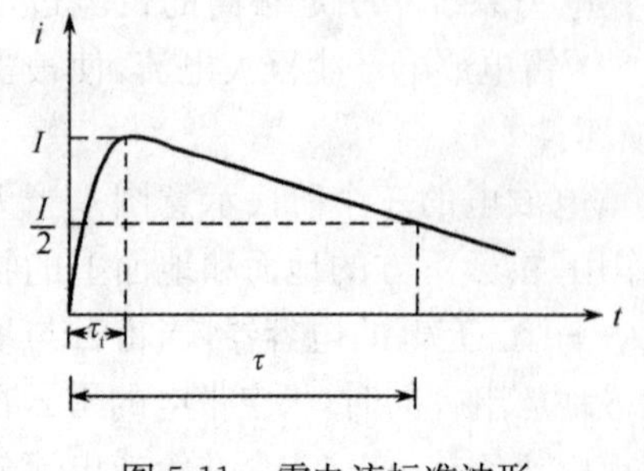

图 5-11　雷电流标准波形

55%的落雷包含两次以上冲击,3～5 次冲击占 25%,10 次以上占 4%,平均重复 3 次。

雷暴日及雷暴小时:雷暴日是一年中发生雷电放电的天数,标准雷暴日是 40。不足 15 日为少雷区,超过

40的为多雷区，超过90的为强雷区；雷暴小时是指平均一年内的有雷电的小时数。

地面落雷密度：每雷暴日每平方千米地面落雷次数，按电力行业标准DL/T 620—1997标准，每雷暴日每平方千米地面落雷次数是0.07次。

雷电流幅值：为雷击于低阻接地电阻(≤30Ω)的物体时流过雷击点的电流，它近似等于电流入射波 I_0 的两倍，即 $I=2I_0$。按DL/T 620—1997标准，一般我国雷暴日超过20的地区雷电流的概率分布为 $\log P=-\frac{I}{88}$。

雷电通道波阻抗：雷电通道如同一个导体，雷电流在导体中流动，对电流波呈现一定的阻抗，该阻抗叫做雷电通道波阻抗，规程建议取300 ～ 400Ω。

3. 防雷保护设备

雷电的破坏作用可以分为三类。

(1) 直击雷过电压

雷云直接对建筑物或地面上的其他物体放电的现象称为直击雷。雷云放电时，引起很大的雷电流，可达几百kA，从而产生极大的破坏作用。雷电流通过被雷击物体时，产生大量的热量，使物体燃烧。被击物体内的水分由于突然受热，急速膨胀，还可能使被击物劈裂。所以当雷云向地面放电时，常常发生房屋倒塌、损坏或者引起火灾，发生人畜伤亡。

(2) 感应雷过电压

雷电感应是雷电的二次作用，即雷电流产生的电磁效应和静电效应作用。雷云在建筑物和架空线路上空形成很强的电场，在建筑物和架空线路上便会感应出与雷云电荷相反的电荷，称为束缚电荷。在雷云向其他地方放电后，云与大地之间的电场突然消失，但聚集在建筑物的顶部或架空线路上的电荷不能很快全部泄入大地，残留下来的大量电荷，相互排斥而产生强大的能量使建筑物震裂。同时，残留电荷形成的高电位，往往造成屋内电线、金属管道和大型金属设备放电，击穿电气绝缘层或引起火灾、爆炸。

(3) 雷电波侵入

当架空线路或架空金属管道遭受雷击，或者与遭受雷击的物体相碰，以及由于雷云在附近放电，在导线上感应出很高的电动势，沿线路或管路将高电位引进建筑物内部，称为雷电波侵入，又称高电位引入。出现雷电波侵入时，可能发生火灾及触电事故。

避免和限制雷电的破坏性，基本措施就是加装避雷针、避雷线、避雷器、防雷接地、消弧线圈、自动重合闸等防雷保护装置。

避雷针、避雷线用于防止直击雷过电压，避雷器用于防止沿输电线路侵入变电所的感应雷过电压。

避雷针由接闪器(避雷针的针头)、引下线和接地体组成。避雷针是明显高出被保护物体的金属支柱，其针头采用圆钢或钢管制成，如图5-12所示。

图5-12　各种样式的避雷针

富兰克林于1750年发明了避雷针，避雷针的发明不仅使人类在生活上免除了自然灾害，而且在哲学上和科学上也是一件大事。

避雷针的保护原理是当雷云放电时使地面电场畸变，在避雷针的顶端形成局部场强集中的空间以影响雷电先导放电的发展方向,使雷电对避雷针放电,再经过接地装置将雷电流引入大地,从而使被保护物体免遭雷击。

避雷针的保护范围:指被保护物在此空间范围内不致遭受雷击。“保护范围”只具有相对的意义,不能认为在保护范围内的物体就完全不受雷直击。避雷针保护第一要对直击雷屏蔽,第二要防止反击。

避雷线,也称架空地线或地线,是由悬挂在空中的水平接地导线、接地引下线和接地体组成,其作用原理与避雷针相同,主要用于输电线路的保护,也可以用来保护发电厂和变电所。避雷线的保护范围的长度与线路等长,而且两端还有其保护的半个圆锥体空间,特别适宜于保护架空线路及大型建筑物。

避雷器见第2章的相关介绍。

消弧线圈的作用是减少单相接地电流,从而促成接地电弧自熄,以防止发展成相间短路或烧伤导线。

在雷电活动强烈而接地电阻又难以降低的地区,对于110kV及以下电压等级的电网,可考虑采用系统中性点不接地或经消弧线圈接地方式。这样可以使绝大多数雷击单相闪络接地故障被消弧线圈消除,不至于发展成持续工频电弧。

4. 接地技术

前面介绍的各种防雷保护装置必须配合适当的接地装置才能有效发挥作用,防雷接地装置是防雷保护体系不可缺少的组成部分。

接地就是指将电力系统中电气装置和设施的某些导电部分,经接地线连接至接地极。埋入地中并直接与大地接触的金属导体称为接地极,电气装置、设施的接地端子与接地极连接用的金属导电部分称为接地线。接地极和接地线合称接地装置。

接地按用途可分为:工作接地、保护接地、防雷接地、静电接地。

(1) 工作接地

交流电力系统根据中性点是否接地分为中性点接地系统、中性点绝缘系统、中性点通过电阻或电感接地的中性点非有效接地系统。为了降低电力设备的绝缘水平,我国110kV及以上的电力系统中多采用中性点接地的运行方式,目的是降低设备绝缘上的电压,缩小设备绝缘尺寸、降低设备造价,还可以使对地绝缘闪络或击穿时容易查出,以及有利于实现继电保护措施等。工作接地要求接地电阻为0.5～10Ω。正常情况下,流过接地装置的电流为系统的不平衡电流,系统发生短路故障时,将有数十kA的短路电路流过接地装置,持续时间0.5s左右。

(2) 保护接地

电气设备发生故障时,其外壳将带电。为了保证人身安全,所有电气设备的金属外壳(包括电缆外皮)必须接地,称为保护接地。高压设备接地保护要求的接地电阻为1～10Ω。

当电气设备的绝缘损坏而使外壳带电时,流过保护接地装置的故障电流应使相应的继电保护装置动作,切除故障设备。也可通过降低接地电阻保证外壳的电位在人体安全电压值之下,避免造成触电事故。

(3) 防雷接地

雷电防护设备都必须与合适的接地装置相连,以将强大的雷电流安全导入大地,减少雷电流流过时引起的电位升高,这种接地称为防雷接地,接地电阻值为1～30Ω。

(4) 静电接地

在爆炸、易燃危险场所内可能产生静电危险的金属物体接地。接地电阻宜小于30Ω。

接地体包括水平接地体、垂直接地体、水平接地网、复合接地网和引外接地体等。

接地电阻是电流 I 经过接地极流入大地时，接地极的电位 V 对 I 的比值，它主要是大地所呈现的电阻。

接地电阻的大小主要由土壤电阻率、接地极尺寸、形状、埋入深度、接地线与接地体的连接情况决定。由于接地线和接地体的电阻相对较小，可以认为接地电阻主要是指接地体的流散电阻。对防雷起作用的是冲击接地电阻，与工频电阻有区别。

大地具有一定的电阻率，如果有电流经过接地极注入，电流以电流场的形式向大地作半球形扩散，则大地就不再保持等电位。将沿大地产生电压降。在靠近接地极处，电流密度和电场强度最大；离电流注入点越远，地中电流密度和电场强度就越小，可以认为在相当远处（约 20～40m），为零电位。

人处于分布电位区域内，可能有两种方式触及不同电位点而受到电压的作用。当人触及漏电外壳，加于人手脚之间的电压，称为接触电压。

当人在分布电位区域内跨开一步，两脚间（水平距离约 0.8m）的电位差，称为跨步电位差，即跨步电压。

发电厂、变电所中的接地网是集工作接地、保护接地和防雷接地为一体的良好接地装置。一般除利用自然接地极以外，根据保护接地和工作接地要求敷设一个统一的接地网，然后再在避雷针和避雷器安装处增加 3～5 根集中接地极以满足防雷接地的要求。

对高压输电线路，每一杆塔都有混凝土基础，它也起着接地极的作用，其接地装置通过引线与避雷线相连，目的是使击中避雷线的雷电流通过较低的接地电阻而进入大地。

5.4.2　内部过电压与绝缘配合

在电力系统内部，由于断路器操作、故障演变或其他因素，使系统结构或参数发生变化，引起电网电磁能量的转化或传递，在系统中出现过电压，这种过电压称为内部过电压。内部过电压的能量来源于系统本身，其幅值与系统标称电压成正比。过电压倍数 k_n 表示为

$$k_n = \frac{\text{过电压幅值}}{\text{最高运行相电压幅值}} \tag{5-4}$$

1. 操作过电压

操作过电压是由电网内开关操作或故障引起的电磁暂态过程中出现的过电压，常见的操作过电压主要包括：切断空载线路过电压、空载线路合闸过电压、切除空载变压器过电压、间歇电弧接地过电压、解列过电压等。

操作过电压通常具有幅值高、存在高频振荡、强阻尼和持续时间短（一般在 0.1s 以内）的特点，危害性大。操作过电压的幅值和持续时间与电网结构参数、断路器性能、系统接线、操作类型等因素有关，其中很多因素具有随机性。因此过电压幅值和持续时间也具有统计性，最不利情况下过电压倍数较高，330kV 及以上超高压系统的绝缘水平往往由防止操作过电压决定。

（1）切断空载线路过电压

在切空载线路等容性负载的过程中，虽然断路器切断的是几十至几百安的电容电流，比短路电流小的多，但如果断路器灭弧能力不强，在切断这种电容电流时就可能出现电弧的多次重燃，从而引起电磁振荡，造成过电压。消除或降低操作过电压的措施有：采用不重燃断路器；采

用带有并联电阻的断路器;ZnO或磁吹避雷器安装在线路首端和末端,能有效地限制这种过电压的幅值。

(2) 空载线路合闸过电压

空载线路合闸分为正常操作和自动重合闸两种情况。产生过电压的原因是,线路电容、电感间构成电磁振荡,其振荡电压叠加在稳态电压上所致。线路重合时,由于电源电势较高以及线路上残余电荷存在,电磁振荡加剧,使过电压进一步升高。断路器上装设并联合闸电阻,可有效抑制这种过电压,另外可采用能控制合闸相位的电子装置及装设避雷器来保护。

(3) 切除空载变压器过电压

切除空载变压器相当于开断小容量电感负载,会在变压器和断路器上出现很高的过电压。原因是变压器的空载电流过零前就被断路器强制熄弧而切断,导致全部电磁能量转化为电场能量而使电压升高。开断并联电抗器、电动机等,也属于这种切断感性小电流的情况。对这类过电压限制措施主要有:提高断路器性能,在断路器的主触头装设并联电阻,改进变压器铁心材料,以及采用避雷器保护等。

(4) 间歇电弧接地过电压

当中性点不接地系统中发生单相接地时,经过故障点将流过数值不大的接地电容电流,可能出现电弧时燃时灭的不稳定状态,引起电网运行状态的瞬时变化,导致电磁能量的强烈振荡,并在健全相和故障相上产生过电压,这就是间歇性电弧接地过电压。

改变中性点接地方式是消除间歇性电弧的根本途径,若中性点接地,单相接地故障将在接地点产生很大的短路电流,断路器将跳闸,从而彻底消除电弧接地过电压。目前,110kV及以上电网大多采用中性点直接接地的运行方式。35kV及以下电压等级的配电网采用中性点经消弧线圈接地的运行方式可减少电弧重燃次数,采用中性点经电阻接地方式可有效消除间歇性电弧。

(5) 解列过电压

多电源系统中因故障或系统失稳在长线路的一端解列,导致瞬态振荡所引起的过渡过程过电压。超高压远距离输电系统的振荡解列过电压可能达到较高的数值,需采用综合措施加以限制。

2. 暂时过电压

在暂态过渡过程结束以后出现的,持续时间大于0.1s的持续性过电压称为暂时过电压。暂时过电压包括工频电压升高及谐振过电压,暂时过电压的严重程度取决于其幅值和持续时间,在进行绝缘配合时,应首先考虑暂时过电压。

(1) 工频过电压

工频过电压是指在正常或故障时出现幅值超过最大工作电压,频率为工频或接近工频的电压升高,也称工频电压升高。

一般而言,工频电压升高对220kV等级以下、线路不太长的系统的正常绝缘的电气设备是没有危险的。但却制约绝缘裕度较小的超高压、远距离输电系统绝缘水平的确定,必须予以充分重视。

讨论工频过电压的意义在于:

① 操作过电压与工频电压升高是同时发生的,工频过电压直接影响操作过电压的幅值;

② 持续时间长的工频电压升高仍可能危及设备的安全运行,可能导致油纸绝缘局部放电,污秽绝缘子的闪络、铁心的过热、电晕等;

③ 工频电压升高的数值是决定保护电器工作条件的主要依据，例如金属氧化物避雷器的额定电压就是按照电网中工频电压升高来确定的，如果要求避雷器最大允许工作电压较高，则其残压也将提高，相应地，被保护设备的绝缘强度也应该随之提高；

④ 在超高压系统中，为降低电气设备绝缘水平，不但要对工频电压升高的数值予以限制，对持续时间也给予规定。

产生工频过电压的主要原因有：

① 空载长线的电容效应。输电线路具有分布参数，对于空载线路，线路中流过的是电容电流，在工频电源作用下，由于远距离空载线路电容效应的积累，使沿线电压分布不等，末端电压最高。

② 不对称短路引起的工频电压升高。在单相或两相不对称对地短路时，非故障相的电压一般说将会升高，其中单相接地的非故障相的电压可达到较高的数值。

③ 突然甩负荷引起的工频电压升高。发电机突然失去负荷后，由于转速升高和线路电容对电机的助磁作用，可使工频电压升高。如果甩负荷是切除对称短路故障引起的，则由于强行励磁的作用，工频过电压还要大。

限制工频过电压的措施主要有：

① 利用并联高压电抗器、静止无功补偿器补偿空载线路的电容效应；

② 采用良导体地线降低输电线路的零序阻抗，进而降低由故障点看进去的零序、正序电抗的比值，达到限制工频过电压的目的；

③ 变压器中性点直接接地可降低由于不对称接地故障引起的工频电压升高；

④ 发电机配置性能良好的励磁调节器或调压装置，在发电机突然甩负荷时能抑制容性电流对发电机的助磁电枢反应；

⑤ 发电机配置反应灵敏的调速系统，使得突然甩负荷时能有效限制发电机转速上升造成的工频过电压。

运行经验证明，通常 220 kV 及以下的电网中不需要采取特殊措施限制工频过电压。在 330 kV 及以上电网中，出现雷电过电压或操作过电压时的工频电压升高应该限制在 1.3～1.4 倍相电压以下。例如，500kV 电网要求母线的暂态工频电压升高不超过工频电压的 1.3 倍(420kV)，线路不超过 1.4 倍(444kV)，空载变压器允许 1.3 倍工频电压持续 1min。

(2) 谐振过电压

电力系统中的电感元件主要有电力变压器、互感器、发电机、消弧线圈、电抗器、输电线路电感等；电容元件包括：输电线路对地和相间电容、补偿用的并联和串联电容器组、高压设备的杂散电容等。

当系统进行操作或发生故障时，电感、电容元件可形成各种振荡回路，在一定的能源作用下，会产生串联谐振现象，导致系统某些元件出现严重的过电压，称为电力系统谐振过电压。对应三种电感参数，在一定的电容参数和其他条件的配合下，可能产生三种不同性质的谐振现象：

① 线性谐振过电压

谐振回路由不带铁心的电感元件，如输电线路的电感，变压器的漏感或励磁特性接近线性的带铁心的电感元件(如消弧线圈)和系统中的电容元件所组成。在正弦电源作用下，系统自振频率与电源频率相等或接近时，可能产生线性谐振，其过电压幅值只受回路中损耗的限制。完全满足线性谐振的机会极少，但是，即使在接近谐振条件下，也会产生很高的过电压。

消除方法:使回路脱离谐振状态,增加回路损耗(电阻)限制过电压。

② 铁磁谐振过电压

谐振回路由带铁心的电感元件,如空载变压器、电压互感器和系统的电容元件组成。因铁心电感元件的饱和现象,使回路的电感参数是非线性的,这种含有非线性电感元件的回路在满足一定的谐振条件时,会产生铁磁谐振,也称非线性谐振。电力系统中发生铁磁谐振的机会是相当多的,运行经验表明,它是电力系统某些严重事故的直接原因。

限制铁磁谐振过电压的主要措施有:

提高开关动作的同期性。许多谐振过电压是在非全相运行条件下引起的,因此提高开关动作的同期性,防止非全相运行,可以有效防止谐振过电压的发生;在并联高压电抗器中性点加装小电抗可阻断非全相运行时工频电压传递及串联谐振;在电压互感器开口三角形绕组中接入阻尼电阻,或在电压互感器一次绕组的中性点对地接入电阻;改善电磁式电压互感器的激磁特性,或采用电容式电压互感器;装设自动调谐接地补偿装置能够实现全补偿运行或很小的脱谐度;在10kV及以下的母线上装设一组三相对地电容器,或用电缆段代替架空线段,以增大对地电容,从参数配置上避开谐振。

③ 参数谐振过电压

电感参数在某种情况下将发生周期性的变化,如凸极发电机的同步电抗在$X_d \sim X_q$间周期变化,和系统电容元件(如空载线路)组成回路,当参数配合时,通过电感的周期性变化,不断向谐振系统输送能量,造成参数谐振过电压。这种现象叫作发电机的自激或自励磁。参数谐振所需能量来源于改变参数的原动机,不需单独电源,一般只要有一定剩磁或电容的残余电荷,参数处在一定范围内,就可以使谐振得到发展。电感饱和会使回路自动偏离谐振条件,使过电压得以限制。

发电机投运前,需进行自激校核计算,破坏发电机产生自励磁的条件,防止参数谐振过电压。

谐振过电压在正常运行操作中出现频繁,其危害性较大。谐振过电压一旦发生,轻者使电压互感器的熔断器熔断、匝间短路或爆炸;重者导致避雷器爆炸、母线短路、厂用电失电等严重威胁电力系统和电气设备运行安全的事故。许多运行经验表明,中低压电网中过电压事故大多数都是由谐振现象所引起的。由于谐振过电压作用时间较长,在选择保护措施方面造成困难。为了尽可能地防止发生谐振过电压,在设计和操作电网时,需要充分考虑网络中感抗和容抗的配合,事先进行必要的估算和安排,避免形成严重的串联谐振回路,或采取适当的防止谐振的措施。

限制谐振过电压的主要措施有:

① 提高开关动作的同期性。许多谐振过电压是在非全相运行条件下引起的,因此提高开关动作的同期性,防止非全相运行,可以有效防止谐振过电压的发生;

② 在并联高压电抗器中性点加装小电抗可阻断非全相运行时工频电压传递及串联谐振;

③ 改善电磁式电压互感器的激磁特性,或采用电容式电压互感器;装设自动调谐接地补偿装置能够实现全补偿运行或很小的脱谐度;

④ 破坏发电机产生自励磁的条件,防止参数谐振过电压。

5.4.3 电力系统绝缘配合

绝缘的击穿是引发停电的主要原因之一,电力系统运行的可靠性,在很大程度上取决于电气设备的绝缘水平和工作状况。在不过多增加设备投资的前提下,如何选择采用合适的限压措施及保护措施,就是绝缘配合问题,旨在解决电力系统中过电压与绝缘这一对矛盾,权衡设备造价、维修费用和故障损失,力求用合理的成本获得较好的经济利益,将电力系统绝缘确定在既经济又可靠的水平。

电气设备的绝缘水平可以用设备绝缘可以承受(不发生闪络、放电或其他损坏)的试验电压值表示。

对应于设备绝缘可能承受的各种作用电压,绝缘试验类型主要有:短时工频试验,长时间工频试验,操作冲击试验,雷电冲击试验等。

过电压的参数影响绝缘的耐受能力,它们在确定绝缘水平中起着决定性的作用。对不同电压等级的电力系统,绝缘配合原则是不同的。

对于220kV及以下的电力系统,一般以雷电过电压决定设备的绝缘水平。主要保护装置是避雷器,以避雷器的保护水平为基础确定设备的绝缘水平,并保证输电线路具有一定的耐雷水平。具有正常绝缘水平的电气设备应当能承受内部过电压的作用,一般不专门采用针对内过电压的限制措施。

对于330kV及以上的超高压电力系统,额定电压高,内部过电压可能比现有防雷措施下的雷电过电压高。在按内部过电压作绝缘配合时,通常不考虑谐振过电压,因为在系统设计和选择运行方式时均应设法避免谐振过电压的出现。此外,也不单独考虑工频电压升高,而把它的影响包括在最大长期工作电压中。因此,在超高压电力系统的绝缘配合中,操作过电压逐渐起主导作用。

5.5　高电压新技术及应用

5.5.1　等离子体技术及其应用

等离子体是离子化,呈电中性的气体,是物质固、液、气三种存在状态之外的第四种形态,又称为物质的第四态。它由大量的正负带电粒子和电中性的粒子组成。等离子体中各种带电粒子在电场和磁场的作用下,相互作用,引起多种效应。等离子体具有极高的能量密度,主要是由机械压缩效应、热收缩效应和磁收缩效应等造成的。根据等离子体的特点,有多种应用方式,现已构成电气工程的一个新领域。

按其体系温度,等离子体可分为高温等离子体和低温等离子体两大类。通常所涉及的等离子体属低温等离子体范畴。

高温等离子体指温度相当于$10^8\sim10^9$K完全电离的等离子体,如太阳、受控热核聚变等离子体,主要用于热核聚变发电。

低温等离子体又分为:热等离子体,稠密高压(1大气压以上),温度$10^3\sim10^5$K;冷等离子体,电子温度高($10^3\sim10^4$K),气体温度低。

低温等离子体发生技术主要有:直流辉光放电等离子体、低频放电等离子体、高频放电等离子体、介质阻挡放电等离子体等。

由于低温等离子体中含有大量的高能电子、离子、受激原子和分子以及自由基,它易于参与促进各种化学反应,因此它在国防、航空、航天、微电子、半导体、冶金、造纸、化工、纺织、通信、环境保护、生物医学等方面获得越来越广泛的应用。低温等离子体科学技术在21世纪会得到更大的发展。

冷等离子体主要应用于:等离子体的化学过程,包括刻蚀与化学气相沉积(成膜);等离子体材料处理,包括表面改性和表面冶金;节能型冷光源。

热等离子体主要应用于:高温加热领域,如冶金、焊接、切割;材料合成与加工;三废处理;强光源。

在国防与高技术领域,等离子体也身手不凡,广泛用于:等离子体天线、等离子体推进、等离子体隐身、等离子体减阻、等离子体鞘套、等离子体诱饵、大功率微波器件、X射线激光、强流束技术。

等离子体的研究进展对人类面临的能源、材料、信息、环保等许多全局性问题的解决具有重大意义。

5.5.2　高功率脉冲技术及应用

高功率脉冲技术是指把慢慢储存起来的具有较高密度的能量经过快速压缩、转换,最后有效地释放给负载的电物理技术。它的研究对象是:电压一般在 $10^3\sim10^7$ V,电流为 $10^3\sim10^7$ A,脉宽为 $10^{-5}\sim10^{-10}$ s,脉冲功率大于 10^6 W 的高功率脉冲的产生和利用。

1947年英国学者 A. D. Blumlein 把传输线波的折反射原理用于脉冲成形,在毫微秒脉冲放电方面取得了突破。1962年,英国原子能武器研究中心的 J. C. Martin 将 Marx 发生器与 Blumlein 专利组合起来,产生了持续时间短达纳秒级的高功率脉冲,开辟了这一崭新的领域。

高功率脉冲涉及的主要技术有:

(1) 能量储存技术

能量储存系统是脉冲功率装置中的重要组成部分,储存能量的方法有很多种,常用的有电容储能、电感储能、机械储能、化学能(蓄电池、炸药)储能等。储存能量的方法多种多样,各有所长,相互补充。

用得较多的是 Marx 发生器或电容器组。Marx 发生器和脉冲形成回路,共同组成高功率脉冲发生器,又称脉冲发电机。Marx 发生器的基本原理:电容器并联充电,然后再通过一系列开关串联放电来实现电压倍增。其工作原理见图5-13。由高压变压器输出的高压交流经整流后得到高压直流,对 n 个电容器并联充电至 V_0 电压值。用外触发信号使前面第一和第二球隙开关导通,依靠脉冲过电压使随后的球隙开关相继导通,n 个电容器串联起来对 R_p 放电,在电阻 R_p 上获得幅值接近于 nV_0 的输出电压。

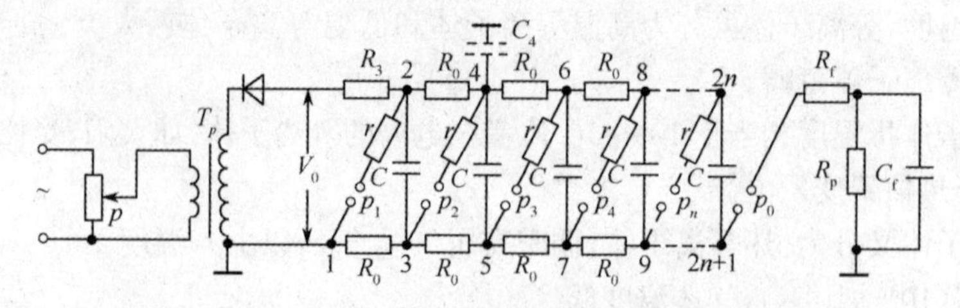

图5-13　Marx 发生器工作原理

(2) 脉冲形成线技术

用传输线方法获得纳秒级高电压高功率脉冲,常用的是 Blumlein 传输线和单传输线技术。

(3) 开关技术

高功率开关在电路中起到隔离和接通的作用,是脉冲功率装置中的关键部件。高功率开关技术发展迅速，种类繁多。常用的有三电极间隙、场畸变间隙，多弧道间隙、激光间隙，介质(薄膜、液体)间隙等。近年来，等离子体融蚀开关、磁开关、新型半导体光导开关也取得了很大发展。

(4) 真空绝缘技术

真空表面闪络和真空间隙击穿是限制脉冲功率传输给负载的主要问题。采用磁绝缘真空传输线，运行电压为 3000kV，阴阳极间距只有 1cm。

(5) 脉冲功率的测试技术

脉冲功率各参数如电压、电流的测量特点是：快过程、暂态量、强干扰。要求测量得到的波形真实准确，对于电压的测量，一般采用电阻分压器、电容分压器及 D-dot 探头等；对于电流的测量，一般采用罗戈夫斯基线圈、B-dot 探头、分流器或法拉第筒等。

高功率脉冲技术的应用，主要在国民经济、日常生活、高新技术、国防建设、医疗卫生、环境保护等领域，包括可控核聚变、模拟核爆、高功率微波、高功率激光、电磁轨道炮、强电磁脉冲武器、X 射线照相等方面。

1. 可控核聚变技术

由于直接利用太阳能比较困难和低效，人类设想造一个人造太阳，在地球上进行可控核聚变。核聚变反应利用了氘和氚聚变反应，而氘在海水中大量存在。海水中氘的聚变能可用几百亿年。因此，核聚变能是一种取之不尽、用之不竭的新能源。建造受控核聚变堆的两个主要要求是把聚变燃料加温要到 1～2 亿摄氏度才行，和把它约束住以便发生足够多的聚变反应。

为实现可控核聚变，最有希望的途径有三条：采用磁约束方式实现聚变的 Tokamak 装置、采用惯性约束方式实现聚变的激光聚变装置以及采用惯性约束实现聚变的 Z 箍缩装置。

20 世纪 50 年代初，当时的苏联科学家阿奇莫维奇提出了托卡马克(Tokamak)这个概念。托卡马克是“磁线圈圆环室”的俄文缩写。这是一个由封闭磁场组成的“容器”，可用来约束电离了的等离子体。50 年来，全世界共建造了上百个托卡马克装置，以改善磁场约束和等离子体加热。图 5-14 是我国第一个超导托卡马克核聚变试验装置 HT－7，在十几次实验中，取得若干具有国际影响的重大科研成果。

图 5-14　中国第一个超导托卡马克核聚变试验装置 HT－7

利用 Z 箍缩(Z-Pinch)等离子体实现受控热核聚变也受到广泛关注。Z 箍缩是等离子体在轴向(Z 方向)强大电流产生的洛仑兹力作用下，在径向(R 方向)形成的自箍缩效应。当电流足够强时,这种箍缩效应将产生巨大的等离子体聚心内爆,并在轴线附近形成高温高密度区。Z箍缩装置实际上是一种快脉冲、大电流放电装置。Z箍缩等离子体可作为驱动源来实现惯性约束聚变,同时它也具有磁约束的性质。

图5-15是利用Z箍缩原理制造的实验装置——“Z机”(Z Machine),位于美国新墨西哥州的桑迪亚国家实验室。“Z机”中心位置的真空室直径约为3m,深度约为6m,周围是电容器。该装置目前作为X射线辐射源应用,可用来研究核爆辐射效应、抗核加固、核禁试、X射线光刻术、X射线显微术、X射线表面热处理等。其终极目标是有朝一日用来实现受控核聚变。

图5-15 “Z机”(Z Machine)装置

2. 高功率微波技术

高功率微波(HPM)一般指峰值功率在100MW以上,工作频率为1～300 GHz内的无线电电磁波。HPM具有功率大、能量强、频率高的特点,军事需求仍然是目前高功率微波(HPM)理论和技术发展的主要驱动力。在通信、雷达和其他民用领域的应用也非常广阔。

(1) HPM武器

HPM武器与激光武器、粒子束武器并称为三大定向能武器。HPM武器与激光、粒子束武器相比,其波束宽得多,作用距离更远,受气候影响更小。而且只需大致指向目标,不必像激光、粒子束武器那样精确跟踪、瞄准目标,便于火力控制,从而使敌方对抗措施更加困难和复杂化。HPM武器作为一种新型电子战的装备,正受到世界各国的高度重视。它以电磁能量及功率来干扰或烧毁敌方武器系统的电子设备或电子计算机等内部的敏感器件和电路,使敌方武器系统失去战斗力,可用于攻击军事卫星、洲际弹道导弹、巡航导弹、飞机、舰艇、坦克、C^4I自动化指挥系统以及空中、地(海)面上的雷达、通信和计算机设备。使用微波武器压制和摧毁武器系统的电子设备可比用普通杀伤爆破弹取得更好的效果。

HPM武器也称为射频武器或超宽带武器,由初级能源、脉冲功率源、高功率微波源和发射天线等组成,并由跟踪瞄准引导设备进行定向,由作战平台运载,如图5-16所示。

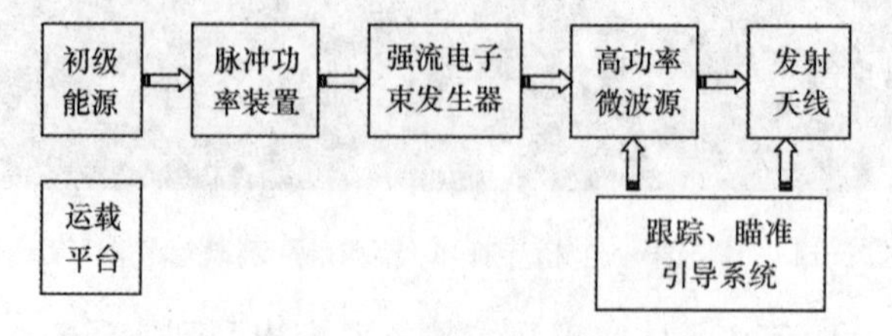

图5-16 HPW武器基本组成

初级能源可以是电容器组储存的电能、或是炸药中储存的化学能。初级能源和脉冲功率装置称为高功率脉冲电源，选用合适的高功率脉冲电源向强流电子束发生器提供脉冲高电压，便可产生强流电子束。高功率微波源可以选用相对论速调管、相对论磁控管、虚阴极振荡器、返波振荡器、速调管振荡器、固体功率源、波束管离子产生器及自由电子激光器等。

HPM武器的基本原理：初级能源（电能或化学能）经过能量转换装置（强流加速器或爆炸磁压缩换能器等）转变为高功率脉冲相对论电子束。在特殊设计的高功率微波器件内，电子束与电磁波进行波—粒互作用产生高功率微波，或者电子束自身振荡产生高功率微波。这种微波经低衰减定向装置变成高功率微波波束发射，以极高的强度照射目标，杀伤人员或干扰、破坏现代武器系统的电子设备。图5-17是反卫星HPM武器示意图，图5-18是一种车载HPM武器，又称主动压制系统，这种微波武器安装在装甲车上，通过碟形卫星天线定位，向目标发射出隐形的高能微波束。其有效攻击距离超过500m，人的皮肤表层会在瞬间感受到54℃的灼烧，从而被迫立刻逃避。一旦目标离开微波射线的范围，痛感便会消失，不会造成永久性伤害，属于非致命性武器。

图5-17　反卫星HPM武器示意图

图5-18　车载HPM武器

高功率微波武器系统涉及的关键技术主要有：

① 脉冲功率源技术。脉冲功率源利用初级电源产生高功率的电脉冲，供给高功率微波系统作为能源。主要有Marx发生器、Tesla变压器、磁流体发电机、磁通压缩发生器等，根据不同需要进行选择和参数调整；

② 高功率脉冲开关技术。脉冲开关的作用就是使脉冲峰值、上升前沿和脉宽更为理想，使其能有效激励微波源器件，并在一定程度上实现整个线路的阻抗匹配，提高能量转换效率；

③ 高功率微波源技术。高功率微波源是HPW武器系统的核心，其作用是利用高功率电脉冲产生高能电子束流，通过在特别设计的结构内与电磁场相互作用，产生高功率的微波脉冲；

④ 天线技术及超宽带和超短脉冲技术。

（2）无线输电系统

未来的无线输电系统由微波源或激光器、发射与接受天线、微波或激光整流器组成。其中最关键的器件是将微波（或激光）能量转变为直流电的整流器。潜在的应用领域有：加电给低轨道军用卫星、给一些难于架线或危险的地区供应电能、保证天基定性向能武器系统的电力、传送卫星太阳能电站的电能、在月球和地球之间架起能量传输的桥梁等。

3. 电磁发射技术

电磁发射技术是把电磁能转化为动能，借助电磁力做功，实际上是一种特殊的电气传动装置。电磁发射装置可以分为导轨式、同轴线圈式和磁力线重接式三种。电磁发射有着一系列优点,它在科学实验、武器装备、导弹防御系统、发射火箭和卫星以及航空弹射器等许多领域内有广泛的应用前景。图5-19所示是美国海军电磁炮实验装置及试射瞬间,在试验中这种电磁炮的炮弹速度达5倍音速,射程可达110海里。

图5-19　美国海军电磁炮实验装置及试射瞬间

(1) 导轨式电磁发射

导轨式电磁发射是指利用流经轨道的电流所产生的磁场与流经电枢的电流之间相互作用的电磁力加速发射体并将其发射出去。在目前的电磁发射技术中,这种方式研究最为成熟,相继研制出了一系列改进型。导轨式电磁发射不适合发射大质量发射体,但能够使小质量发射体达到超高速。电磁轨道炮作为发展中的高技术兵器,可用于天基反导系统、防空系统、反舰系统、反装甲武器,以及改装常规火炮。

(2) 线圈式电磁发射

线圈式电磁发射是由普通的直线电机演变而来的,研究的历史最为久远。优点是:发射线圈和驱动线圈不接触,故速度不受摩擦的限制;可按较大比例增加发射线圈的尺寸,利于发射大质量发射体。一旦线圈式电磁发射技术成功实用化,将对卫星发射、太空运输、舰载飞机弹射等方面带来难以想象的价值。

(3) 重接式电磁发射

重接式电磁发射是一种多级加速的无接触电磁发射装置,没有炮管,但要求弹丸在进入重接炮之前应有一定的初速度。其结构和工作原理是利用两个矩形线圈上下分置,之间有间隙。长方形的"炮弹"在两个矩形线圈产生的磁场中受到强磁场力的作用,穿过间隙在其中加速前进。与其他形式的电磁发射器相比,具有无接触、稳定性好、适于发射大质量载荷的优点。因此重接式电磁发射也可以应用在空间应用和飞机弹射等大质量发射场合。

4. 线爆技术及应用

强大的电流通过金属线时,会使金属线熔化、气化、爆炸,可用来制备纳米材料,喷涂难镀材料,也可用线爆来模拟高空核爆炸或地下核爆炸。

电爆金属丝,就是以脉冲大电流($10^4 \sim 10^6$ A/mm^2)形式向金属丝快速输入能量,进行欧姆加热,使其在极短时间内完成相变:固态→液态→蒸气化→等离子体。其过程伴有光、冲击波、电磁辐射和电阻剧增等物理现象。

图5-20是电爆金属丝制备纳米粉体实验装置示意图,作为放电负载的金属丝通过丝固定器安置于放电腔中。实验步骤为:

① 放电腔抽真空；

② 充入一定气压的环境气体；

③ 储能电容器组通过放电开关对惰性气体中的金属(或合金)丝快速放电，因欧姆加热而沉积的能量使金属丝快速相变产生等离子体，等离子体向外急剧膨胀(爆炸)，通过与周围气体碰撞及热辐射而快速冷凝成具有较好形态的纳米粉体；

④ 抽真空，收集微孔滤膜上的纳米粉体。

线爆是制备纳米材料的一种新方法，其能量转换率高，制备的金属超细粉粒度分布均匀，纯度高，无污染，且通过改变金属丝电爆的参数容易控制粉末的粒度大小。

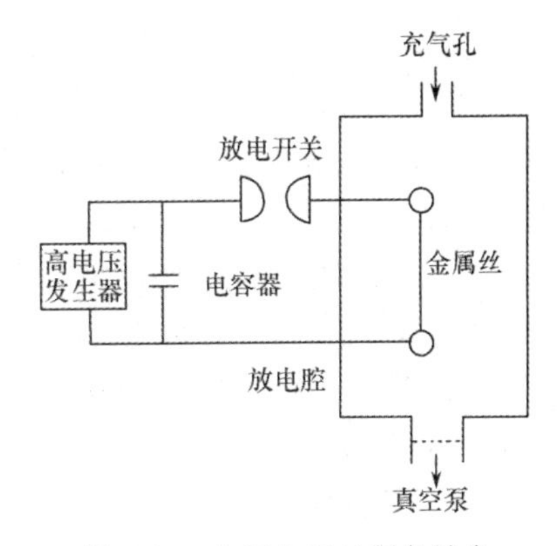

图 5-20　电爆金属丝制备纳米粉体装置示意图

5. **液电效应及其应用**

液电效应是液体电介质在高电压、大电流放电时伴随产生的力、声、光、热等效应的总称。

液电效应原理如图 5-21 所示，C 为储能电容，S 为开关，G 为处于水中的间隙。设电容 C 上充有高电压 U_0，当开关 S 接通时，电容 C 上的初始电压突然加到水中间隙 G 上，使 G 立即击穿，则电容 C 经过 S 和 G 迅速放电，出现强流脉冲放电效应。放电时间在数纳秒到数毫秒，并产生数 kA 至数百 kA 的强大放电电流。

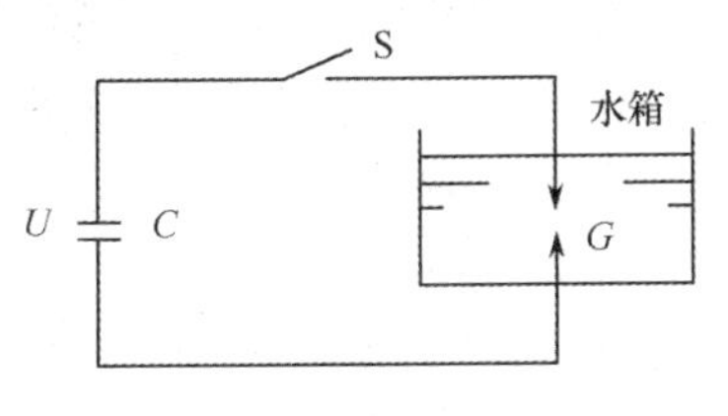

图 5-21　液电效应原理图

由于巨大能量瞬间释放于 G 的放电通道内，通道中的水就迅速汽化、膨胀并引起爆炸，爆炸所引起的冲击压力可达 $10^3 \sim 10^5$ Pa，这种水中放电产生强烈爆炸的效应又称为液电效应。

爆炸所产生的压力急剧升高($10^8 \sim 10^{10}$ Pa)，并高速地向外膨胀，形成超声波的激波向外传播，然后衰减为声脉冲。放电结束之后，等离子体放电通道成为气泡，在其内依然很高的压力作用下，以稍小于弧道的膨胀速度向外扩张，对周围的介质做功。液电爆炸可以将电能转化为光能、声能、机械能等，而不需要其他的中间环节。

液电效应的物理机理可解释为：在高压强电场作用下，电极间液体中的电子被加速，并电离电极附近的液体分子。液体中被电离出的电子被电极间强电场加速电离出更多的电子，形成电子雪崩，在液体分子被电离的区域形成等离子体通道。随着电离区域的扩展，在电极间形成放电通道，液体被击穿。放电通道产生后，由于放电电阻很小，将产生极强的放电电流。放电电流加热通道周围液体，使液体汽化并迅速向外膨胀。迅速膨胀的气腔外沿在水介质中产生强大的冲击波。冲击波随放电电流和放电时间的不同，以冲量或者冲击压力的方式作用于周围介质。

利用此原理开发的高功率强流脉冲水下放电技术已经应用在液电成型、矿藏勘探、医疗保健等领域。

(1) 液电成型

液电效应产生的冲击波在液体介质中迅速向四周扩散，冲击波作用到工件上，促使工件成型，这就是液电成型的机理。这样可以省去庞大昂贵的冲压机械。它对比于炸药爆炸成型来说，能很方便地连续作业，操作安全可靠。

液电成型主要用于板料的拉延、冲孔和管件的胀形。对于浅拉延和较薄的工件，一次放电即可成型,对于较大尺寸和较深拉延的材料,可采用反复放电完成。模具(只需凹模)可采用锌合金、环氧树脂塑料、石膏等制作。由于放电时间短,冲击波传播速度快,因此成型速度快,工件回弹小,成型精度高。利用液电成型方法可以同时进行拉伸、冲孔、剪切、压印、翻边等复合加工工序,因此加工一些形状复杂的零件,可以简化工序,减少工装,降低制造成本和制造周期。由于液电加工原理简单,无须一系列复杂的辅助设备,而且能准确地控制加工能量,操作简单,加工速度快,没有环境污染,因此该项技术用途十分广泛。对于航空航天和汽车制造工业中的一些高精度零件加工和特殊形状及采用特殊材料零件的试制,具有特别重要的意义。

(2) 液电破碎

基于液电爆炸能够产生一个具有十分陡峭压力前沿的冲击波,在其入射到固体介质里去后,必然会引起固体介质内部很大的拉伸内应力。假如冲击波的峰值压力足够高,在固体介质里引起的拉伸内应力超过介质极限强度,则将导致固体介质的破碎。根据这一原理可用于制作碎石机和工程打桩机,既可简化装置,又能节约能源,还可用于微细磨粒制作,如300目以上的金刚石、碳化硅磨料,且效率高,制作简单。

(3) 液电喷涂

在电极间用合金导线连接,放电时导线瞬间熔化和气化,并以超声速向四周扩散。利用这种原理可实现零件表面合金化,显著强化零件的机械物理性能,是一种有前途的喷涂工艺。

(4) 液电清砂

在机械制造行业中,铸件的清砂工艺普遍落后。手工操作的生产效率低,难以保证清砂质量且工作环境恶劣。采用液电清砂技术,可清理用其他方法难以除掉的砂芯。对盲孔、细长弯曲孔的清砂具有特殊效果,而且可实现工艺过程自动化,生产效率高,无环境污染。

(5) 液电硬化

液电硬化主要用于奥氏体锰钢,锰钢广泛用于制作承受严重冲击和磨损的零件。采用液电硬化技术可使这类承受严重的连续冲击载荷的零件能够显著硬化,而不需要显著地改变整个零件的尺寸。而冷碾、冷拉、冷锻等常规加工方法是靠应变硬化机理,因此要达到与液电加工相同的硬化程度,则需要大量的变形才能办到。

(6) 体外冲击波碎石技术

体外冲击波碎石(ESWL—Extracorporeal Shock Wave Lithotipsy)又称非接触碎石,是一种新型临床治疗技术,该方法在体外把冲击波集中在病灶部位,通过对结石进行牵拉、挤压、共振等物理作用,使得结石粉碎,是高压强脉冲放电技术在医疗领域的一项成功的应用。

图5-22给出了体外冲击波碎石机的基本原理图,图5-23是一台体外冲击波碎石机的实物照片。冲击波发生器有3种类型:液电效应式、压电效应式、电磁感应式。冲击波传导介质包括水槽和水囊。结石定位系统有X线定位、超声定位、X线与超声综合定位等形式。目前碎石机的波源以液电式居多,因其发展早、技术成熟、碎石效果好而被广泛采用。它最早于1980年2月2日在德国慕尼黑首次应用于临床。

液电式冲击波源是在一个半椭圆形金属反射体内安置电极,反射体内充满水,当高压电在水中放电时,在电极极尖处产生高温高压,因液电效应而形成冲击波,冲击波向四周传播,碰到反射体非常光滑的内表面而反射,电极极尖处于椭球的第一焦点处,所以在第一焦点发出的冲击波经半椭圆球反射体聚焦后,通过水的传播进入人体,其能量作用于第二焦点,形成压力强大的冲击波聚焦区,当人体结石处于第二焦点时,结石在冲击波的拉应力和压应力的多次联合作用下粉碎。

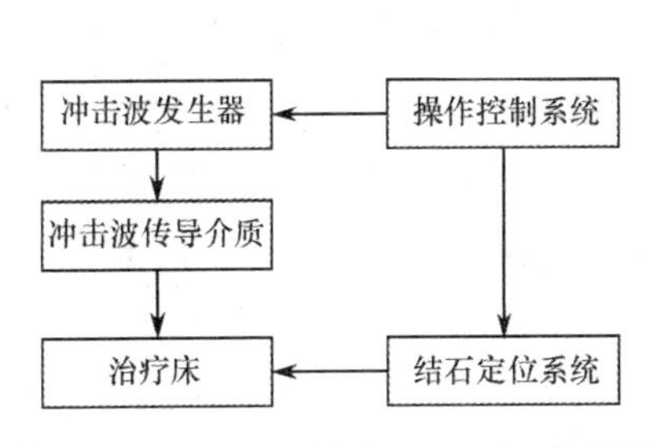

图 5-22　体外冲击波碎石机原理示意图

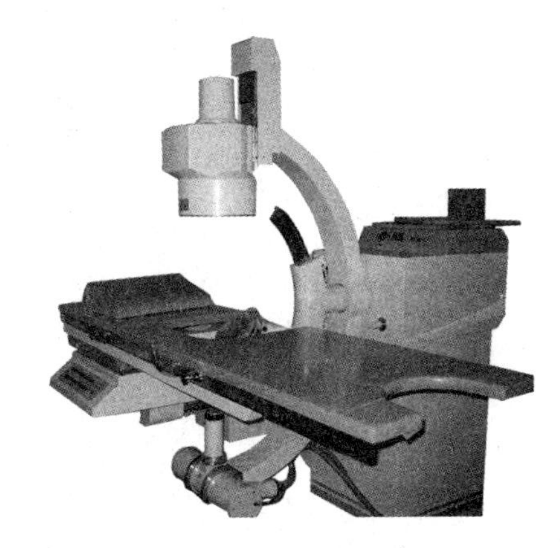

图 5-23　体外冲击波碎石机

由于人体组织与结石在性质上存在着差异，结石密度与人体组织的密度不同，结石为脆性材料，人体组织近似为弹性体，能够承受较大的拉伸内应力，大约为结石的 5～10 倍，就使得大量的入射冲击能量被结石材料吸收，软组织吸收的却较少。

(7) 电脉冲物探

利用强电流脉冲技术在水下的放电作为电火花震源，其产生的能量极强的冲击声波在遇到一般的岩石层所产生的反射与遇到石油或其他地质矿藏所产生的反射，其反射波有比较明显的差异，通过分析这些差异可以来判断海底是否有石油等矿物质的储藏，而且这一技术也被用来进行地震勘测，并且已经相当成熟。

(8) 电脉冲采油

将高功率脉冲电源引至油井下进行瞬间放电，产生很强的冲击波，此冲击波将地下岩层震裂，使得原有的缝隙增大，起解堵作用，改善储层连通孔隙，改善油水分布状态，提高油层渗透率，原油渗出更容易，能提高油井的产量。

液电效应已经在很多领域得到了实际的应用，但仍有许多实际应用还有待于进一步的研究开发。目前，这项技术最主要的发展方向是：提高电源的储能密度，研制大功率的转换开关和产生高重复频率的大功率脉冲。

参考文献

[1] 国务院学位委员会,教育部.学位授予和人才培养学科目录,2011

[2] 教育部高等教育司组编.高等理工科专业发展战略研究报告.北京:高等教育出版社,2006

[3] 国家自然科学基金委员会工程与材料学部.电气科学与工程.北京:科学出版社,2006

[4] 严陆光.庆祝我国电气工程高等教育一百周年继续努力发展电工新技术.电工电能新技术,2008,27(2):1～3

[5] 范瑜主编.电气工程概论.北京:高等教育出版社,2006

[6] 肖登明主编.电气工程概论.北京:中国电力出版社,2005

[7] 贾文超主编.电气工程导论.西安:西安电子科技大学出版社,2007

[8] 孙元章,李裕能主编.走进电世界——电气工程与自动化(专业)概论.北京:中国电力出版社,2009

[9] 汤蕴璆,史乃编著.电机学(第二版).北京:机械工业出版社,2005

[10] 李发海,朱东起编著.电机学(第三版).北京:科学出版社,2001

[11] 许实章主编.电机学(第三版).北京:机械工业出版社,1996

[12] 辜承林,陈乔夫,熊永前编.电机学(第二版).武汉:华中科技大学出版社,2005

[13] 胡虔生,胡敏强编.电机学.北京:中国电力出版社,2005

[14] 程明主编.微特电机及系统.北京:中国电力出版社,2004

[15] 张冠生主编.电器理论基础(修订版).北京:机械工业出版社,1989

[16] 佟为明,翟国富编著.低压电器继电器及其控制系统(第二版).哈尔滨:哈尔滨工业大学出版社,2003

[17] 何仰赞,温增银编著.电力系统分析(上、下册)(第三版).武汉:华中科技大学出版社,2002

[18] 水力电力科学技术情报研究所编.电力生产常识(第二版).北京:水利电力出版社,1990

[19] 中国电机工程学会编.电力科普知识.北京:中国电力出版社,1995

[20]《中国电力百科全书》编辑委员会,中国电力出版社《中国电力百科全书》编辑部.中国电力百科全书:电力系统卷(第二版).北京:中国电力出版社,2001

[21] 王兆安,黄俊主编.电力电子技术(第四版).北京:机械工业出版社 ,2001

[22] 陈坚编著.电力电子学——电力电子变换和控制技术(第二版).北京:高等教育出版社,2004

[23] 张立主编.现代电力电子技术基础.北京:高等教育出版社,1999

[24] 张润和主编.电力电子技术及应用.北京:北京大学出版社,2008

[25] 周泽存,沈其工,方瑜,王大忠编.高电压技术(第三版).北京:中国电力出版社,2007

[26] 赵智大主编.高电压技术(第二版).北京:中国电力出版社,2006

[27] 吴广宁主编.高电压技术.北京:机械工业出版社,2007

[28] 文远芳编.高电压技术.武汉:华中科技大学出版社,2001